Unity3D 动作游戏开发
从入门到项目实践

周尚宣 编著

清华大学出版社
北京

内 容 简 介

本书结合作者多年的开发经验，从物理、动画、主角、关卡等多个层面深入解析动作游戏开发的各种难点问题，并详细剖析 3 个经典实战案例和 1 个游戏 Demo 的开发。本书尽可能避开动作游戏开发中的简单问题，把重点放在难点问题剖析上，从而帮助读者深入理解动作游戏开发的原理与核心知识。

本书共 11 章，分为 3 篇。第 1 篇开发准备，主要介绍动作游戏的主流类型、Unity3D 引擎的基本知识和动作游戏开发的前期准备。第 2 篇核心模块详解，主要介绍动作游戏的物理系统、动画系统、战斗系统、主角系统、关卡系统、敌人 AI 系统等模块的设计与开发，以及相机、Cutscene 过场动画、输入管理、IK 与音频管理等其他模块的设计与开发。第 3 篇项目案例实战，首先详细剖析《忍者龙剑传Σ2》《君临都市》《战神 3》三个动作游戏案例，然后详解一款 Roguelike 风格的动作游戏 Demo 开发。

本书内容丰富，知识体系完整，适合所有想学习动作游戏开发的人员阅读，尤其适合从事动作游戏开发的程序员、Unity3D 工程师和 Steam 游戏从业人员阅读，还适合作为大中专院校和培训机构的教材。

版权所有，侵权必究。举报：010-62782989，beiqinquan@tup.tsinghua.edu.cn。

图书在版编目（**CIP**）数据

Unity3D 动作游戏开发：从入门到项目实践 / 周尚宣编著.

北京：清华大学出版社，2025.6. -- ISBN 978-7-302-69296-6

Ⅰ．TP311.5

中国国家版本馆 CIP 数据核字第 20251B8012 号

责任编辑：王中英
封面设计：欧振旭
责任校对：胡伟民
责任印制：宋　林

出版发行：清华大学出版社
网　　址：https://www.tup.com.cn，https://www.wqxuetang.com
地　　址：北京清华大学学研大厦 A 座　　邮　编：100084
社 总 机：010-83470000　　邮　购：010-62786544
投稿与读者服务：010-62776969，c-service@tup.tsinghua.edu.cn
质量反馈：010-62772015，zhiliang@tup.tsinghua.edu.cn
印 装 者：三河市人民印务有限公司
经　　销：全国新华书店
开　　本：185mm×260mm　　印　张：16.75　　字　数：420 千字
版　　次：2025 年 7 月第 1 版　　印　次：2025 年 7 月第 1 次印刷
定　　价：79.80 元

产品编号：111165-01

前言

随着Unity3D这类通用游戏引擎的出现，越来越多制作精良的独立游戏逐渐出现在玩家视野中。在游戏商业化高度发达的今天，越来越多的开发者和开发团队受独立游戏创意及其艺术性的感召，尝试开发并发布了一些相关作品。动作游戏作为一大热门游戏品类一直不缺少玩家，但较高的开发门槛、技术细节和复杂度等都阻碍了其开发进程。长期以来，以动作游戏为核心的书籍较为匮乏，因此笔者编写了本书，以满足读者的需求。

本书结合笔者多年的游戏开发经验，基于Unity3D引擎对动作游戏这个玩家需求较高的类型进行深入讲解。本书围绕与动作游戏有关的几大核心模块、技术选型和前期设计等内容进行详细讲解，帮助读者深入理解动作游戏开发的基本原理并系统掌握Unity3D动作游戏开发的核心技术，从而开发出符合要求的动作游戏。

本书特色

1．内容全面，重点突出

本书围绕动作游戏的物理、动画、主角、关卡、敌人AI等多个核心模块进行讲解，涵盖游戏开发的大部分环节，读者可随时根据各模块进行查阅，从而高效解决实际问题。

2．注重原理分析，而非堆砌插件

Unity3D引擎拥有数量众多的插件及开源库供开发者选择，但过多使用这些外部扩展插件和第三方库容易导致项目出现功能冗余、扩展受限、运行不稳定等问题。对于诸如相机、角色、碰撞和AI等核心模块，即便使用插件，也需要对其内部机制十分了解才行。本书在这些关键模块的讲解上直接从基础代码入手，着重对原理进行深入分析，从而帮助读者打好构建稳定且易于扩展的脚本的基础。

3．详解技术细节

本书对动作游戏开发中出现较频繁和典型的技术细节进行深入讲解，其中包括角色踩头、根运动、浮空、僵直和角色残影等，这可以为游戏细节的打磨添砖加瓦。

4．案例典型，实用性强

本书最后两章分别详解三款典型动作游戏开发的技术难点和实现思路，以及一款Roguelike风格的动作游戏Demo的开发过程，从而加深读者对动作游戏开发的理解，并提高实际开发水平。

5．总结开发经验

本书系统总结作者多年从事游戏开发积累的大量实战经验，并将其融入实际开发之中，从而帮助读者解决实际开发中的各种难点问题。

本书内容

第1篇 开发准备

本篇包括第1、2章，首先介绍Unity3D游戏引擎的发展现状和动作游戏的主流类型，然后详细介绍游戏开发的前期准备，包括预备知识、C#语言的新功能、必备数学知识和其他开发工具等。通过阅读本篇内容，读者可以初步了解动作游戏开发的基本要求和前期准备。

第2篇 核心模块详解

本篇包括第3~9章，主要介绍动作游戏开发中涉及的几个核心模块的相关功能，并详细介绍这些模块的设计与开发，涵盖物理系统、Mecanim动画系统、战斗系统、主角系统、关卡设计、敌人AI设计、相机、Cutscene过场动画和输入管理等模块的相关内容。通过阅读本篇内容，读者可以系统掌握Unity3D动作游戏开发的核心技术。

第3篇 项目案例实战

本篇包括第10、11章，首先剖析《忍者龙剑传Σ2》《君临都市》《战神3》三个动作游戏案例，然后介绍一款Roguelike风格的动作游戏Demo开发。通过阅读本篇内容，读者可以通过实际项目案例整合使用前面章节讲解的技术，从而提高实际开发水平。

读者对象

- ❏ 想系统学习动作游戏开发的人员；
- ❏ 动作游戏开发从业人员；
- ❏ Unity3D游戏开发工程师；
- ❏ Steam游戏开发从业人员；
- ❏ 大中专院校相关专业的学生；
- ❏ 社会培训机构相关学员。

阅读建议

- ❏ 读者最好具备一定的Unity3D引擎与C#语言基础，以便更加顺利地阅读本书；

- ❑ 读者最好先了解动作游戏开发的大体流程与相关模块再进行学习；
- ❑ 读者最好对状态机、行为树、手柄适配与序列化等内容有一定了解，这样学习效果会更好；
- ❑ 读者可以结合所学内容制作一些测试项目进行练习，以熟能生巧。

配套资源获取方式

本书涉及的实例源代码和教学 PPT 等配套资源有两种获取方式：一是关注微信公众号"方大卓越"，回复数字"46"自动获取下载链接；二是在清华大学出版社网站（www.tup.com.cn）上搜索到本书，然后在本书页面上找到"资源下载"栏目，单击"网络资源"按钮进行下载。

售后服务

由于笔者水平所限，加之写作时间仓促，书中可能存在疏漏与不足之处，恳请广大读者批评与指正。读者在阅读本书的过程中如果有疑问，可以发送电子邮件获取帮助，邮箱地址：bookservice2008@163.com。

周尚宣
2025 年 5 月

目录

第 1 篇　开发准备

第 1 章　概述 ... 2
1.1　本书的侧重点及目标 ... 2
1.2　动作游戏的主流类型简介 ... 3
1.2.1　传统动作游戏 ... 3
1.2.2　Roguelike 类动作游戏 ... 4
1.2.3　魂类动作游戏 ... 4
1.3　Unity3D 引擎简介 ... 5
1.3.1　Unity3D 引擎的发展历程 ... 5
1.3.2　选用合适的引擎版本 ... 6

第 2 章　动作游戏开发前期准备 ... 7
2.1　预备知识 ... 7
2.1.1　使用协程 ... 7
2.1.2　使用 ScriptableObject ... 9
2.1.3　理解 LayerMask ... 10
2.1.4　消息模块的设计 ... 11
2.1.5　功能开关与锁的设计 ... 12
2.1.6　活用插值公式 ... 14
2.1.7　关注项目中的 GC 问题 ... 15
2.2　Unity3D 引擎及 C#语言新功能 ... 16
2.2.1　C# 6.0 至 C# 7.3 新功能简介 ... 16
2.2.2　Unity3D 引擎部分新功能简介 ... 18
2.3　3D 游戏开发必备的数学知识 ... 19
2.3.1　向量加减 ... 19
2.3.2　点乘 ... 20
2.3.3　叉乘 ... 21
2.3.4　投影 ... 22
2.3.5　四元数 ... 22
2.4　其他开发工具准备 ... 24

2.4.1	控制台工具的编写	24
2.4.2	常量生成器	25
2.4.3	关联 Excel 配置数据	26
2.4.4	Level 分组打包工具	28
2.4.5	项目目录结构建议	29
2.4.6	项目的程序流程结构建议	30

第 2 篇　核心模块详解

第 3 章　物理系统详解 ········ 32
3.1 物理系统基本内容梳理 ········ 32
　　3.1.1 系统参数设置 ········ 32
　　3.1.2 Fixed Update 更新频率 ········ 33
　　3.1.3 Rigidbody 参数简介 ········ 33
　　3.1.4 物理材质设置 ········ 34
3.2 常见问题 ········ 34
　　3.2.1 物理步的理解误区 ········ 34
　　3.2.2 重叠与挤出问题 ········ 35
　　3.2.3 地面检测逻辑的处理 ········ 36
　　3.2.4 传送平台逻辑的处理 ········ 36
　　3.2.5 踩头问题及其解决方法 ········ 38
　　3.2.6 动画根运动的物理问题 ········ 40
3.3 为动作游戏定制碰撞系统 ········ 40
　　3.3.1 OBB 碰撞检测简介 ········ 40
　　3.3.2 Box 与 Box 相交检测 ········ 41
　　3.3.3 Box 与 Sphere 相交检测 ········ 43
　　3.3.4 Sphere 与 Sphere 相交检测 ········ 44
　　3.3.5 不同形状的边界点获取 ········ 44
　　3.3.6 总结 ········ 47

第 4 章　Mecanim 动画系统详解 ········ 48
4.1 Mecanim 动画系统的基础功能 ········ 48
　　4.1.1 动画状态机简介 ········ 48
　　4.1.2 状态过渡机制 ········ 50
　　4.1.3 动画重写控制器 ········ 51
　　4.1.4 混合树 ········ 52
　　4.1.5 人形动画与 IK ········ 52

	4.1.6	模型导入面板参数	54
	4.1.7	SMB 脚本	55
4.2	应用与扩展		56
	4.2.1	编写混合树剥离工具	56
	4.2.2	碰撞 SMB 脚本	57
	4.2.3	监听输入帧与混合帧	58
	4.2.4	扩展多重 Tag 支持	61

第 5 章 战斗系统详解 63

5.1	角色模块		63
	5.1.1	角色控制器与刚体	63
	5.1.2	Motor 组件设计 1	64
	5.1.3	Motor 组件设计 2	67
	5.1.4	动画事件处理	70
5.2	战斗系统设计		72
	5.2.1	伤害判定框细节思考	72
	5.2.2	传递 Instigator	74
	5.2.3	基础战斗逻辑编写	75
	5.2.4	编写伤害逻辑	79
	5.2.5	编写僵直度逻辑	80
	5.2.6	编写浮空逻辑	82
	5.2.7	编写预警逻辑	84

第 6 章 主角系统详解 86

6.1	基础模块设计		86
	6.1.1	有限状态机简介	86
	6.1.2	编写有限状态机	87
	6.1.3	设计插槽挂接点	93
	6.1.4	实现指令监听功能	94
	6.1.5	封装角色基类	95
	6.1.6	技能系统	96
	6.1.7	编写主角类基础结构	100
6.2	基础要素		102
	6.2.1	同类游戏的对比	102
	6.2.2	逻辑编写前的准备工作	103
	6.2.3	移动逻辑的编写	104
	6.2.4	跳跃逻辑的编写	106

		6.2.5 多段跳跃逻辑的编写 ………………………………………………… 108
		6.2.6 攻击逻辑的编写 …………………………………………………… 111
		6.2.7 连招逻辑的编写 …………………………………………………… 117
		6.2.8 受击与死亡逻辑的编写 …………………………………………… 119
		6.2.9 空中攻击与受击逻辑的编写 ……………………………………… 121
		6.2.10 翻滚逻辑的编写 ………………………………………………… 124
		6.2.11 格挡逻辑的编写 ………………………………………………… 126
	6.3	效果与表现 …………………………………………………………………… 131
		6.3.1 增加 Twist 骨骼 …………………………………………………… 131
		6.3.2 刀光拖尾效果制作 ………………………………………………… 132
		6.3.3 顿帧效果处理 ……………………………………………………… 138
		6.3.4 布娃娃效果制作 …………………………………………………… 140

第 7 章 关卡设计详解 …………………………………………………………… 142

7.1	关卡设计的前期考量 …………………………………………………………… 142
	7.1.1	从 Graybox 说起 ………………………………………………… 142
	7.1.2	规划层级结构 …………………………………………………… 143
	7.1.3	模型的导出与调试 ……………………………………………… 144
7.2	深入解析开发阶段 ……………………………………………………………… 145
	7.2.1	SpawnPoint 的使用 ……………………………………………… 145
	7.2.2	扩展 SpawnPoint ………………………………………………… 147
	7.2.3	对象池的编写 …………………………………………………… 151
	7.2.4	关卡模块的序列化 ……………………………………………… 154
	7.2.5	战斗壁障的实现 ………………………………………………… 158
7.3	光照与烘焙 ……………………………………………………………………… 160
	7.3.1	不同 GI 类型的选择 …………………………………………… 161
	7.3.2	预计算光照的使用 ……………………………………………… 161
	7.3.3	光照探针的使用 ………………………………………………… 162
	7.3.4	反射探针简介 …………………………………………………… 163
	7.3.5	借助 LPPV 优化烘焙 …………………………………………… 163

第 8 章 敌人 AI 设计详解 ……………………………………………………… 165

8.1	开发基础 ………………………………………………………………………… 165
	8.1.1	敌人 AI 设计简介 ……………………………………………… 165
	8.1.2	导航网格功能简介 ……………………………………………… 167
	8.1.3	Behavior Designer 插件简介 …………………………………… 169
	8.1.4	Visual Scripting 工具简介 ……………………………………… 170

8.2 开发进阶 172
8.2.1 使用协程开发 AI 程序 172
8.2.2 处理敌人体积过大的问题 175
8.2.3 处理移动逻辑 176
8.2.4 可控制随机行为 177
8.2.5 快速获取角色的 8 个方向 180
8.2.6 锁定玩家与攻击逻辑 181
8.2.7 使用导航网格查询接口 183
8.2.8 实现 EQS 功能 184
8.2.9 获取场景绑定信息 188

第 9 章 其他模块详解 189
9.1 相机 189
9.1.1 常见的相机模式分类 189
9.1.2 第三人称相机的实现 190
9.1.3 滑轨相机的实现 194
9.1.4 相机震屏实现 198
9.2 Cutscene 过场动画 200
9.2.1 不同类型的 Cutscene 简介 201
9.2.2 使用 Timeline 201
9.2.3 使用脚本过场动画 203
9.3 输入、IK 与音频管理 204
9.3.1 InControl 插件的使用 204
9.3.2 Final-IK 插件的使用 205
9.3.3 音频管理 207

第 3 篇 项目案例实战

第 10 章 典型案例剖析 214
10.1 《忍者龙剑传Σ2》案例剖析 214
10.1.1 断肢效果的再实现 214
10.1.2 流血喷溅效果的再实现 217
10.1.3 角色残影效果的再实现 220
10.2 《君临都市》案例剖析 223
10.2.1 通用动作方案的设计 223
10.2.2 组合攻击的再实现 223
10.3 《战神 3》案例剖析 227

10.3.1	吸魂效果的再实现	228
10.3.2	链刃伸缩效果的再实现	232
10.3.3	赫利俄斯照射的再实现	235

第 11 章 Roguelike 游戏 Demo 设计 ... 242

11.1 前期规划 ... 242
11.1.1 确立 3C ... 242
11.1.2 资源准备 ... 242
11.1.3 项目配置 ... 243
11.1.4 梳理游戏流程 ... 244
11.1.5 依赖模块清单 ... 245

11.2 功能实现与整合 ... 246
11.2.1 游戏逻辑 ... 246
11.2.2 房间生成逻辑 ... 247
11.2.3 整合主角逻辑 ... 251
11.2.4 处理敌人逻辑 ... 252

11.3 构建游戏 ... 253
11.3.1 配置房间预制体 ... 253
11.3.2 回顾与总结 ... 254

第1篇
开发准备

▶▶ 第1章 概述

▶▶ 第2章 动作游戏开发前期准备

第 1 章 概 述

笔者主要基于技术视角阐述动作游戏在 Unity3D 引擎下的开发技巧，并以 3D 动作游戏的典型模块作为切入点，在对这些典型模块探究的过程中，将讲解内容覆盖到开发的实际过程中。而对于如动作游戏中一些经典技术的实现和设计思路等，笔者也会有较多的分享。

笔者首先对游戏开发的基础知识进行梳理，这些知识点涵盖 3D 游戏开发中常会遇到的情境。然后对动作游戏中的典型模块进行分析，这些模块的运用不仅局限于纯动作类游戏，也可以拓展到其他 3D 游戏中。最后还会剖析一些经典案例作品，并实现一个 3DRoguelike 游戏 Demo，在这个 Demo 中将融汇笔者介绍的知识并加以整合和运用。

本章将从基础目标开始逐步介绍 Unity3D 引擎、动作游戏的发展始末与现状，从而为读者后续章节的学习做好铺垫。

1.1 本书的侧重点及目标

动作游戏泛指以广义"动作"作为主要表现形式的游戏。本书的重点是针对 Hack and Slash 风格的动作游戏，Hack 可以理解为劈，Slash 意为斩，该类型游戏大多以冷兵器为主。

不可否认，动作游戏这种较为传统的游戏类型，随着行业发展已稍显老旧。如今的游戏已逐渐呈现"快餐化"的趋势，如 Hack and Slash 这类动作游戏；玩家通常不会琢磨开发组设计的大量连技招式，而是只使用少数几个连招进行游戏。不过随着近年游戏类型的不断创新，涌现出了许多新类型游戏，这些游戏融合了其他类型的游戏玩法，并且规避了动作游戏开发成本高、新玩家上手慢的一些问题，如一些魂类、Roguelike 类的游戏等。因此，游戏类型的创新势在必行，笔者希望读者不要拘泥传统，应将书中所学运用到各种新类型的动作游戏当中。

对于基础知识较薄弱的读者，不建议阅读本书，至少应该先从正规的程序基础开始入门。

在代码编写方面，出于篇幅与阅读流畅性的考量，本书将使用 C#精简语法风格，如 var 关键字、弃用 private 关键字标记、空合并运算符、元组等，并且将省略命名空间的标记。

在技术方面，本书的重点仍是动作游戏的程序设计部分，不会对游戏设计层面的内容做过多探讨，不过本书也会参考如 Unreal Engine 等其他游戏引擎的设计。而对于打击感这样的复合概念，本书不多做讲解，读者可以自行阅读其他资料进行补充。

1.2 动作游戏的主流类型简介

动作游戏经过数十年的发展,已经形成了多种风格鲜明的主流类型。这些类型在设计理念、操作体验以及美术风格上各有特点,本节我们将重点介绍这些主流类型及其代表作,为理解动作游戏的设计提供一个清晰的脉络。

1.2.1 传统动作游戏

传统动作游戏主要指耳熟能详的育碧系欧美动作游戏(如图 1.1 所示),以卡普空、光荣忍者组为首的日式动作游戏(如图 1.2 所示),当下越来越多的动作角色扮演游戏,以及一些纯平台跳跃类的动作游戏等。

图 1.1 育碧开发的《细胞分裂》系列游戏

图 1.2 光荣忍者组的《忍者龙剑传Σ》系列游戏

1.2.2 Roguelike 类动作游戏

Roguelike 类动作游戏是当今非常流行的动作游戏分支类型，代表作有《以撒的结合》《重生细胞》《黑帝斯》（如图 1.3 所示）等。该类型游戏的每个关卡由多种预先制作好的地牢房间随机组合而成，并在每个房间战斗结束后进行一次属性加成。进入地牢后的属性加成叫作局内养成，其属性加成只在本局游戏中生效；在地牢外的属性加成叫作局外养成，其属性加成效果永久生效。其中，局内养成的设计又被玩家们叫作 Build 玩法，即通过多次的属性加成自由构建出自己期望的角色类型。

Roguelike 类游戏的优点是：地牢随机生成，节省大量开发成本；游戏结构易于组合进其他创新玩法。该类游戏的缺点是：地牢随机生成会对游戏叙事造成障碍，需要一定的数值设计。

图 1.3 Roguelike 类游戏《黑帝斯》

1.2.3 魂类动作游戏

魂类动作游戏也是一大热门的动作游戏分支类型。这种类型游戏多指日本 From Software 开发的《黑暗之魂》《恶魔之魂》《艾尔登法环》（如图 1.4 所示）等作品。魂类游戏的特点是没有复杂的技能系统，拥有巧妙的关卡设计，鼓励玩家受挫后不断尝试，因而也被玩家们戏称为"受苦"游戏。

得益于 From Software 自成一套的设计，玩家体验魂类游戏时必须运用传送功能在不同地图中反复探索，收集各类道具来提升能力。魂类游戏没有小地图的设计，需要玩家对关卡路线十分熟悉，因此一套巧妙、耐玩的关卡设计就变得尤为重要。

魂类游戏的优点是：较少的美术资产制作，可通过道具和数值丰富游戏体验，在剧情叙事上有较大发挥空间。魂类游戏的缺点是：对玩法设计及策划工作人员要求较高，游戏难度较大，对新手玩家不友好。

图 1.4　魂类动作游戏《艾尔登法环》

1.3　Unity3D 引擎简介

作为现代游戏开发领域重要的技术工具，Unity3D 引擎以其强大的功能、灵活的跨平台支持和庞大的用户社区，在行业内占据了举足轻重的地位。在对其深入介绍之前，我们先从其发展历程开始了解一下这款引擎。

1.3.1　Unity3D 引擎的发展历程

2004 年，3 位才华横溢的年轻人在他们的第一款游戏失利后，决定在丹麦首都哥本哈根建立一家游戏引擎公司，于是第一个版本的 Unity3D 诞生了。2008 年，Unity3D 推出了 Windows 版本，并逐渐支持 iOS 和 Wii。2010 年前后，Unity3D 3.0 推出，并开始支持 Android，此时，Unity3D 已显露出成为一款大型游戏开发引擎的趋势，并在这一年迈入大众视野。

2012 年，Unity3D 发布了 4.0 的 Beta 版本。此时的 Unity 已经有了一部分用其开发的市面作品，主要集中在移动游戏市场。诸如 MADFINGER 的《暗影之枪》《死亡扳机》《亡灵杀手夏侯惇》《神庙逃亡》等作品，如图 1.5 所示。MADFINGER 开发的《暗影之枪》Demo 资源成为了当时大热的 Shader 学习资料之一。

2015 年，随着 Unity3D 5.0 的发布，Unity3D 开始引入许多如 GPU Instancing、PBR 等前卫的功能，在这些新特性的帮助下逐渐与主流引擎拉近了距离。

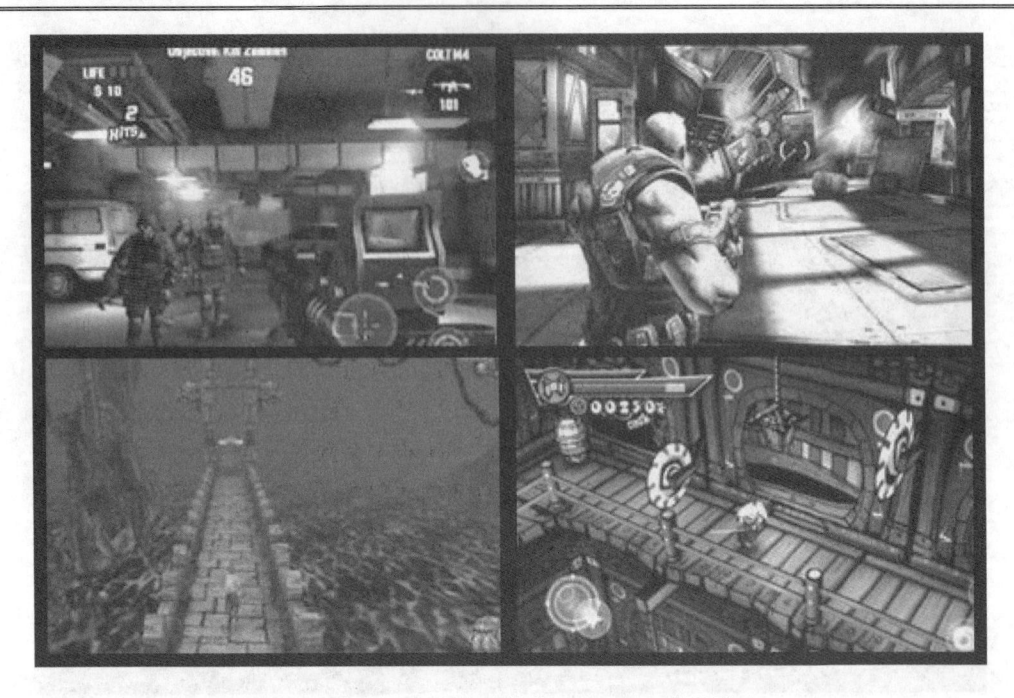

图 1.5　市面上早期出现的由 Unity3D 开发的游戏

2017 年，Unity3D 变更了版本号命名规则，改以年份作为大版本号后缀，并在每个大版本号维护结束后提供一个功能稳定的 LTS 版本进行长期支持维护。

在近年的版本中，Unity3D 又陆续加入 SRP 可脚本化渲染管线、DOTS 数据导向型技术栈、Visual Scripting 可视化编程工具、ShaderGraph 着色器编辑器、VisualEffectGraph 粒子等功能。

如今的 Unity3D 已经是一款优秀的游戏引擎，而且是开发者手中的强大"武器"，只要扬长避短、运用得当，就可以用它开发出理想的游戏作品。

1.3.2　选用合适的引擎版本

Unity3D 有自己的一套版本规范，具体如表 1.1 所示。

版　　本	说　　明
Alpha	提供最新功能的早期试用，与Beta版相比稳定性较差
Beta	提供一些较为前期的功能，是基于Alpha版本之上的外部测试版
Patch	补丁版本，针对当前版本进行补丁修复，不会有任何新功能加入
Final	当前大版本号下的最终版本，通常与LTS版并存
LTS	长期稳定支持版本，通常是当前版本号下的最后一版，Unity3D将对其提供较长时间的版本维护

若需要稳定的项目开发环境，建议使用 Unity3D LTS 版本。如项目中需要使用一些前瞻性的功能，可在开发阶段选用 Beta 版本并在对应的 LTS 版本推出后及时更换。

第 2 章　动作游戏开发前期准备

在正式进入模块开发讲解之前，先介绍一些前期准备方面的内容。这些内容囊括开发游戏所必须掌握的向量基础、消息机制、协程与表驱动知识等。掌握了这些知识点，才能在开发中遇到相应问题时迅速地找到解决方法。

2.1　预备知识

当你遇到一个类中的监听逻辑过于复杂时是否会为其头疼？当你发现插值插件不能解决现有问题时是否想过换一种思路？本节介绍的内容虽然不多，但是用途广泛，下面开始具体介绍。

2.1.1　使用协程

在 Unity3D 中，协程（Coroutine）可进行异步（不是立即执行完，而是需要在一定时间执行完的内容）函数的逻辑处理。得益于 C#迭代器的特性，相较于 Unreal 引擎的异步操作，Unity3D 协程的异步操作更加简单且逻辑清晰。

一段简单的协程代码结构如图 2.1 所示。

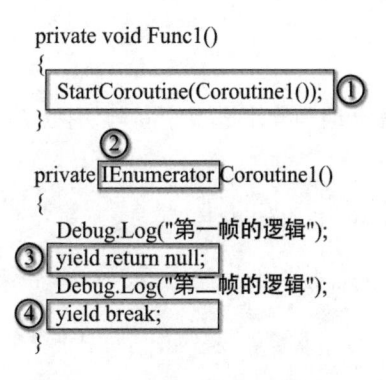

```
private void Func1()
{
    StartCoroutine(Coroutine1());   ①
}
                                    ②
private IEnumerator Coroutine1()
{
    Debug.Log("第一帧的逻辑");
③   yield return null;
    Debug.Log("第二帧的逻辑");
④   yield break;
}
```

图 2.1　一段简单的协程代码结构

图 2.1 中的序号分别表示：
- 开启新的协程函数；
- 协程函数的格式要求，返回类型必须为 IEnumerator；

- yield return 表示协程返回,并非表示函数执行结束;
- yield break 表示协程函数中断跳出,类似循环语句的 break 关键字。

1. 等待一定秒数的协程示例

等待一定秒数的实现代码如下:

```
void Func1()
{
    StartCoroutine(Coroutine1());                    //开启协程
}
IEnumerator Coroutine1()
{
    Debug.Log("执行内容 1");
    yield return new WaitForSeconds(1f);             //等待 1 秒
    Debug.Log("执行内容 2");
}
```

其中,yield return 表示一个协程返回逻辑操作,这里返回了 WaitForSeconds 这一步操作,参数为等待的具体秒数。

2. 等待布尔变量为True的协程示例

在逻辑编写时,常需要判断布尔变量值为 True 时再进行下一步操作,我们也可以用协程进行处理,代码如下:

```
IEnumerator Coroutine1()
{
    Debug.Log("执行内容 1");
    //WaitUntil 表示直到等待条件为 True 时再执行下一步逻辑
    yield return new WaitUntil(() => animationIsFinished);
    Debug.Log("执行内容 2");
}
```

在该段代码中,只有变量 animationIsFinished 为 True 时,协程函数才会向下执行。一般动画状态机等逻辑会经常运用到该操作。

3. 状态切换的协程示例

在进行状态处理时,经常会遇到异步逻辑中断与切换的情况,代码如下:

```
void OnHit()                                         //玩家受击事件函数
{
    if (mMainLogicCoroutine != null)
    {
        StopCoroutine(mMainLogicCoroutine);          //停止主逻辑循环
        mMainLogicCoroutine = null;                  //协程句柄设空
    }
    if (mPassiveCoroutine != null)
    {
        //如果当前有其他被动行为协程则停止
        StopCoroutine(mPassiveCoroutine);
    }
    //开启受击逻辑协程,被动行为协程句柄赋值
    mPassiveCoroutine = StartCoroutine(HitProcessCoroutine);
}
```

在上面这段代码中，OnHit 函数表示当角色受到攻击后所执行的逻辑，该段代码表示角色受到被动行为事件时的协程逻辑切换。

2.1.2 使用 ScriptableObject

ScriptableObject（可脚本化对象）是一种可自定义序列化数据且存放于具体文件中的对象类型，其一般用于储存配置量较少的数据。

1. 使用ScriptableObject配置数据

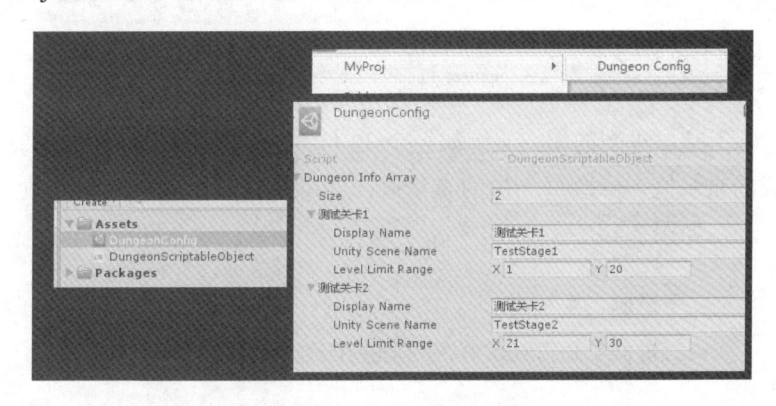

ScriptableObject 的创建很简单，只需要继承 ScriptableObject 类并标注 CreateAssetMenu 特性即可。下面在代码中用其描述一个副本的配置信息：

```
[CreateAssetMenu(fileName = "DungeonConfig", menuName = "MyProj/Dungeon
Config")]
//该特性标记了ScriptableObject 的基本信息，只有加入该特性，脚本才能以文件对象的
//形式被创建
public class DungeonScriptableObject: ScriptableObject
{
    [Serializable]                                    //声明是序列化类
    public class DungeonInfo
    {
        public string displayName;                    //显示名称
        public string unitySceneName;                 //Unity 场景名称
        public Vector2 levelLimitRange;               //限制等级
    }
    public DungeonInfo[] dungeonInfoArray;            //地下城信息数组对象
}
```

这里需要注意，Serializable 特性表示该类可以被序列化，读者不要和 SerializeField 混淆了，前者是在 System 命名空间下的特性，后者则属于 UnityEngine 命名空间。脚本编写完成后可在 Project 面板的右键菜单中创建，如图 2.2 所示。

图 2.2　ScriptableObject 的创建过程

2. 使用ScriptableObject整合冗余内容

在开发时经常会遇到一些共用字段的问题，如在配置敌人是否可进入冰冻、燃烧、石

化、眩晕4种不同环境状态时,每个敌人就需要配置4个不同的布尔变量,并且都需要配置一遍,非常麻烦。这时就可以用ScriptableObject将它们配置为资源对象来整合使用,代码如下:

```csharp
[CreateAssetMenu(filename = "EnvConf", menuName = "MyProj/EnemyEnvConf")]
public class EnemyEnvConf: ScriptableObject
{
    public bool canFreeze;
    public bool canBurn;
    public bool canStun;
    public bool canPetrify;
}//定义敌人的配置
```

使用代码如下:

```csharp
public class Enemy1: MonoBehaviour
{
    [SerializeField] EnemyEnvConf envConf;
}
```

2.1.3 理解 LayerMask

LayerMask 表示 Unity3D 中 32 个 Layer 的位掩码,通常用于脚本逻辑操作中对多个 Layer 信息的筛选,如图2.3所示。

图 2.3 Layer 选项与 LayerMask 筛选

位掩码实际上是二进制的概念,例如一个 32 位的 int 型正整数,在二进制下可看作 32 个 0 与 1 组成的布尔值,修改每一位的布尔值在 LayerMask 中就相当于修改一个 Layer 的开启或关闭状态,如图2.4所示。

十进制　　4

二进制　　00000000 00000000 00000000 00000100

十进制　　8

二进制　　00000000 00000000 00000000 00001000

图 2.4 二进制位与十进制数值的关系

常用的 LayerMask 位掩码操作如下：

```
LayerMask newLayerMask = 0;
//通过名称取得 Layer id
int layerGround = LayerMask.NameToLayer("Ground");

//当前 LayerMask 为所有层全部勾选状态
newLayerMask = ~0;

//开启 layerGround 在当前 LayerMask 中的勾选状态
newLayerMask |= 1 << layerGround;

//layerGround 是否在当前 LayerMask 中被勾选
if (((1 << layerGround) & newLayerMask) != 0){}

//取消 layerGround 在 LayerMask 中的勾选状态
newLayerMask &= ~(1 << layerGround);
```

2.1.4 消息模块的设计

一款游戏应当有一个完善的消息机制，在 Unity3D 中有内置的消息模块实现，但由于其过多地依赖层级与组件关系，所以无法对注册式的消息广播进行处理。本节就来实现一个简单的消息管理器，代码如下：

```
public class MessageManager
{
    static MessageManager sInstance;
    public static MessageManager Instance 
        => sInstance ??= new MessageManager();          //单例对象

    //消息字典，用于存放各类消息
    Dictionary<string, Action<object[]>> mMessageDict = new(32);
    //分发消息缓存字典，主要应对消息尚未注册但 Dispatch 已经调用的情况
    Dictionary<string, object[]> mDispatchCacheDict = new(16);

    private MessageManager() { }
    //订阅消息
    public void Subscribe(string message, Action<object[]> action)
    {
        //若已有消息则追加绑定
        if (mMessageDict.TryGetValue(message, out var value))
        {
            value += action;
            mMessageDict[message] = value;
        }
        else                                              //若无消息则添加至字典中
        {
            mMessageDict.Add(message, action);
        }
    }
    //取消消息订阅
    public void Unsubscribe(string message)
    {
        mMessageDict.Remove(message);
    }
    //分发消息
```

```csharp
        public void Dispatch(string msg, object[] args = null
            , bool addToCache = false)
        {
            if (addToCache)                    //缓存针对手动拉取
            {
                mDispatchCacheDict[msg] = args;
            }
            else                               //不加到缓存则当前订阅消息的对象都会被触发
            {
                if (mMessageDict.TryGetValue(msg, out var value))
                    value(args);
            }
        }
        //拉取缓存消息
        public void PullDispatchCache(string message, bool isAutoRemove = true)
        {
            if (mDispatchCacheDict.TryGetValue(message, out var value))
            {
                Dispatch(message, value);      //若缓存字典中存在该消息则执行

                if (isAutoRemove)
                    mDispatchCacheDict.Remove(message);
            }
        }
        //手动移除分发缓存中的消息
        public bool RemoveFromMessageCache(string message)
        {
            return mDispatchCacheDict.Remove(message);
        }
    }
```

以上是一个简单消息管理器的实现过程，使用单例进行调用。消息管理器除了简单的订阅（Subscribe）、取消订阅（Unsubscribe）操作以外，还需要处理延迟分发（Dispatch）的情况。例如，玩家在游戏中获得新装备后，系统将消息发送至背包面板并显示内部页签上的红点标记图片，但此时因玩家未打开背包面板，因此面板未创建，以至于消息接收失败。而延迟消息则可以先将消息推送至缓存中，当面板需要拉取延迟消息时，自行进行拉取。这样的设计可以应对大部分游戏对于消息管理方面的需求，包括刷怪、关卡的消息提示等。

2.1.5　功能开关与锁的设计

在开发中常遇到这种情况：A、B 两个模块都有暂停游戏时间的需求，并且有一个时间控制器类（TimerController）提供暂停时间和恢复时间的函数接口。当 B 模块先于 A 模块调用恢复时间接口时，会导致 A 模块的时间暂停被提前恢复，从而使逻辑出错。

这样的问题可使用计数方式来解决。

```csharp
    public class TimeController
    {
        static TimeController sInstance;
        public static TimeController Instance
                        => sInstance ??= new TimeController();
        uint mUserCounter;                              //使用者计数
```

```csharp
public void PushPauseGameTime()
{
    Time.timeScale = 0f;
    ++mUserCounter;
}
public void PopPauseGameTime()
{
    --mUserCounter;
    if (mUserCounter == 0)              //确认无使用者后恢复时间暂停
        Time.timeScale = 1f;
}
```

但这样做比较简单。若一个功能有多个使用者，则最好返回一个句柄且开放相应的查询接口，因此本节提供位锁（BitLock）工具类以供参考。

```csharp
public sealed class BitLock
{
    public const uint INVALID_LOCK = 0u;
    static readonly int[] DEBRUIJN_SEQUENCE =
    {
        0, 1, 28, 2, 29, 14, 24, 3, 30,
        22, 20, 15, 25, 17, 4, 8, 31,
        27, 13, 23, 21, 19, 16, 7, 26,
        12, 18, 6, 11, 5, 10, 9
    };//德布莱茵序列，用于锁的分配
    const int LOCKED_MAX_VALUE = 32;           //最大位锁数量
    uint mBitMask = 0u;
    public bool IsLocked => mBitMask != 0u;

    //这个锁的句柄是否未分配
    public bool IsUnassignLock(uint handle)
    {
        return (mBitMask & handle) != handle;
    }
    //分配一个锁并返回锁的句柄。若返回 0 则返回失败
    public uint AssignLock()
    {
        const uint MAGIC_NUM = 0x077CB531u;
        uint invMask = ~mBitMask;
        if (invMask == 0) return 0;
        var a = (invMask & ((uint)-invMask));
        var b = DEBRUIJN_SEQUENCE[(a * MAGIC_NUM) >> 27];
        var result = (uint)1 << b;
        mBitMask |= result;

        return result;
    }
    //通过句柄释放一个锁
    public void UnassignLock(uint handle)
    {
        mBitMask = mBitMask & (~handle);
    }
    //释放所有锁
    public void ReleasedAllLock()
    {
        mBitMask = 0;
    }
}
```

2.1.6 活用插值公式

有时可以用 DOTween 等一些插值插件来处理相关的需求,但更多时候需要更灵活的插值处理,如射击类游戏中玩家发射导弹,角色扮演类游戏中法师释放火球等。下面介绍一些简单、实用的插值公式。

在《游戏编程精粹 1》一书中有一节内容是关于插值的,书中将插值分为整型、浮点数的帧数相关及帧数无关的几种插值类型。其中,帧数无关插值可以理解为没有一个时间限制,只需要提供一个速率值即可。使用 Lerp 函数在每帧进行插值就可以实现简单的帧速无关缓动插值:

```
x = Vector3.Lerp(x, y, dt);
```

在 Update 中每帧调用 Lerp 插值函数后,即可实现帧数无关的 EaseOut 缓动效果,如图 2.5 所示。其中,变量 x 每帧都被更新,变量 dt 表示插值步幅。

但这种插值用在第三人称相机上则会表现出不适,相机运动需要一个类似于 EaseInOut 的插值效果,让插值在淡入时更加平滑。这里介绍一下 SmoothDamp 插值:

```
x = Mathf.SmoothDamp(x, y, ref v);
```

SmoothDamp 并不是一个 EaseInOut 的插值类型,但它拥有更平滑的插值结果及更多的控制参数,缓动表现如图 2.6 所示。

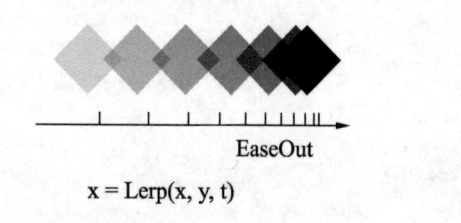

EaseOut

x = Lerp(x, y, t)

图 2.5　帧数无关的 EaseOut 插值

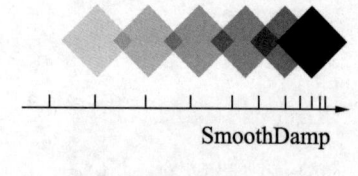

SmoothDamp

x = SmoothDamp(x, y, ref v)

图 2.6　帧数无关的 SmoothDamp 插值

SmoothDamp 是 Unity3D 提供的函数,但官方文档并未给出插值公式,该函数相对于直接用 Lerp 进行插值的方式更为平缓,通常在编写相机运动逻辑时使用该插值。不过也有更合适的 EaseInOut 插值类型。例如,在《游戏编程精粹 4》一书中提供了一种相机弹簧公式,包括一些 GDC 的分享文章中也提供了不少相机缓动插值,但笔者认为它们各有利弊,在这里不深入分析。

下面介绍几种常用的帧数相关的插值类型。首先是 Exponent(指数)类型:

```
t = t * t;
```

Exponent 类型非常简单、实用,而且不会造成太多开销。可以修改为 t^n 进行细调,其中,t 是一个 0~1 的值,它的缓动表现如图 2.7 所示。

这种插值也可以运用在非物体运动中。例如,PostProcessingStack 插件的 Bloom 后处理效果,用该插值模式实现了超出颜色范围的平滑处理。

下面再介绍一种较为常用的插值类型:

```
t = (t - 1f) * (t - 1f) * (t - 1f) + 1f;
```

它更类似于 SmoothDamp 那种较为平滑的运动,并且可以运用在大多数效果中,我们暂且叫它 EaseInOut 类型,它的缓动表现如图 2.8 所示。

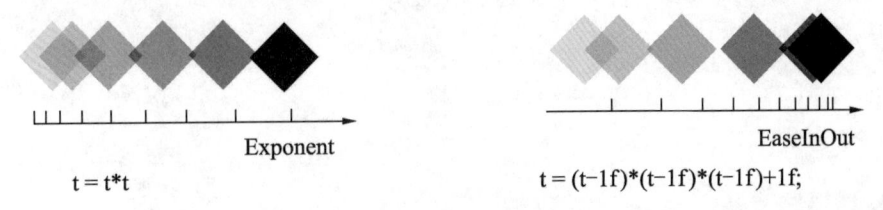

图 2.7　帧数相关的 Exponent 插值　　　　图 2.8　帧数相关的 EaseInOut 插值

本节一共介绍了 4 种插值类型,感兴趣的读者可以自己翻阅一些 Tween 插值插件的源码进行更深入的学习。

2.1.7　关注项目中的 GC 问题

GC(Garbage Collection)即垃圾回收,我们在编写程序时经常需要分配内存与释放内存,虽然垃圾回收机制帮我们解决了释放内存的问题,但是也带来了性能影响。当我们在一块临时的作用域上创建了引用类型对象时,就会产生内存垃圾,比较常见的如 Unity3D 自己的物理投射接口:

```
void Update()
{
    var hits = Physics.RaycastAll(Vector3.zero, Vector3.up, 5f);
    for (int i = 0; i < hits.Length; ++i)
    {
        //省略其他代码
    }
}
```

我们在每帧中调用 RaycastAll 射线投射,并返回所有的射线查询结果。由于返回它们需要开辟新的内存分配数组,所以上述代码每帧都会产生 GC 开销,在 Profiler 分析器面板里我们可以进行查看,如图 2.9 所示。

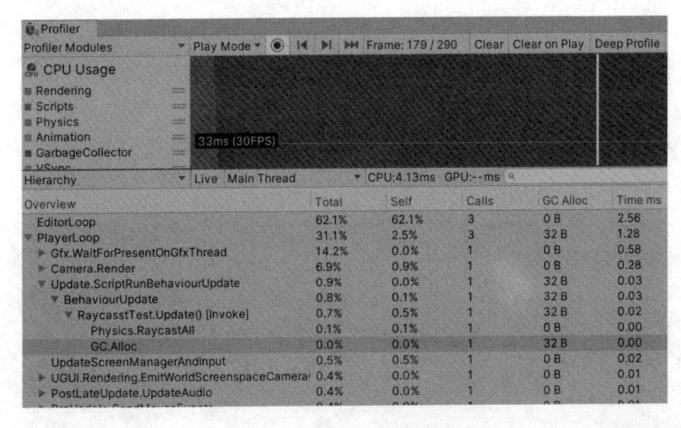

图 2.9　Profiler 分析器面板

为了避免这个问题，Unity3D 提供了没有 GC 分配的 NonAlloc 接口，它将返回的集合缓存起来以节省开销：

```csharp
RaycastHit[] mCacheHits;

void Start()
{
    mCacheHits = new RaycastHit[100];        //缓存100个射线查询结果
}
void Update()
{
    var hitsCount = Physics
        .RaycastNonAlloc(Vector3.zero, Vector3.up, mCacheHits, 5f);
    for (int i = 0; i < hitsCount; ++i)
    {
        RaycastHit hit = mCacheHits[i];
        //省略其他代码
    }
}
```

除了一些 API 会造成 GC 开销之外，在日常操作中如 Lambda 表达式、字符串拼接等也会造成 GC 开销。我们应当尽量减少每帧更新造成的 GC，并将一些每帧会产生 GC 的操作移入场景的初始加载中。

2.2 Unity3D 引擎及 C#语言新功能

随着游戏开发技术的不断进步，Unity 引擎和 C#语言也在快速迭代，为开发者提供了更加高效、灵活的工具和功能。尤其是近年来，C#语言在多个版本中新增了许多便于编程的特性，这些特性在 Unity3D 中同样适用，为游戏开发者简化了代码逻辑，提高了开发效率。本节将通过一系列示例，带读者快速了解这些新功能的特点和使用场景。

2.2.1　C# 6.0 至 C# 7.3 新功能简介

本节将介绍一些在 Unity3D 中可用的 C#新特性。

1. Null条件运算符

Null 条件运算符是 C# 6.0 的新特性，可通过运算符?.简化对象是否为空的判断，示例代码如下：

```csharp
object obj = new object();

//Null 调减运算符写法
obj?.GetHashCode();

//传统写法
if (obj != null)
{
```

```
    obj.GetHashCode();
}
```

值得注意的是，对于 Unity3D 的对象必须用隐式转换布尔类型的方式判断是否为空，使用 Null 条件运算符无法获得正确的判断结果。

```
public class Class1:MonoBehaviour
{
    [SerializeField]Class2 class2;

    void Start()
    {
        Destroy(class2.gameObject);
        class2?.Foo();                          //Foo 方法被调用，此写法错误
    }
}
```

2．二进制字面值功能

二进制字面值功能为 C# 7.0 的新特性，它可以更加直观地描述储存二进制数据的字段信息。示例代码如下：

```
int mask = 0b_0000_0111;
Debug.Log((mask & 2) == 2);//true
Debug.Log((mask & 8) == 8);//false
```

3．数字分隔符

数字分隔符为 C# 7.0 的新特性，它可以用下画线分隔代码中的数字，从而增强其可读性。示例代码如下：

```
int num = 100_000_000;
```

4．属性字段特性

属性字段特性为 C# 7.3 的新特性，它可以给自动完成属性添加特性，从而实现 SerializeField 序列化之类的功能，这对于 Unity3D 来说非常实用。

```
public class TestClass : MonoBehaviour
{
    //Foo 会变为序列化字段，出现在面板中
    [field: SerializeField] public int Foo { get; private set; }
}
```

5．元组

元组是许多编程语言都带有的特性，新版本的 C#包含显式与隐式的值元组可供使用，示例代码如下：

```
public class ValueTupleTest : MonoBehaviour
{
    //返回类型为显式值元组的函数
    ValueTuple<int, float> Foo()
    {
        return new ValueTuple<int, float>(1, 2.0f);
    }
```

```
    //返回类型为隐式值元组的函数
    (int, float) Bar()
    {
        return (1, 2.0f);
    }
    void Start()
    {
        //获取值元组并解元
        var (intValue, floatValue) = Foo();
        Debug.Log(intValue);
    }
}
```

6. ref引用

C# 7.3 之后对 ref 关键字进行了修改，现在对参数或返回值加上 ref 关键字可达到类似 C++常指针的功能；可直接操作栈地址。这一项修改在提高性能的同时也为值类型的改动操作提供了便利，示例代码如下：

```
public class RefTest : MonoBehaviour
{
    int[] mArray;

    //ref 返回值测试
    ref int Foo()
    {
        return ref mArray[0];
    }
    void Start()
    {
        mArray = new int[3] { 1, 2, 3 };
        ref int returnValue = ref Foo();
        returnValue = 12;
        Debug.Log(mArray[0]);//打印 12
    }
}
```

2.2.2 Unity3D 引擎部分新功能简介

本节主要介绍 Unity3D 编辑器的一些新功能。

1. 层级面板对象独显功能

在新版本的编辑器中，按快捷键 Shift+H 可以激活物体独显（Solo）功能，该功能利于我们快速地对场景物体进行编辑与检查。

2. 物件模型地面吸附功能

在关卡编辑时将对应物件吸附到地面上是一项非常重要的功能，在 Unity3D 中首先需要将物体切换为 Center 锚点模式，然后按住 Shift+Ctrl 快捷键拖曳并确保地面模型上挂载有碰撞器组件即可进行地面吸附操作。

3．显示当前选中物体的网格

在关卡编辑中常会有需要查看单个物件网格（Mesh）的需求，此时若切换至全局网格显示则不太方便。现在可在 SceneView 面板中勾选 Gizmos | Selection Wire 打开网格显示功能，此时再选择对应物件就可以看见网格了。

2.3　3D 游戏开发必备的数学知识

本节将会对 3D 游戏开发涉及的一些数学知识进行讲解，在敌人 AI、场景中物件互动、着色器编写等方面都会用到这些数学知识，本节将结合实际项目中遇到的一些问题进行介绍。

2.3.1　向量加减

向量加法在游戏中运用较广泛。例如，第三人称相机在后推时我们可以根据身后向量和左右两侧向量求得合适的中间位置，进而对后推方向进行细化；当设计 AI 时我们可以通过攻击目标正前方和两侧方向来求得进攻方向的点。

当计算向量加法时，我们可以使用平行四边形定则来得出向量加法的结果，而向量减法则是加法的逆运算，一个向量加上另一个向量的负方向就是减去的那个方向，如图 2.10 所示。

如果将向量相加的图像想象成平行四边形可能并不易于理解，我们可以假设在 Unity3D 中有一个世界空间 y 轴方向长度的向量(0,1,0)和一个世界空间 x 轴方向长度的向量(1,0,0)，它们相加后会得到(1,1,0)这样一个结果，如图 2.11 所示。

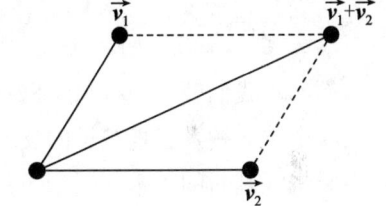

图 2.10　向量加法的平行四边形法则

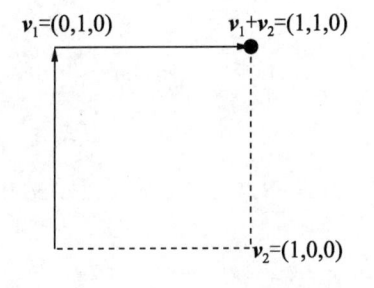

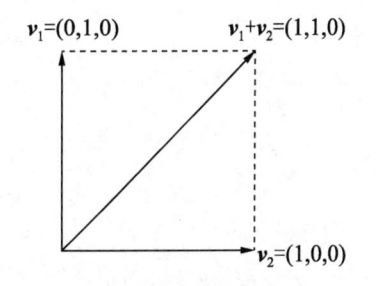

图 2.11　向量加法的另一种表现

图 2.11 左图就是先加上 y 方向向量再加上 x 方向向量的结果，这样更加便于理解。一般在实际运用中我们将相加结果再归一化为矢量，这样就可以得到中间向量了。

2.3.2 点乘

点乘,即数量积、内积。在三维向量中它得到的是两个向量夹角的 cos 值,通过它可知两个向量的相似性,自己和自己点乘也可以用来求模,还可以用来判断正面或背面方向等。点乘在公式中以一个点表示,如图 2.12 所示。

图 2.12 为向量 v_1 和 v_2 进行点乘操作的公式表示,当使用两个标量进行点乘操作时,它们的点乘结果在 1~-1 之间,如果它们完全一致,则结果为 1,反之为-1。我们在图 2.13 中用虚线箭头来形象地表示两个标量进行点乘。

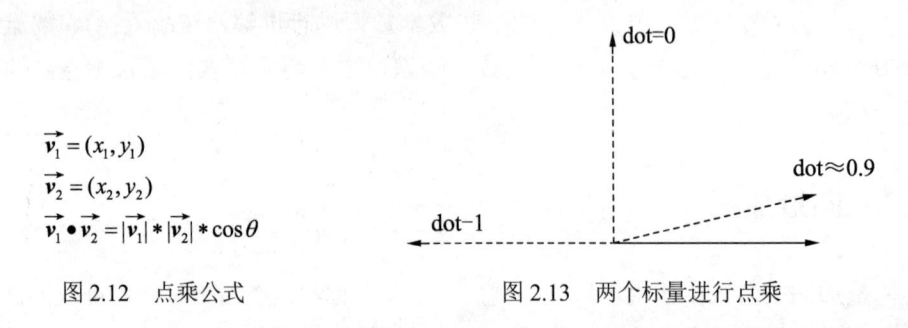

$$\vec{v_1} = (x_1, y_1)$$
$$\vec{v_2} = (x_2, y_2)$$
$$\vec{v_1} \bullet \vec{v_2} = |\vec{v_1}| * |\vec{v_2}| * \cos\theta$$

图 2.12 点乘公式　　　　图 2.13 两个标量进行点乘

我们可以把点乘运用在光照计算里,如果反转后的模型法线和入射角的点乘结果大于 0,就以光照强度表现出来,一个基础平行光的计算代码如下:

```
float3 N = modelNormal;                    //模型法线
float3 L = LightDirection;                 //光线入射角
return max(dot(N, -L), 0);
```

例如,我们做一个推箱子的功能模块,当到达某触发区域时,这个模块需要知道角色是从哪个方向触发了推箱子的交互按钮,因为不同方向会触发不同的推箱子动作,可以使用点乘进行判断的脚本代码如下:

```
void PushBox(Transform playerTransform, Transform boxTransform)
{
    const float ERROR = 0.661f;            //点乘角度检测范围(已经过换算)

    //箱子正面
    if (Vector3.Dot(playerTransform.forward, -boxTransform.forward) > ERROR)
    {
        //省略具体执行代码
    }
    else if (Vector3.Dot(playerTransform.forward, boxTransform.forward) > ERROR)                                                //箱子背面
    {
        //省略具体执行代码
    }
    else if (Vector3.Dot(playerTransform.forward, boxTransform.right) > ERROR)                                                  //箱子左边
    {
        //省略具体执行代码
    }
```

```
    else if (Vector3.Dot(playerTransform.forward, -boxTransform.right) >
ERROR)                                                          //箱子右边
    {
        //省略具体执行代码
    }
}
```

点乘的应用场景非常频繁，如只有在扇形区域内才能触发的交互、依据地面法线朝向进行的刚体位置修正、怪物的正/背面受击判断等。

2.3.3 叉乘

叉乘，即向量积、外积。例如，两个向量 v_1 和 v_2 进行叉乘，它们的叉乘结果将垂直于 v_1 和 v_2，并且结果长度是 v_1、v_2 构成的平行四边形面积，如图 2.14 所示。

以图 2.14 为例，我们知道，求平行四边形的面积是底×高，已知斜边是 v_1，但是高不知道，所以用 v_1 的模长乘以 $\sin\theta$ 得到高，然后计算出面积，也就是叉乘结果。其结果向量垂直于 v_1 和 v_2 但垂直轴向不定，既可以是+z 也可以是-z，具体朝向可以参考右手螺旋定则和左右手坐标系而定，这里不展开讲解。

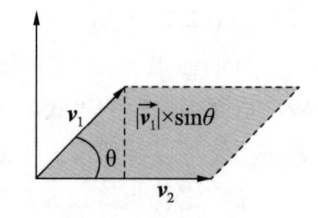

图 2.14 叉乘公式表示

在 shader 编写中，叉乘有一个比较经典的运用，那就是通过法线方向和切线方向求得副法线方向：

```
var bionormal = cross(normal, tangent);
```

这个还可以引申到敌人 AI（指在游戏中模拟敌人的智能行为）的编写中。例如，射线检测到前方有一堵墙，而我们又知道当前的重力方向，于是需要往另一个方向走以绕开这堵墙，编写代码如下：

```
var hasWall = Physics.Raycast(transform.position, transform.forward, 1f);
if (hasWall)                                         //如果有一堵墙,我们就绕开它
{
    var bypassDirection = Vector3.Cross(transform.forward, Physics.gravity.normalized);
    Move(bypassDirection);
}
```

这里再举一个例子，正如上面所说的叉乘结果会在正负方向上变化，因此我们可以通过它来确定敌人是在你的左边还是右边，编写代码如下：

```
//确定敌人在右边还是在左边
EEnemyDirection GetEnemyDirection(Transform self, Transform enemy)
{
    var cross = Vector3.Cross(self.forward, enemy.position - self.position);
    if (cross.y > 0) return EEnemyDirection.Right;
    else return EEnemyDirection.Left;
}
```

我们用敌人和玩家的方向差与玩家 forward 方向来比较，由于 Unity3D 是左手坐标系，

所以判断叉乘结果的 y 分量是否大于 0 即可得到敌人是位于玩家右边还是左边。但需要注意，这个做法只存在于默认引力方向的情况下，对于存在改变引力的游戏，还需要加入一些额外的处理逻辑。

2.3.4 投影

向量投影也是一个经常接触的概念，比如在欧美动作游戏中经常出现的一种轨道式相机 DollyCamera，它的映射实现就要经过向量投影这个步骤。向量投影公式的表示如图 2.15 所示。

我们通过 v_1 和 v_2 的点乘等式和投影原公式进行比较，从而得出新的等式。Unity3D 中 Vector3 封装的投影方法不仅可以得到模长还会返回向量类型结果。

在固定视角第三人称游戏中我们需要让主角的移动方向和当前相机方向保持一致，而不是自身的 Forward 和 Right 朝向，这时候就需要将向量投影到平面，将轴向归为水平位置。代码如下：

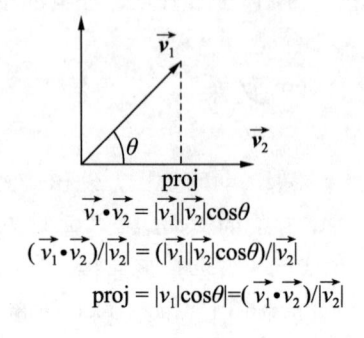

图 2.15 向量投影公式表示

```
void UpdateMove(float speed)
{
    var horizontal = Input.GetAxis("Horizontal");
    var vertical = Input.GetAxis("Vertical");
    //获得x,y输入轴的值，范围在-1到1之间
    var upAxis = Physics.gravity.normalized;
    //垂直方向轴，一般取当前重力方向
    var forwardAxis = Vector3.ProjectOnPlane(Camera.main.transform.forward,upAxis);
    var rightAxis = Vector3.ProjectOnPlane(Camera.main.transform.right, upAxis);
    //让forward、right轴归于水平位置
    ExecuteMove((forwardAxis * vertical + rightAxis * horizontal).normalized * speed * Time.deltaTime);
}
```

以上脚本片段通过传入速度参数和输入信息进行当前对象的移动控制，并根据当前相机的观察角度进行输入方向的矫正。

2.3.5 四元数

由于欧拉角旋转会造成万向节死锁问题，所以有关旋转我们用得最多的就是四元数，但对于基础不太好的开发者来说它是一个头疼的概念。通常我们用角-轴去表示一个旋转，例如：

```
transform.rotation = Quaternion.AngleAxis(-90, Vector3.forward);
```

这表示沿 Forward 世界轴向旋转 90°，如图 2.16 所示。

和欧拉角不同的是四元数可以不断累乘，开发者可以把每一个旋转步骤分开表示并最终将它们相乘。四元数和矩阵相乘类似，但必须注意相乘的左右顺序：

```
//forward 正方向旋转 90°的角轴
var a = Quaternion.AngleAxis(90, Vector3.forward);
//right 正方向旋转 90°的角轴
var b = Quaternion.AngleAxis(90, Vector3.right);
transform.rotation = a * b;
```

例如，我们定义了 a 和 b 两个角轴方法创建的四元数，调换它们的相乘顺序后得到的却是不同的结果，如图 2.17 所示。

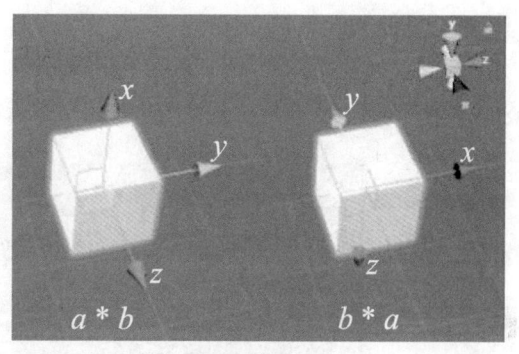

图 2.16　一个角轴旋转　　　　图 2.17　四元数不同的相乘顺序导致不同的结果

除了轴角，还可以用 mFromTo 的方式去表示一个旋转。例如，要做一个四元数插值，代码如下：

```
Quaternion mFromTo;
void OnEnable()
{
    mFromTo = Quaternion.FromToRotation(transform.forward, Vector3.forward);
}
void Update()
{
    transform.rotation = Quaternion.Lerp(transform.rotation, mFromTo, 17 * Time.deltaTime);
}
```

mFromTo 表示对象是从当前 Forward 方向插值到世界 Forward 方向，我们将它放到 Update 里的每一帧去更新。如果想要知道插值什么时候即将完成，则可以用四元数点乘去判断，它和向量点乘类似，不一样的是其结果会不断接近-1,1 两个零界点，这里用绝对值来进行判断，代码如下：

```
var dot = Quaternion.Dot(transform.rotation, mFromTo);
if (Mathf.Abs(dot) > 0.8f)
{
    //省略具体执行代码
}
```

这样就完成了接近目标时的判断。在用摇杆控制游戏角色旋转，检测角色是否接近旋转插值的目标时，使用四元数点乘就非常合适。

2.4 其他开发工具准备

除了前面几节介绍的内容之外，在游戏开发中依旧有许多内容是我们需要关注的。例如，GC、内嵌控制台、合理的项目目录结构等，本节就针对这些内容进行详细讲解。

2.4.1 控制台工具的编写

一般我们在游戏运行时集成 Console 控制台以便于调试开发，控制台允许用户输入命令并显示 Log（日志）信息，如图 2.18 所示。

图 2.18 Unity3D FPS Sample 的控制台

我们可以通过 uGUI 编写控制台界面并使用 Application 中提供的事件回调来获取 Log 消息，具体代码如下：

```
void OnEnable()
{
    Application.logMessageReceived += LogMessageReceived;
    //接收 Log 消息，包含不同线程
    Application.logMessageReceivedThreaded += LogMessageReceivedThreaded;
}
void LogMessageReceived(string condition, string stackTrace, LogType type)
{
    //省略其他代码
}
void LogMessageReceivedThreaded(string condition, string stackTrace, LogType type)
{
    //省略其他代码
}
```

LogMessageReceivedThreaded 事件为我们提供了不同线程 Log 消息的支持。对于命令的处理可以自行设计封装相应接口，这里不再展开介绍。

2.4.2 常量生成器

在项目开发中我们可以对诸如 Layer、Tag 等编辑器数据进行常量生成，以代替在代码中通过输入字符串生成常量的形式来提高开发效率。

Layer 的生成可以通过 LayerMask.LayerToName 获取层名称，Tag 的生成可以手动将预制 Tag 标签写入常量列表，其他的自定义 Tag 可以从 TagManager.asset 中获得。这里以生成 Layer、Tag 常量类为例，参考代码如下：

```
var sb = new StringBuilder();                           //准备模板生成
sb.AppendLine("public class _Const");
sb.AppendLine("{");

for (int i = 0; i < 32; ++i)                            //遍历所有 Layer
{
    //通过 Unity3D 的接口拿到 Layer 名称
    var name = LayerMask.LayerToName(i);
    name = name
        .Replace(" ", "_")
        .Replace("&", "_")
        .Replace("/", "_")
        .Replace(".", "_")
        .Replace(",", "_")
        .Replace(";", "_")
        .Replace("-", "_");                             //对常见的特殊字符进行过滤
    if (!string.IsNullOrEmpty(name))
        sb.AppendFormat("\tpublic const int LAYER_{0} = {1};\n", name.ToUpper(), i);
}
sb.AppendLine("\tpublic const string " + ("Tag_Untagged".ToUpper() + " = " + "\"Untagged\";"));
sb.AppendLine("\tpublic const string " + ("Tag_Respawn".ToUpper() + " = " + "\"Respawn\";"));
sb.AppendLine("\tpublic const string " + ("Tag_Finish".ToUpper() + " = " + "\"Finish\";"));
sb.AppendLine("\tpublic const string " + ("Tag_EditorOnly".ToUpper() + " = " + "\"EditorOnly\";"));
sb.AppendLine("\tpublic const string " + ("Tag_MainCamera".ToUpper() + " = " + "\"MainCamera\";"));
sb.AppendLine("\tpublic const string " + ("Tag_Player".ToUpper() + " = " + "\"Player\";"));
sb.AppendLine("\tpublic const string " + ("Tag_GameController".ToUpper() + " = " + "\"GameController\";"));         //将一部分内置 Tag 先写死

var asset = UnityEditor.AssetDatabase.LoadAllAssetsAtPath
("ProjectSettings/TagManager.asset");                   //取得自定义 Tag
if ((asset != null) && (asset.Length > 0))
{
    for (int i = 0; i < asset.Length; ++i)
    {
        //创建序列化对象
        var so = new UnityEditor.SerializedObject(asset[i]);
        var tags = so.FindProperty("tags");             //读取具体字段
        for (int j = 0; j < tags.arraySize; ++j)
        {
```

```
            var item = tags.GetArrayElementAtIndex(j).stringValue;
            sb.AppendFormat("\tpublic const string TAG_{0} = \"{1}\";\n",
item.ToUpper(), item);
        }                                           //添加到模板
    }
}
sb.AppendLine("}");
//写入硬盘
File.WriteAllText("Assets/GeneratedConst.cs", sb.ToString());
UnityEditor.AssetDatabase.Refresh();                //通知Unity3D刷新
```

上述代码建议放在独立的程序集下，以防止逻辑代码报错而无法生成常量。此外，还可以对 Resources、BuildSetting 中的场景、UI 等内容进行常量配置，这里仅作为扩展思路，具体情况可依据项目需求而定。

2.4.3　关联 Excel 配置数据

Unity3D 中数据量较少的配置数据可用 ScriptableObject 进行配置，但对于一些数据量比较大的配置数据，建议使用 Excel 进行配置，接下来我们将介绍通过 Excel 导入数据的处理方式。

这里我们使用一个开源库 EPPlus，在开源社区 GitHub 上进行搜索可以找到它。首先需要编写一个中间程序，使用 EPPlus 去读 Excel 文件并取出前几列的数据作为数据字段定义，然后按照模板生成 .cs 文件和 JSON 序列化文件，在 Unity3D 端使用中间工具将 JSON 文件读取出来并存入静态的字典结构中。

我们先来看一下 Excel 输出端的代码，这里使用控制台的原生 C# 语言进行编写，代码如下：

```
static void Main(string[] args)
{
    ExcelPackage.LicenseContext = LicenseContext.NonCommercial;
    //先建立一个test.xlsx 文件，并在第一行标记相应格式 '列名|类型',如'副本名|string'
    //由于篇幅限制，默认为加载了对应的命名空间，并从 NuGet 上获取了 EPPlus 与 LitJSON
    using (var excelPackage = new ExcelPackage(new FileInfo("test.xlsx")))
    {
        var excelWorksheet = excelPackage.Workbook
              .Worksheets.FirstOrDefault();
        var excelFileName = Path.GetFileNameWithoutExtension
(excelPackage.File.Name);
        //创建单个序列化类对象，使用字符串拼接生成 .cs 文件
        StringBuilder sb = new StringBuilder(), sb2 = new StringBuilder();
        sb.AppendFormat("public class {0} {{", excelFileName);
        for (int i = 1; true; ++i)                  //读 Excel 的第二行，列名信息
        {
            var currentElement = excelWorksheet.Cells[1, i].Value;
            if (currentElement == null) break;
            var temp = currentElement.ToString().Split('|');
            sb.AppendFormat("\tpublic {0} {1};\n", temp[1], temp[0]);
        }
        sb.AppendLine("}");
        //使用 CodeDom 动态加载这个序列化类
        var codeDomProvider = new CSharpCodeProvider(new Dictionary
```

```
<string,string> { { "CompilerVersion", "v3.5" } });
        var compilerResults = codeDomProvider.CompileAssemblyFromSource
(new CompilerParameters
        {
            GenerateInMemory = true,
            ReferencedAssemblies = { "mscorlib.dll", "System.dll",
"System.Core.dll" }
        }, new string[] { sb.ToString() });    //需要的编译信息
        var type = compilerResults.CompiledAssembly.GetTypes().
FirstOrDefault();
        var list = new List<object>();          //创建 list 对象并从 xlsx 里读数据
        for (int i = 2; true; ++i)              //开始读取具体数据
        {
            if (excelWorksheet.Cells[i, 1].Value == null) break;
            //创建具体对象
            var dynamicObject = Activator.CreateInstance(type);
            var fields = dynamicObject.GetType().GetFields();
            for (int field_index = 0; field_index < fields.Length;
++field_index)
            {                                   //遍历 dynamicObject 的字段
                var currentElement = excelWorksheet.Cells[i, field_index + 1].
Value;
                var value = Convert.ChangeType(currentElement, fields
[field_index].FieldType);
                //设置读到的值
                fields[field_index].SetValue(dynamicObject, value);
            }
            list.Add(dynamicObject);            //把 field 从表里读入并写入 list
        }
        //模板创建命名空间
        sb2.AppendLine("using System.Collections.Generic;");
        sb2.AppendFormat("public class {0}_TableData {{", Path.GetFileName
WithoutExtension(excelPackage.File.Name));  //模板创建 class
        //模板创建静态 list
        sb2.AppendFormat("\tpublic static List<{0}> {1}_List;\n", type.
FullName, Path.GetFileNameWithoutExtension(excelPackage.File.Name));
        sb2.AppendLine("}");
        //生成文件
        File.WriteAllText(excelFileName + "_TableData.cs", sb2.ToString());
        File.WriteAllText(excelFileName + ".cs", sb.ToString());
        File.WriteAllText(excelFileName + ".json", JsonMapper.ToJson(list));
    }
}
```

注意，为了测试方便，默认创建了 test.xlsx 文件，并在第一行赋予了相应字段格式"名称|类型"。

再来看看导入部分，我们将生成的 .cs 文件和 JSON 放入 Unity3D 工程目录下，并假设 JSON 文件存于 Resources 的根目录下且导入了 LitJson，然后进行导入脚本的编写，代码如下：

```
using System.Collections.Generic;
using UnityEngine;
using LitJson;                                  //引用 JSON 库的命名空间

public class XlsxJsonLoader : MonoBehaviour
{
    void Awake()
    {
        test_TableData.test_List = JsonMapper.ToObject<List<test>>
```

```
        (Resources.Load<TextAsset>("test").text);
            //遍历反序列化的 list
            foreach (var item in test_TableData.test_List)
            {
                //打印的内容对应 xlsx 里填写的值
                Debug.Log("DungeonName: " + item.DungeonName +
" DungeonLevelBegin:" + item.DungeonLevelBegin + " DungeonLevelEnd: " +
item.DungeonLevelEnd);
            }
        }
    }
```

以上脚本仅作为演示，在开发过程中使用 Excel 转 JSON 时会有许多十分完善的库可以在 GitHub 上找到。

2.4.4　Level 分组打包工具

通常项目中会存在若干游戏版本，不同的游戏版本所需要的 Level 列表也不相同，若将所有 Level 对象都放入构建列表中进行打包，则会产生包体冗余。本节将编写一个 Level 分组打包工具来解决这个问题。

```
using System.IO;
using System.Linq;
using UnityEngine;
#if UNITY_EDITOR
using UnityEditor;
#endif

[CreateAssetMenu]                                        //具体路径可依据项目修改
public class GroupLevelBuilder : ScriptableObject
{
#if UNITY_EDITOR
    public SceneAsset[] scenes;
    public BuildTarget buildTarget = BuildTarget.StandaloneWindows64;
    public string buildPath = "Release";                 //使用相对路径即可
    public string buildFileName = "MyProj.exe";          //构建生成的文件名
    public bool developerVersion;

    public void Build()
    {
        var options = BuildOptions.None;

        if (developerVersion)
            options |= BuildOptions.Development;
        if (Directory.Exists(buildPath))
            Directory.Delete(buildPath, true);

        Directory.CreateDirectory(buildPath);

        string[] scenePaths = scenes
.Select(m => AssetDatabase.GetAssetPath(m)).ToArray();
        BuildPipeline.BuildPlayer(scenePaths
, Path.Combine(buildPath, buildFileName), buildTarget, options);
        //调用 Unity3D 的打包接口进行打包处理
    }
#endif
}
```

上述脚本应用于编辑器环境下,通过编辑器路径单击 Assets | Create | GroupLevelBuild 创建 ScriptableObject 对象资产,该资产可对需要打包的场景清单进行配置。

接下来还需要增加脚本 GroupLevelBuilderInspector,以编写 GroupLevelBuilder 的界面扩展代码,新增打包按钮,代码如下:

```
[CustomEditor(typeof(GroupLevelBuilder))]
public class GroupLevelBuilderInspector : Editor
{
    public override void OnInspectorGUI()
    {
        base.OnInspectorGUI();
        if(GUILayout.Button("Build"))                              //打包按钮
            (base.target as GroupLevelBuilder).Build();
    }
}
```

上述脚本添加完毕且 GroupLevelBuilder 脚本放置于非 Editor 目录下,生成对应配置对象后,单击生成对象的 Build 按钮即可进行打包操作。至此,Level 分组打包工具编写完成。

2.4.5　项目目录结构建议

合理的目录结构对项目开发的帮助不言而喻。笔者根据以往的项目经验列举了一套目录结构作为参考,如表 2.1 所示。

表 2.1　项目目录结构参考

目 录 名	说 明
_RawAssets	存放一些临时的美术资源文件/包,如商店下载的模型包、音乐包等
Animations	存放动画文件
AnimatorMisc	存放动画Mask、剥离的混合树文件、动画控制器文件等
Settings	独立的配置文件,如插件配置信息、渲染管线配置、全局配置、shader变体集文件等,可建立一个Resources子文件夹,考虑加载一些动态配置
Fonts	字体目录
Gizmos	Gizmos目录
Textures	UI图片、Cubemap、RenderTexture、各种独立于模型的材质
Tests	注意这里不是单元测试,而是开发人员存放一些不确定的功能或功能测试。只有测试完成的模块才能被放入游戏中
Materials	独立创建的材质球
Models	模型文件夹,包含不同模型子文件夹及模型的材质和材质球
Modules	模块文件夹,每个模块是一个子文件夹,包含模块所需的各种文件类型,如相机模块和战斗模块等,通常由程序人员来维护该文件夹
Plugins	插件文件夹,与项目内容完全没有依赖的工具应放置于此,由于是不同的程序集,因此与放在外面相比会提高脚本编译速度
Prefabs	通用预制物,用于关卡编辑时方便拖出
Resources	主Resources文件夹目录,可能还会有Resources/Prefabs、Resources/Animations这样的结构,这里不展开介绍。需要注意,过多的Resources引用其读取并不连续,会拖慢加载速度,可以考虑更换为AssetBundle、Addressable的形式

续表

目 录 名	说 明
Scenes	场景文件夹
Shaders	着色器，cginc、hlsl、compute等文件
StreamingAssets	需要外部加载的文件目录，依据项目而定
UI	UI目录，其中，每个UI可以有相应的文件夹结构，以便于调试

注意，将什么类型的文件夹放置于根目录下是依据项目类型来确定的，将这些常用的文件夹放置于根目录下，可使项目中不同职能的人员迅速地找到对应资产，提升开发效率。

为了避免文件夹层级过多，我们可以用下画线平级分类来对文件夹进行命名。例如，对于 Cutscene001_Character_Pawn01，可以直观地在文件夹排序中筛选出 Cutscene001 的资源。此外，若在项目中大量使用单元测试（Unit Test）、可寻址资源系统（Addressable Assets），则建议拆分工程，这里不再展开介绍。

2.4.6 项目的程序流程结构建议

若读者在平时开发中程序流程结构并没有形成规范，则可以参考一些开源框架的做法创建 Procedure 类处理游戏的整体流程，也可以参考笔者的建议，如图 2.19 所示。

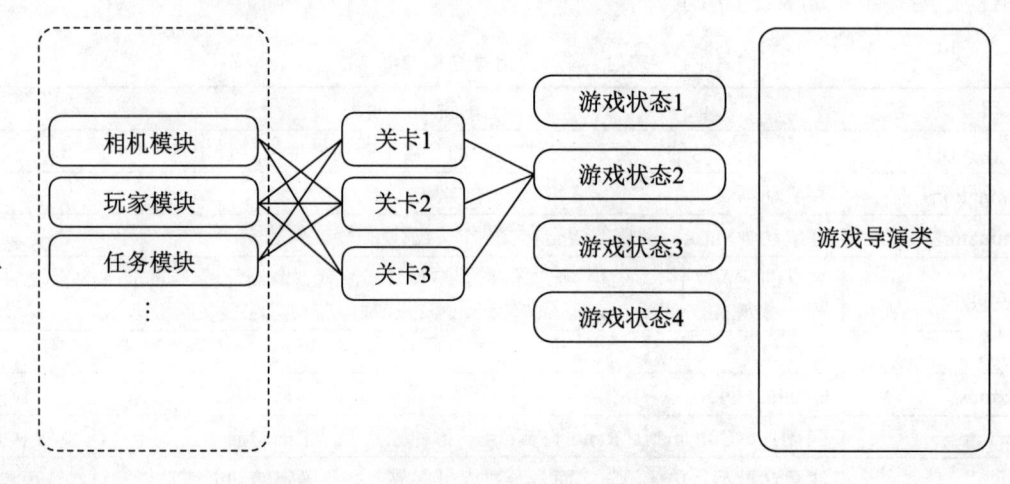

图 2.19 程序结构示例

图 2.19 中展示了关卡制游戏的大体程序结构。一个程序模块被称为 Manager、Controller 或 System 应由它的功能所决定，这里的 GameDirector（游戏导演类）模块贯穿了整个游戏的进程，它可以切换不同的游戏状态。例如，LOGO 展示阶段是一个状态，主菜单、游戏游玩阶段又是另外几种状态，而在进入游戏中的具体关卡之后，不同的关卡又会依赖不同的游戏模块。

模块的初始化顺序及生命周期由 GameDirector 所控制，GameDirector 自己的生命周期由调用它的脚本所控制，这个脚本可以叫作 Spark 或者 BootStrap，该脚本负责启动 GameDirector 进入第一个状态。

第 2 篇
核心模块详解

▶▶ 第 3 章　物理系统详解

▶▶ 第 4 章　Mecanim 动画系统详解

▶▶ 第 5 章　战斗系统详解

▶▶ 第 6 章　主角系统详解

▶▶ 第 7 章　关卡设计详解

▶▶ 第 8 章　敌人 AI 设计详解

▶▶ 第 9 章　其他模块详解

第 3 章　物理系统详解

如果对 Unity3D 中的物理系统了解得不够充分，则会由于使用不当而出现种种问题。本章将针对参数设置、更新逻辑和一些常见问题进行详细介绍。首先介绍在实际开发中遇到的问题及优化操作，然后会实现一个自定义的碰撞系统供读者参考。

3.1　物理系统基本内容梳理

物理系统是游戏引擎中不可或缺的一部分，它不仅为游戏世界提供了真实的交互效果，而且为开发者构建复杂的物理行为提供了基础框架。本节将对物理系统中的一些基础概念进行介绍，并对游戏开发中那些容易被忽视的关键参数进行重点讲解，以确保游戏物理系统符合预期。

3.1.1　系统参数设置

在 Unity3D 中选择 Edit | Project Settings | Physics 选项，可以打开物理参数的调节面板，如图 3.1 所示。

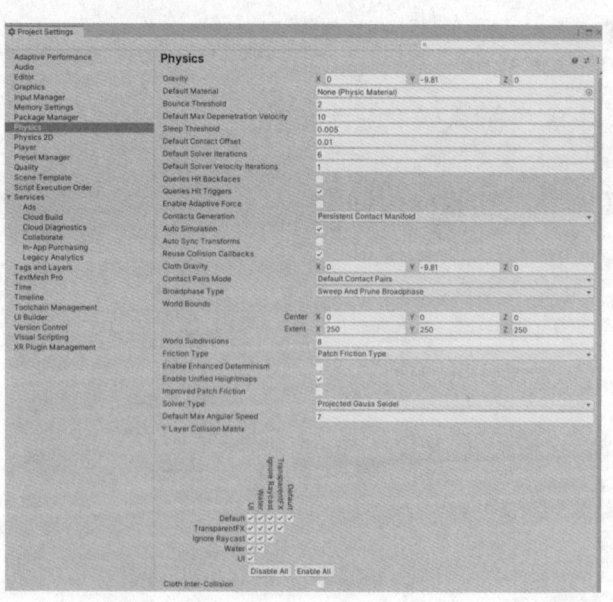

图 3.1　Physics 设置面板

其中有几项参数需要注意：
- Gravity：采用标准重力-9.81 作为默认值，若发现角色或物件下落速度较慢，可增加额外的重力系数并应用到物体的物理速率（Velocity）来解决。
- Queries Hit Backfaces：进行背面射线查询，如果需要查询 MeshCollider 背面（法线相反的方向）的情况，请开启该功能。
- Layer Collision Matrix：物理相交矩阵，确定多个 Layer 之间的相交关系，一旦不相交，则不会触发它们之间的碰撞关系。例如，在制作游戏中的幽灵对象时，可以把幽灵层和障碍物层的勾选全部去掉。

3.1.2 Fixed Update 更新频率

Fixed Update 的更新频率在游戏开发中依然是一项很重要的设置，若设置不当则会因角色移动速度过快而造成穿墙问题。在 Fixed Timestep 设置面板中选择 Project Settings | Time 选项，可在其中设置 Fixed Timestep 参数，如图 3.2 所示。

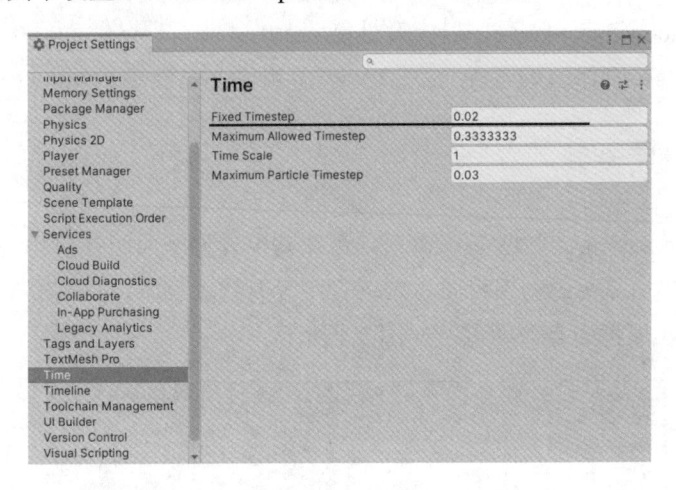

图 3.2　Fixed Timestep 设置面板

与 Update 函数每帧更新不同，Fixed Update 函数的更新频率是按照时间进行更新的，假如设置为 0.01，那么 1 秒钟必然会执行完 100 次 Fixed Update。这部分内容将会在 3.2.1 节中介绍，一般将该值设置为 0.02 或 0.01 即可。

3.1.3 Rigidbody 参数简介

若刚体参数设置不当，则会导致穿墙甚至物理抽搐问题。下面按照顺序来介绍刚体的参数设置，一些非重要参数会简单带过。参数面板如图 3.3 所示。

主要参数说明如下：
- Mass：刚体的质量，不同的质量设置会在游戏里以推力的方式表现出来。例如，大质量的物体会很轻易地推动小质量的物体，但该值并不会影响下落速度。

- **Drag**：阻尼，不建议保持该值为默认值 0。因为游戏中的物理引擎本身就是基于单浮点数的，并不精确，过小的阻尼参数会造成结果抖动从而出现一些奇怪的 Bug。
- **Angular Drag**：角阻尼，含义与 Drag 类似但对应于旋转。
- **Use Gravity**：是否应用重力。
- **Is Kinematic**：开启此选项后物体不会受到物理特性的影响。
- **Interpolate**：插值方式，Interpolate 内插值会落后后边一些，但比外插值平滑。Extrapolate 外插值会基于速度预测刚体位置，但可能会导致某一帧出现错误预测。对于需要物理表现的物体，建议选择内插值。
- **Collision Detection**：碰撞检测方式，默认是 Discrete 关闭连续碰撞检测的状态。对于游戏中的主角或敌人，需要设置成 Continuous 连续，这样当过快移动时能防止穿墙；对于次重要的物体，比如一些特效生成物，建议设置为 ContinuousDynamic 或者 ContinuousSpeculative，以提升性能。
- **Constraints**：刚体约束方式。

图 3.3 Rigidbody 参数

3.1.4 物理材质设置

选择 Project Settings | Physics 选项，可在其中设置全局的默认物理材质，也可以在 Collider 上挂载我们需要的物理材质。若项目中没有特殊要求，只需要配置两种物理材质最大摩擦力和最小摩擦力类型即可，如图 3.4 所示。

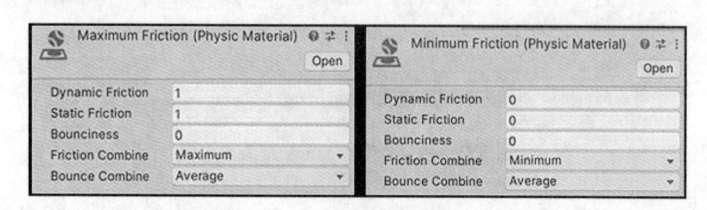

图 3.4 物理材质设置

3.2 常见问题

本节将针对内置的物理系统在实际运用中遇到的一些问题展开讲解，包括游戏开发中的角色位移及控制驱动逻辑，并会对物理的更新方式进行介绍。

3.2.1 物理步的理解误区

Unity3D 中的物理更新时序是按照时间来进行的，在 Unity3D 官方文档中，每一个物理更新称之为物理步（PhysicsStep），依赖物理步的触发事件有 OnTrigger、OnCollision 系列和 Fixed Update 等。

在 Unity3D 的 TimeManager 中可以设置物理步的更新频率，若更新频率为 0.01 则表示 1 秒钟执行 100 次，这 100 次会分配到每帧当中，既有可能出现当前帧不执行物理步的情况，也有可能出现当前帧执行 2 次或者多次物理步的情况，如图 3.5 所示。

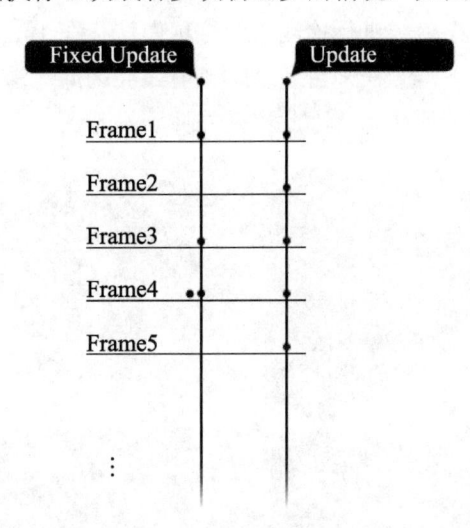

图 3.5　Fixed Update 更新时序

因此，若将输入检测逻辑或每帧检测的逻辑放入物理步中进行判断则会出错，开发者需要特别注意这类问题。

3.2.2　重叠与挤出问题

当一个刚体对象（A）在另一个碰撞器（B）中时，会发生挤出现象。如果 B 对象也附着有刚体组件且质量相当，那么它们会有一个相互的斥力；如果 B 对象没有刚体组件或者刚体组件质量比 A 对象大很多，那么 A 对象将会被挤出。如果挤出的对象碰到了其他非刚体碰撞器或者质量较高的带刚体碰撞器，则会停止，卡在原地。

重叠时造成的挤出位移并不是在一帧内就执行完成的，而是会分成多步完成，直至不发生重叠为止。由于挤出方向并不能让用户自定义，所以可能会产生朝外挤出的情况，也就是游戏中的穿墙问题。穿墙通常是由于一些特殊脚本控制的瞬移操作造成的，所以首先要保证角色的碰撞检测为连续的，这样可以让刚体驱动的物理位移在高速移动下不会产生穿墙现象，如图 3.6 所示。

其次，可以将一个比较大的场景碰撞拆分成多份，并将一些 MeshCollider 碰撞勾选 Convex 转换为凸包，以保证碰撞检测的结果正确性。

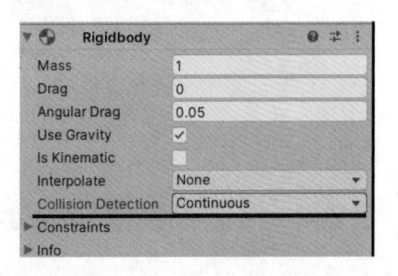

图 3.6　刚体对象碰撞检测设置

3.2.3 地面检测逻辑的处理

对于地面的检测，若项目中采用 Unity3D 自带的角色控制器（CharacterController）组件，则可通过 isGrounded 字段直接进行判断。而对于未采用角色控制器的项目，有一种简单的做法是在脚下投射单根射线进行检测。但这种做法存在 Bug。例如，在平台跳跃游戏中，当角色胶囊碰撞器因下落卡在平台边缘时，射线会因此无法检测到地面（如图 3.7 所示）而导致角色始终处于卡死状态，因此该做法并不推荐。

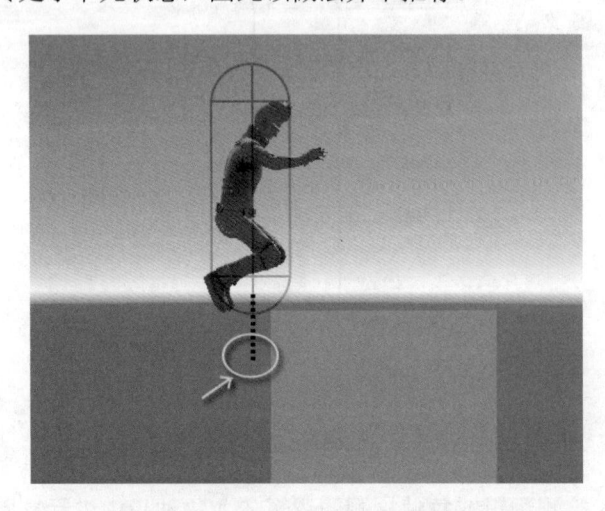

图 3.7 单根射线的检测问题

为了准确地检测到地面，应使用向脚下投射球体的方式进行判断，代码如下：

```
public class GroundDetecteTest : MonoBehaviour
{
    public CapsuleCollider capsule;
    public Transform castBeginPoint;                        //地面检测点
    public float groundCheckDist = 0.2f;                    //地面检测距离
    public LayerMask groundLayer;

    void Update()
    {
        var castBegin = castBeginPoint.position;
        var castDirection = Physics.gravity.normalized;
        var ray = new Ray(castBegin, castDirection);
        float dist = groundCheckDist, radius = capsule.radius;
        var isOnGrounded = Physics
                    .SphereCast(ray, radius, dist, groundLayer);
        Debug.Log("isOnGrounded: " + isOnGrounded);          //当前是否碰到地面
    }
}
```

3.2.4 传送平台逻辑的处理

在平台跳跃游戏中大多有这样的设计，玩家需要越过悬崖从 A 点到达 B 点，而 A、B

两点之间漂浮着若干不断移动的传送平台,只有跳过这些传送平台才能到达 B 点。

如何正确地处理传送平台的代码逻辑,其实有很多种方法。若依赖物理模块实现,可设置传送平台物理材质的摩擦力,玩家站在设有摩擦力的平台上会跟着一起移动。若为挂载角色控制器的情况,则可通过传送平台的脚本在每帧进行一次 Delta 位置修正来达到与平台一起移动的效果。

以挂载角色控制器组件的情况为例,传送平台碰撞器配置如图 3.8 所示,碰撞器匹配平台高度供玩家站立,触发器高出一截并挂载勾选 Is Kinematic 的刚体组件,保证可以主动触发平台碰撞器的物理事件。

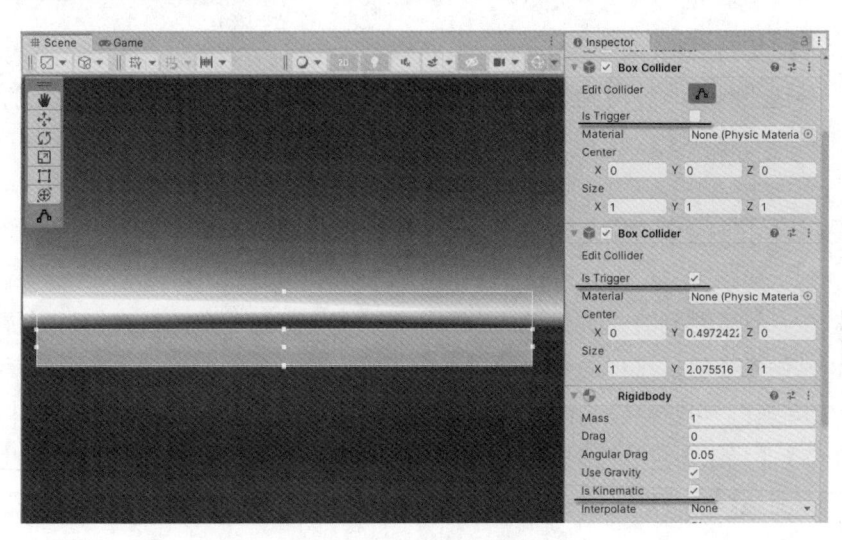

图 3.8　传送平台的碰撞器配置

接着我们在传送平台上挂载脚本,用于检测在传送平台上是否存在玩家,并在每帧进行 Delta 位置修正,代码如下:

```
public class Platform: MonoBehaviour
{
    public LayerMask layerMask;                    //玩家的 Layer
    protected CharacterController mCc;             //缓存角色控制器
    protected Vector3 mLastPosition;

    void OnTriggerStay(Collider other)
    {
        if ((layerMask & 1 << other.gameObject.layer) > 0f)
        {
            if (other.TryGetComponent(out CharacterController cc))
            {
                //触发传送平台,参数初始化
                mCc = cc;
                mLastPosition = transform.position;
            }
        }
    }
    void OnTriggerExit(Collider other)
    {
        if ((layerMask & 1 << other.gameObject.layer) > 0)
```

```
        {
            if (mCc)                                    //退出传送平台,参数重置
                mCc = null;
        }
    }
    void LateUpdate()                                   //脚本执行时序,请根据需求修改
    {
        if (mCc)
        {
            Vector3 deltaPosition = transform.position - mLastPosition;
            mCc.Move(deltaPosition);
        }
        mLastPosition = transform.position;             //更新上一帧位置
    }
}
```

至此,传送平台脚本编写完成。需要注意,上述脚本只包含角色坐标修正的逻辑,但并不包含平台自身移动逻辑。

3.2.5 踩头问题及其解决方法

在游戏中,玩家跳到敌人头上或关卡物体上时需要进行一定的处理,否则玩家会踩在上面保持正常站立姿势,这样的呈现效果显然不符合逻辑。

对于关卡物体,可拉高它们的垂直碰撞面,使角色无法触顶;而对于游戏中的敌人或是中立 NPC(非玩家角色),则需要编写脚本进行专门的逻辑处理和修正。可以使用一个锥形碰撞器来避免踩头问题,当角色落入锥形碰撞器的区域时,将随着斜面自然滑落,如图 3.9 所示。

图 3.9　Gizmos 绘制的锥形碰撞器

使用锥形碰撞器虽然可以解决问题,但是运算开销较高。其实有一个更简单的做法,我们可以在角色脚下直接进行球体投射,若投射函数检测到角色脚下有物体,则通过偏移向量的计算赋予一个力,以达到类似锥形碰撞器的效果,如图 3.10 所示。

图 3.10 直接在脚下投射球体进行检测

代码如下：

```csharp
public class FallingHeadFix : MonoBehaviour
{
    const float EPS = 0.001f;

    public Transform fallingHeadPoint = null;           //投射球的起始点
    public float sphereCastRadius = 0.5f;               //投射球半径
    public float sphereCastDistance = 0.5f;             //投射球距离
    public LayerMask characterLayer = -1;               //角色LayerMask
    public float fixForce = 0.3f;                       //推力强度

    void LateUpdate()
    {
        var position = fallingHeadPoint.position;
        var downAxis = Physics.gravity.normalized;

        var ray = new Ray(position, downAxis);          //构建射线
        var r = sphereCastRadius;
        var d = sphereCastDistance;
        var layerMask = characterLayer;
        var isHit = Physics.SphereCast(ray, r, out var hit, d, layerMask);
        if (isHit)                  //若投射球碰到障碍物，则执行推开逻辑
        {
            var dt = Time.deltaTime;
            var vec = transform.position - hit.transform.position;
            var norm = downAxis;
            var projFixDir = Vector3.ProjectOnPlane(vec, norm).normalized;
            if (projFixDir.magnitude < EPS)
            {
                vec = Random.insideUnitCircle;
                projFixDir = new Vector3(vec.x, 0f, vec.y).normalized;
            }

            transform.position += projFixDir * fixForce * dt; //执行推开操作
        }
    }
}
```

3.2.6 动画根运动的物理问题

在游戏开发中，若需要对角色动画进行物理坐标上的移动，可以开启 RootMotion 根运动这项功能。但在处理如角色受击向后滑动、角色被击飞等外部受力问题时，则需要自行执行一定的逻辑处理。

Unity3D 提供了 OnAnimatorMove 函数可以通过脚本重写根运动逻辑，下面以挂载角色控制器组件的情况为例，编写代码处理受力问题。

```
public class RootMotionTest : MonoBehaviour
{
    const float FORCE_ATTEN_EPS = 0.0001f;          //受力最小误差值

    public Animator animtor;
    public CharacterController cc;
    public Vector3 externForce;                     //测试用外部力

    void LateUpdate()
    {
        var dt = Time.deltaTime;
        //接收外部力参数
        if (externForce.sqrMagnitude < FORCE_ATTEN_EPS)
            externForce = Vector3.zero;
        else
            externForce = Vector3.Lerp(externForce, Vector3.zero, dt);
    }
    void OnAnimatorMove()
    {
        var movement = animtor.deltaPosition;
        //此处省略移动处理逻辑
        movement += externForce;                    //外部受力
        cc.Move(movement);                          //移动角色控制器
    }
}
```

3.3 为动作游戏定制碰撞系统

Unity3D 提供的物理查询接口、角色控制器及刚体碰撞的相关事件已经可以满足绝大多数需求了。如今技术日新月异，一些游戏类型受限于玩法或发布平台必须对碰撞系统进行二次开发或定制。笔者基于 OBB（方向包围盒）与 BVH（层次包围盒树）技术开发过自定义的碰撞系统，限于篇幅，本节中只挑选碰撞系统中的重要功能进行重新实现，为有这样需求的读者提供参考与提示。

3.3.1 OBB 碰撞检测简介

我们可以用 OBB 碰撞检测算法来进行物理形状的检测，虽然它无法像 Unity3D 自身的碰撞那样支持 Mesh 网格等多种形状，但是我们可以用其实现基本的 Box 盒状碰撞器及 Sphere 球体碰撞器，并使其支持旋转特性。OBB 碰撞检测算法通过对凸多边形 A 和 B 的所有轴进行投影，检测它们的投影点是否均发生重叠，如果是则视为碰撞，否则未产生碰撞。一般用垂直于多边形的轴进行检测，如图 3.11 所示。

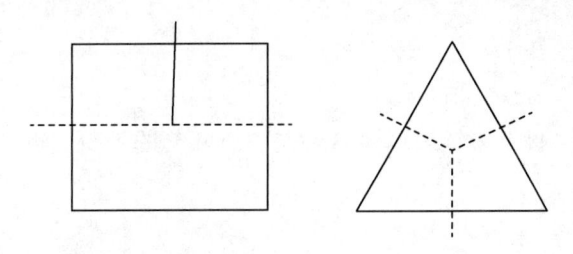

图 3.11 多边形的检测轴

凸多边形在二维空间中只需要比较每个轴即可，但在三维空间中还需要考虑面的情况，下面我们将针对 Box 与 Sphere 两种碰撞器一步步地进行讲解。

3.3.2 Box 与 Box 相交检测

Box 盒状碰撞之间的相交检测除了使用三条轴分别进行投影以外，还要考虑到更多的情况，我们使用 A 对象与 B 对象轴之间的叉乘来作为新的轴再次投影。Box 与 Box 判断一共要进行 15 次轴的相交检测。首先定义 Box 这个基础类型，代码如下：

```csharp
public class Box : MonoBehaviour
{
    Vector3[] mComparePoints = new Vector3[8];

    public Vector3 center;                                   //box 中心
    public Vector3 size;                                     //box 大小
    public Vector3 Extents => size * 0.5f;                   //box 大小的一半

    public Vector3[] GetComparePoints()
    {
        for (int xSign = -1, i = 0; xSign < 2; xSign += 2)
        {
            for (int ySign = -1; ySign < 2; ySign += 2)
            {
                for (int zSign = -1; zSign < 2; zSign += 2)
                {
                    var vector = new Vector3(xSign, ySign, zSign);
                    vector.Scale(Extents);
                    var p = center + vector;
                    mComparePoints[i++] = transform.TransformPoint(p);
                }
            }
        }
        return mComparePoints;
    }
    //根据索引获得轴向信息
    public Vector3 GetAxis(int index)
    {
```

```csharp
        switch (index)
        {
            case 0: return transform.rotation * Vector3.right;
            case 1: return transform.rotation * Vector3.up;
            case 2: return transform.rotation * Vector3.forward;
            default: return Vector3.zero;
        }
    }
}
```

Box 的参数大致与 BoxCollider 一致，但多了一些方便进行碰撞检测的接口，分别是方块的 8 个点及其方向，接下来继续编写 Box 与 Bos 相交的判断逻辑，代码如下：

```csharp
public class BoxVsBoxTest : MonoBehaviour
{
    public Box a, b;                                        //测试用 Box
    void Start()
    {
        Debug.Log(BoxVsBox(a, b));                          //打印是否相交
    }
    bool BoxVsBox(Box xBox, Box yBox)
    {
        for (int i = 0; i < 3; ++i)
        {
            if (IsIntersectByAxis(xBox, yBox, xBox.GetAxis(i)))
                return false;
            if (IsIntersectByAxis(xBox, yBox, yBox.GetAxis(i)))
                return false;
        }
        for (int i = 0; i < 3; ++i)
        {
            for (int j = 0; j < 3; ++j)
            {
                var c = Vector3.Cross(xBox.GetAxis(i), yBox.GetAxis(j));
                if (IsIntersectByAxis(xBox, yBox, c))
                    return false;
            }
        }

        return true;
    }
    [MethodImpl(MethodImplOptions.AggressiveInlining)]
    bool IsIntersectByAxis(Box xBox, Box yBox, Vector3 axis)
    {
        const float MAX_VALUE = 999999f;
        const float MIN_VALUE = -999999f;

        var xBoxPoints = xBox.GetComparePoints();
        var yBoxPoints = yBox.GetComparePoints();
        float xBoxMin = MAX_VALUE, xBoxMax = MIN_VALUE;
        for (int i = 0; i < xBoxPoints.Length; ++i)
        {
            var p = Vector3.Dot(xBoxPoints[i], axis);
            xBoxMin = p < xBoxMin ? p : xBoxMin;
            xBoxMax = p > xBoxMax ? p : xBoxMax;
        }
        float yBoxMin = MAX_VALUE, yBoxMax = MIN_VALUE;
        for (int i = 0; i < yBoxPoints.Length; ++i)
        {
            var p = Vector3.Dot(yBoxPoints[i], axis);
            yBoxMin = p < yBoxMin ? p : yBoxMin;
```

```
                yBoxMax = p > yBoxMax ? p : yBoxMax;
            }
            if (yBoxMin >= xBoxMin && yBoxMin <= xBoxMax) return false;
            if (yBoxMax >= xBoxMin && yBoxMax <= xBoxMax) return false;
            if (xBoxMin >= yBoxMin && xBoxMin <= yBoxMax) return false;
            if (xBoxMax >= yBoxMin && xBoxMax <= yBoxMax) return false;

            return true;
        }
    }
```

根据第 2 章介绍的投影内容，代码中使用点乘简化了 Unity3D 自己的投影函数。在对投影结果进行相交比较后，如果最后变量仍未相交，则两个 Box 判断为非相交。

3.3.3　Box 与 Sphere 相交检测

Box 盒状碰撞与 Sphere 球体碰撞进行相交检测的计算量较少，只需要转到 Box 本地空间进行比较即可。先来定义一下 Sphere 结构：

```
public class Sphere : MonoBehaviour
{
    public Vector3 center;                              //中心偏移
    public float radius;                                //半径
    public Vector3 WorldCenter
    {
        get
        {
            return transform.TransformPoint(center);    //中心世界坐标
        }
    }
}
```

随后进行相交判断。首先将球体中心点转换至 Box 本地空间，若中心点处于 Box 外，则先通过中心点得到边界点位置，再通过边界点位置与半径进行长度判断，以检测是否相交。反之，若中心点在 Box 内则直接判断为相交。

```
public class BoxVsSphereTest : MonoBehaviour
{
    public Box a;                                       //测试用 Box
    public Sphere b;                                    //测试用球体
    void Start()
    {
        Debug.Log(BoxVsSphere(a, b));                   //打印是否相交
    }
    bool BoxVsSphere(Box box, Sphere sphere)
    {
        var boxTrans = box.transform;
        var localSpherePoint = boxTrans
            .InverseTransformPoint(sphere.WorldCenter); //转换至 Box 本地空间
        var extents = box.Extents;

        var isOutside = false;
        for (int i = 0; i < 3; ++i)
        {
            var min = box.center[i] - extents[i];       //Box 当前轴最小值
            var max = box.center[i] + extents[i];       //Box 当前轴最大值
```

```
            var current = localSpherePoint[i];
            if (current < min)
            {
                isOutside = true;
                localSpherePoint[i] = min;              //将最小值赋予中心点
            }
            else if (current > max)
            {
                isOutside = true;
                localSpherePoint[i] = max;              //将最大值赋予中心点
            }
        }
        if (isOutside)                                  //若点在 Box 外
        {
            var edgePoint = boxTrans.TransformPoint(localSpherePoint);
            var distance = Vector3.Distance(sphere.WorldCenter, edgePoint);
            //判断边界点至中心距离是否大于球半径
            if (distance > sphere.radius)
                return false;
        }
        return true;
    }
}
```

3.3.4 Sphere 与 Sphere 相交检测

Sphere 球体与自身的相交检测则简单许多,只需要比较两者的中心距离是否大于两倍的半径即可。代码如下:

```
public class SphereVsSphereTest: MonoBehaviour
{
    public Sphere a;                                    //测试用球体 a
    public Sphere b;                                    //测试用球体 b
    private void Start()
    {
        Debug.Log(SphereVsSphere(a, b));                //打印是否相交
    }
    private bool SphereVsSphere(Sphere aSphere, Sphere bSphere)
    {
        return Vector3.Distance(aSphere.WorldCenter, bSphere.WorldCenter)
<= (aSphere.radius + bSphere.radius);                   //距离检测相交
    }
}
```

此外,在项目中还会用到较多的胶囊形状,也可以通过球体碰撞的纵向组合去实现虚拟胶囊形状的检测。

3.3.5 不同形状的边界点获取

除了检测相交以外,还必须有边界点获取的接口,这样才可以进行 Raycast 射线检测,完善该碰撞的物理查询接口。

通过传入线段 AB 并返回 AB 对应的边界点信息,可以得到边界点,然后应用在不同

形状的碰撞器中。对于法线信息的获取，或通过某个外部点获取边界信息等，都可以通过本节的内容举一反三。

1. Box对象边界点获取

求线段与 Box 的交点有多种方式，可以使用平面方程 $ax+by+cz+d=0$ 的方式，将 Box 拆分为 6 个平面求得边界点，但这种做法的效率较低。可以使用 Alexander Majercik 等人发表在 *JCGT* 上的一种更高效的方法进行边界点的获取。

```csharp
bool RayBoxDst(Box box, Vector3 origin, Vector3 dir
    , out Vector3 intersectPoint, out float intersectDistance)
{
    var invRayDir = new Vector3(1f / dir.x, 1f / dir.y, 1f / dir.z);
    //方向的倒数向量

    var min = box.center - box.Extents;
    var max = box.center + box.Extents;

    var t0 = min - origin;
    t0.Scale(invRayDir);
    var t1 = max - origin;
    t1.Scale(invRayDir);

    var tMin = Vector3.Min(t0, t1);
    var tMax = Vector3.Max(t0, t1);

    var dstA = Mathf.Max(tMin.x, tMin.y, tMin.z);
    var dstB = Mathf.Min(tMax.x, tMax.y, tMax.z);

    var dstToBox = Mathf.Max(0.0f, dstA);
    var dstInsideBox = Mathf.Max(0.0f, dstB - dstToBox);

    intersectDistance = dstToBox;                    //到交点的距离
    intersectPoint = origin + dir * dstToBox;        //交点向量

    return dstInsideBox > 0.0f;                      //是否有交点
}
```

函数的使用代码如下：

```csharp
public Vector3 CalcBoundsPoint(Box box, Vector3 internalPoint
    , Vector3 outsidePoint)
{
    var isIntersect = RayBoxDst(box, outsidePoint
        , (internalPoint - outsidePoint).normalized
        , out Vector3 intersectPoint, out _);

    if (isIntersect)                                 //是否有相交点
    {
        return intersectPoint;
    }
    else
    {
        return Vector3.zero;
    }
}
```

这样就完成了 Box 的边界点获取，需要注意，边界点获取与计算线段相交不同，在查询边界点的传入线段中，线段的其中一个点必须要在碰撞器内部。

2. 球体边界点获取

使用一元二次方程根的判别式求球体与线段的交点，一般求到的结果有两个解，我们选取离线段第二个点最近的那个点作为要返回的交点。

```csharp
//计算线段与球体的交点，sphereCenter 为球体中心，sphereRadius 为半径，point1、
//point2 为线段点，intersection1, intersection 2 为返回的交点
bool BetweenLineAndSphere(Vector3 sphereCenter
                , float sphereRadius
                , Vector3 point1
                , Vector3 point2
                , out Vector3 intersection1
                , out Vector3 intersection2)
{
    var dx = point2.x - point1.x;
    var dy = point2.y - point1.y;
    var dz = point2.z - point1.z;                          //两点之间的相对距离
    var p1sph = point1 - sphereCenter;
    var r2 = sphereRadius * sphereRadius;
    var a = dx * dx + dy * dy + dz * dz;                   //判别式的计算因子
    var b = 2 * (dx * p1sph.x + dy * p1sph.y + dz * p1sph.z);
    var c = p1sph.x * p1sph.x + p1sph.y * p1sph.y + p1sph.z * p1sph.z - r2;
    var determinate = b * b - 4 * a * c;                   //使用判别式求得交点
    //有两个解，根据距离返回最近的那个交点
    var _2a = 2 * a;                                       //缓存一下 2a
    var t = (-b + Mathf.Sqrt(determinate)) / _2a;          //判别式开根号部分

    //交点 1
    intersection1 = new Vector3(point1.x + t * dx
                        , point1.y + t * dy
                        , point1.z + t * dz);

    t = (-b - Mathf.Sqrt(determinate)) / _2a;
    //交点 2
    intersection2 = new Vector3(point1.x + t * dx
                        , point1.y + t * dy
                        , point1.z + t * dz);

    if (intersection1.normalized == Vector3.zero
        && intersection2.normalized == Vector3.zero)
        return false;                                      //没有交点的情况返回 false
    else
        return true;                                       //有交点返回 true
}
```

然后通过这个相交检测函数对球体进行检测。

```csharp
public Vector3 CalcBoundsPoint(Sphere sphere
                    , Vector3 internalPoint
                    , Vector3 outsidePoint)
{
    Vector3 intersectP0, intersectP1;
    //进行相交计算
    var isIntersect = BetweenLineAndSphere(sphere.center
                        , sphere.radius
                        , internalPoint
```

```
                          , outsidePoint
                          , out intersectP0
                          , out intersectP1);
    if (isIntersect)//是否有相交点
    {
        var p0Dist = Vector3.Distance(outsidePoint, intersectP0);
        var p1Dist = Vector3.Distance(outsidePoint, intersectP1);
        return p0Dist < p1Dist ? intersectP0 : intersectP1; //返回最近的点
    }
    return Vector3.zero;
}
```

3.3.6 总结

自定义碰撞系统的开发，按照功能点划分主要分为点包含检测、几何形状相交检测、线段与几何形状的相交检测、管理器事件分发等几部分。限于篇幅，不能对这些功能一一进行讲解，但其中最困难的几何形状相交检测、线段与几何形状相交检测已经进行了讲解，相信读者可以融会贯通，将这些技术运用在游戏开发中。

第 4 章　Mecanim 动画系统详解

动画模块是游戏引擎中必不可少的重要内容，在游戏中，角色逼真的动画效果是动画模块进行大量节点跳转后的呈现结果。动作游戏是需要大量使用引擎动画模块的游戏类型，所以这部分的内容也非常重要。本章将学习 Unity3D 引擎的 Mecanim 动画系统，为后续的开发打好基础。

4.1　Mecanim 动画系统的基础功能

Mecanim 动画系统是 Unity 提供的强大动画工具，它为角色动画的管理和播放提供了灵活而高效的解决方案。在游戏开发中，Mecanim 动画系统的基础功能是实现流畅的动画切换和控制的关键。本节将围绕这些基础功能展开讲解，涵盖动画状态机的基本概念和常见的使用场景，以及在不同游戏风格中如何高效地使用这些功能，为后续更复杂的动画控制打下坚实的基础。

4.1.1　动画状态机简介

1. 面板简介

在 Unity3D 中对游戏对象进行配置，然后打开 Animator 面板，即可在其中进行动画状态机的配置，其面板如图 4.1 所示。

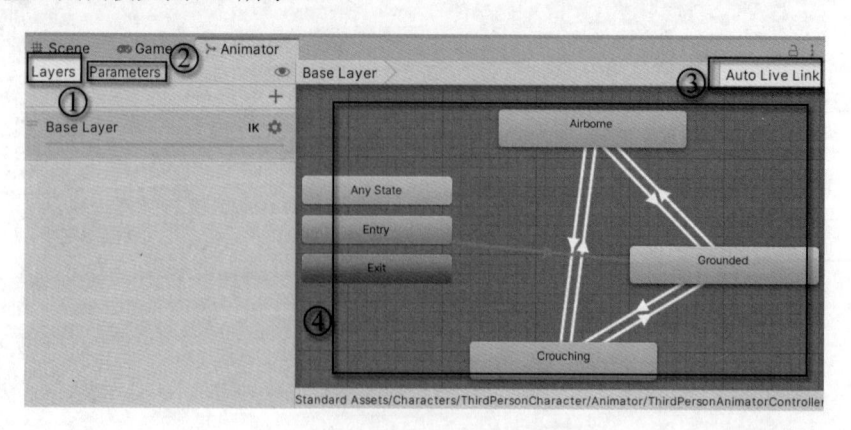

图 4.1　Animator 面板

图 4.1 中的标注序号的含义如下：
- 状态机的 Layer 层，多个层的状态逻辑可以并行。
- 参数列表，支持 Float、Int、Bool 和 Trigger 这 4 种类型。其中，Trigger 为特殊触发类型，设置后将自动进行一次状态跳转。
- LiveLink 模式，运行中状态将自动进行界面跳转，调试时通常将其关闭。
- 状态窗口，可设置状态之间的传递、嵌套等逻辑关系。

2．状态的创建与参数简介

在状态窗口右击即可进行状态创建（如图 4.2 所示），可创建的几种资源类型如下：
- 常规状态（State）：状态机的基本单元，可以右击，选择 Set as Layer Default State 将其提升为默认状态，默认状态指状态机启动后的默认入口。
- 子状态机（Sub-State Machine）：适用于状态较多时的分类管理，配置了子状态机后设置状态传递时直接传递给子状态机即可，子状态机内部可以设置跳出与进入逻辑，并且子状态机允许嵌套。
- 混合树（Blend Tree）：创建后的状态由混合树构成，并且混合树允许嵌套。

选中单个状态，可在 Inspector 视窗中查看参数面板，如图 4.3 所示。

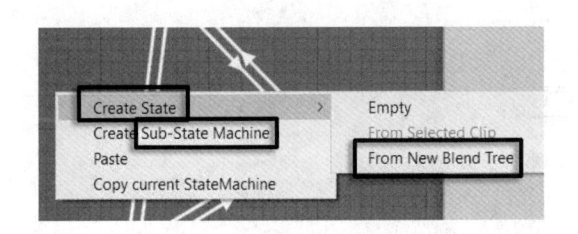

图 4.2　状态创建上下文选项　　图 4.3　状态参数面板

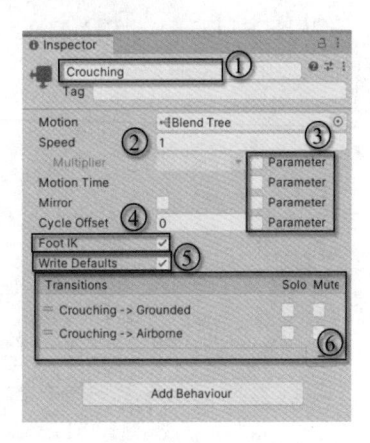

图 4.3 中的标注序号的含义如下：
- 状态的标签，可通过脚本进行状态的标签判断。
- 速度（Speed）、速度系数（Multiplier）、运动时间（Motion Time）、镜像（Mirror）、周期偏移（Cycle Offset）的参数设置。
- 状态机参数绑定开关，若勾选，可将参数绑定至状态机参数上。
- Foot IK 可进行额外的脚部 IK 修正，可以让跑动动画看上去更自然，通常在移动相关状态中勾选。
- Write Defaults 默认为勾选，勾选后即使动画剪辑没有这个节点的关键帧也会用默认值覆盖，若动作师在制作动作时烘焙（缓存）了所有节点的关键帧动画，可不用考虑该参数。

□ 状态传递设置，用于设置当前状态传递到其他状态的具体条件和逻辑。

3．系统预制状态简介

除了自己可以创建的几种状态外，动画状态机中还预制了几种特殊状态，如图 4.4 所示。

这 3 种预制状态分别表示：

□ 任意状态（Any State）：指任意状态都可以从这个状态传递，如角色受击动画、角色死亡动画等。使用该状态可以减少部分冗余逻辑。

□ 入口（Entry）：该状态机或该子状态机的入口，通常传递至默认状态（Default State）。

□ 出口（Exit）：在子状态机中表示当前状态机的出口，通常链接至外部的其他状态。

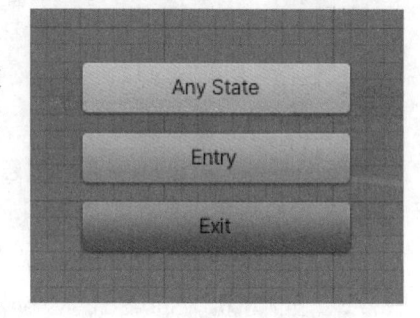

图 4.4　3 种系统预制状态

4.1.2　状态过渡机制

在状态窗口右击，选择 Make Transition 选项可设置状态过渡（Transition），状态过渡参数面板如图 4.5 所示。

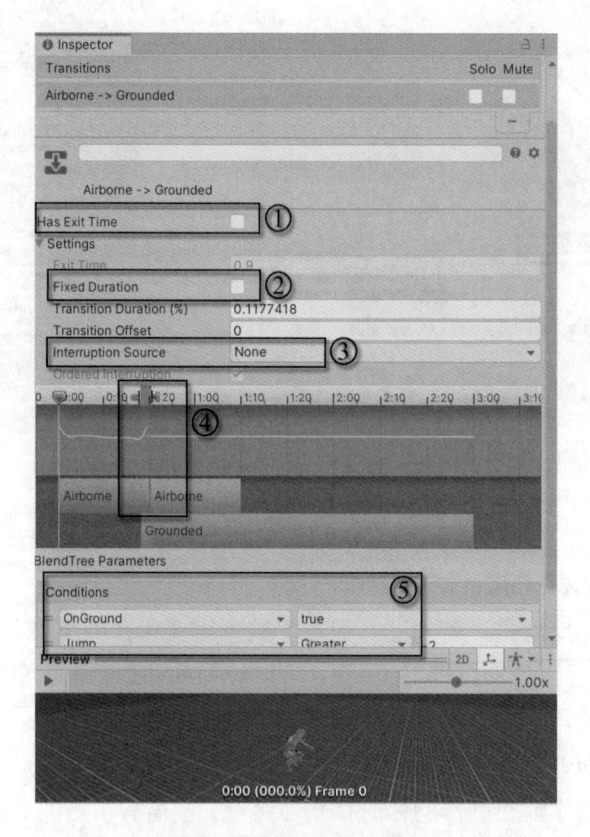

图 4.5　状态过渡参数面板

图 4.5 中的标注序号的含义如下：
- Has Exit Time：是否有退出时间，如果勾选则表示播放到下一动画片段的混合时间时状态退出，如果不勾选，则表示动画播放的任意时刻随退出条件进行退出。
- Fixed Duration：固定持续时间，如果勾选则表示动画将在固定的时间内混合完成，如果不勾选则表示动画将在动画片段长度的百分比范围内混合完成。若对混合时间有要求，则勾选，一般情况下不勾选。
- Interruption Source：打断源，该项设置对动作游戏十分重要，设置后可决定状态是否可以在过渡时被打断，如果未进行该项设置，则会出现角色动画表现响应不及时的情况。
- 过渡区间，可以拖曳滑块手动调节动画剪辑的过渡时长，默认以动画剪辑长度的百分比为单位。
- Conditions：过渡条件，可设置状态机参数作为过渡条件，当条件满足时才会进行状态过渡。

4.1.3 动画重写控制器

动画重写控制器（Animator Override Controller）可对当前动画控制器的状态进行重写，当游戏中需要复用状态机逻辑时可以考虑使用。在 Project 面板中右击，在弹出的快捷菜单中选择 Create|Animator Override Controller 命令即可创建，如图 4.6 所示。

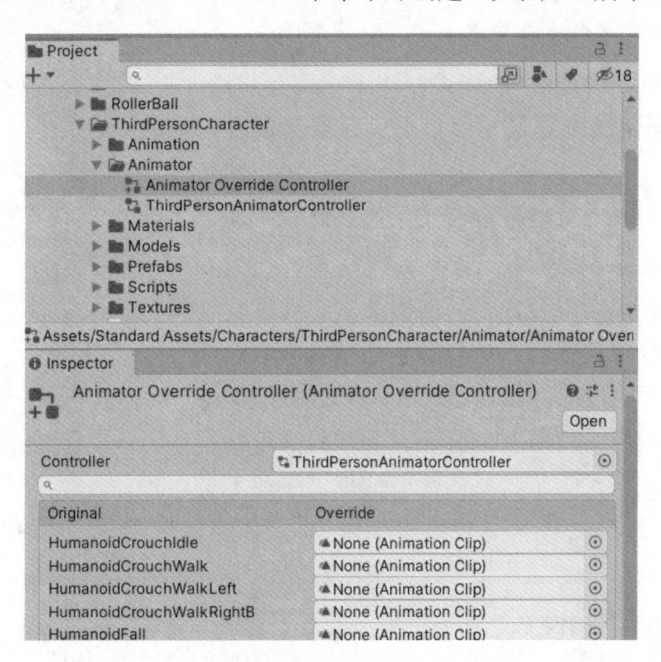

图 4.6　动画重写控制器

动画重写控制器可以用于较简单的场合，对于动画状态机逻辑要求不同的情况，可以考虑使用编辑器生成等其他方式。

4.1.4 混合树

混合树（Blend Tree）可将两个或多个动画剪辑通过参数进行混合，最常见的使用就是将角色站立、行走、跑动等动画根据速度进行混合。

在 Animator 状态机的状态窗口右击，在弹出的快捷菜单中选择 Create State|From New Blend Tree 命令即可进行创建，混合树有 5 种混合类型可供选择，这 5 种混合类型的特点分别如下：

- 1D：一维混合，使用一个参数作为混合系数，通常用于制作角色的走或跑的切换效果。
- 2D Simple Directional：二维简易方向性混合，使用两个参数表示方向，并且一个方向下只能表示一个动作，通常只混合单一方向性的动画。
- 2D Freeform Directional：二维自由方向性混合，使用两个参数表示方向及强度信息，例如混合向左前方走、向左前方跑等动画。
- 2D Freeform Cartesian：自由笛卡儿坐标混合，使用两个参数进行非方向性的混合，例如处理角色起跳时的前后脚关系。
- Direct：直接混合，使用一个参数作为混合系数，并且每个混合元素的权重都可由参数指定，通常在一些需要编辑权重的情况下使用。

以方向性混合为例，面板如图 4.7 所示。

图 4.7 中的标注序号的含义如下：

- 混合树参数，链接至对应的状态机参数。
- 2D 混合图，图中将显示每个混合元素与混合参数的权重关系。
- 混合元素列表，可增减混合元素并在此设置阈值、时间缩放、镜像等参数。
- 计算位置，根据混合元素的剪辑速率、速度等参数自动设置混合位置信息，避免因手动填入混合参数导致数值不准确的情况，该功能只对人形动画有效。
- 调节时间缩放，将所有混合元素的播放速度根据动画长度进行统一，除了特殊的混合情形，一般不会用到该功能。

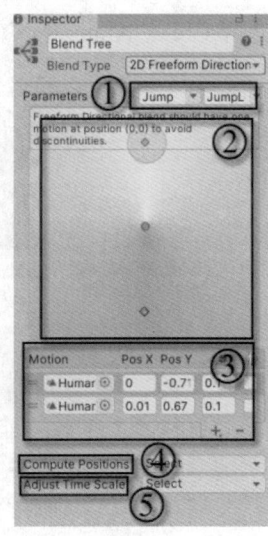

图 4.7 混合树面板

4.1.5 人形动画与 IK

人形动画的功能是 Mecanim 动画系统的特色之一，通过人形动画的重定向（Retargeting）技术，不同身高、体型、骨架结构的模型动画都可以相互套用，这大大减少了不同角色动画的制作成本。通常，人形动画还会与 IK（Inverse Kinematic，反向动力学）

功能结合使用，增强角色与环境的交互表现。本节将介绍这两大常用技术。

1. 人形动画

开启人形动画功能，需要在模型设置面板|Rig|Animation Type 选项下选择 Humanoid 选项，并确保 Avatar 被正确匹配，如图 4.8 所示。

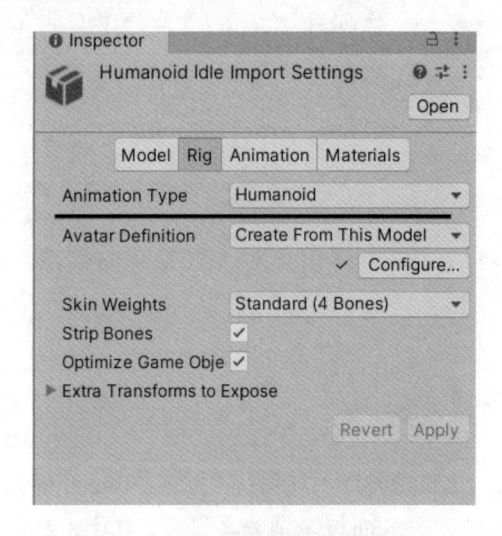

图 4.8　设置动画类型为人形动画

将动画类型设为 Humanoid 后，即可给角色套用人形动画，我们可在资源商店找到需要的人形动画资源并下载使用，以提升开发效率。

2. IK的功能

IK 即反向动力学，通过骨骼关节末端的控制点反向驱动骨骼的位移与旋转，如游戏中角色双脚匹配斜坡、双手持枪时左手匹配护手位置等都是借助 IK 功能实现的。

Mecanim 动画系统支持简单的双关节 IK 功能，可实现对人物手脚位置的修正。使用 IK 功能需要先打开 IK Pass 开关，如图 4.9 所示。

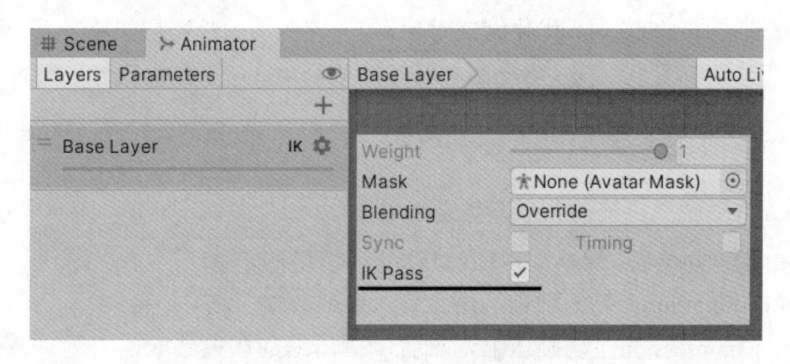

图 4.9　开启 IK Pass 开关

开启 IK Pass 开关后，即可在 IK 事件函数 OnAnimatorIK 中编写相应的代码逻辑。

```csharp
public class IkTest: MonoBehaviour
{
    [SerializeField] Animator animator;
    [SerializeField] Transform leftHandIkPoint;          //左手 IK 点
    [SerializeField] Transform rightHandIkPoint;         //右手 IK 点

    void OnAnimatorIK()
    {
        animator.SetIKPositionWeight(AvatarIKGoal.LeftHand, 1f);
        animator.SetIKPosition(AvatarIKGoal.LeftHand
            , leftHandIkPoint.position);
        animator.SetIKPositionWeight(AvatarIKGoal.RightHand, 1f);
        animator.SetIKPosition(AvatarIKGoal.RightHand
            , rightHandIkPoint.position);
    }
}
```

以上代码可实现简单的 IK 点绑定，对于较复杂的需求，可考虑使用 FinalIK 或 Animation Rigging 插件。

4.1.6 模型导入面板参数

将角色模型或动画导入 Unity3D 中后，在引擎 Project 面板中单击模型对象，引擎 Inspector 面板上即可出现模型导入面板各项参数设置，其中，Rig 与 Animation 页签设置的各项参数将会影响动画系统的表现，本节将讲述各项设置的具体意义。

1．Rig页签设置

Rig（绑定）页签的各项参数功能如下：

- Animation Type 动画类型，对于非通用动画选用 Generic 类型，对于通用人形动画选用 Humanoid 类型。
- Avatar Definition 形象定义，用于确定当前绑定所使用的 Avatar 文件，不同的 Avatar 文件在动画表现时的各种细节上会呈现出不同的差异。
- Skin Weights 蒙皮权重，该参数影响蒙皮效果的表现，通常使用默认值 4。
- Optimize Game Objects 优化游戏对象，勾选该选项后骨骼层级将隐藏，可提升性能。但因无法访问骨骼层级，将会影响开发的便利性。若没有特殊优化需求，则不勾选。

2．Animation页签设置

Animation（动画）页签的各项参数功能如下：

- Import Constraints：导入约束，是否导入模型约束信息。
- Import Animation：导入动画，是否导入模型动画信息。
- Anim Compression：动画压缩，设置动画压缩的相关参数，若无须压缩，可选择 Off 选项。
- Animated Custom Properties：动画自定义属性，勾选后可导入如 FOV 信息等自定义属性，若为相机动画则需要勾选。

- RemoveConstantScaleCurves：移除固定缩放曲线，该功能可移除不必要的缩放曲线信息，减小动画体积。

对于动画剪辑（Clips），由于参数较多，此处只讲解部分重要的参数。

- Loop Time：动画循环播放，确认动画是否循环播放。
- Loop Pose：姿态循环，勾选后将识别曲线参数自动过渡首位，但会改变原始动画。
- Cycle Offset：周期偏移，会影响动画开始的起始位置。
- Bake Into Pose：将根位移旋转信息烘焙到动画中，勾选后不会产生实际的物理位移。
- Additive Reference Pose：用于多层动画混合时，叠加层的参考姿态帧。
- Curves：额外曲线，需要在 Animator 状态机面板设置同名参数，可在播放剪辑时保证曲线采样时间点与状态播放时间点一致，一般用于需要绑定曲线的状态机参数。
- Mask：遮罩，用于在导入阶段屏蔽一些节点的动画。例如，原始剪辑里包含武器节点的动画，但这里并不需要，此时就可以用遮罩功能将其屏蔽。
- Motion：运动，用于确认动画根运动采样的具体节点。

4.1.7 SMB 脚本

SMB 脚本全称为 State Machine Behaviour，该脚本可挂载于 Animator 状态机的状态上，用来扩展状态机的逻辑。

一个基础的 SMB 模板脚本如下：

```
public class MyStateMachineBehaviour: StateMachineBehaviour
{
    public override void OnStateEnter(Animator animator
                , AnimatorStateInfo stateInfo, int layerIndex)
    {
        //当状态机状态进入时触发
    }
    public override void OnStateMove(Animator animator
                , AnimatorStateInfo stateInfo, int layerIndex)
    {
        //当状态机状态触发根运动时位移
    }
    public override void OnStateUpdate(Animator animator
                , AnimatorStateInfo stateInfo, int layerIndex)
    {
        //当状态机状态持续更新时触发
    }
    public override void OnStateExit(Animator animator
                , AnimatorStateInfo stateInfo, int layerIndex)
    {
        //当状态机状态退出时触发
    }
}
```

使用 Animator 提供的 SMB 脚本相关接口还可以在外部拿到所挂载的 SMB 脚本后进行一些扩展操作，代码如下：

```
public class SmbTest: MonoBehaviour
{
```

```csharp
public Animator animator;
public Rigidbody myRigidbody;

void Awake()
{
    var behaviours = animator
            .GetBehaviours<MyStateMachineBehaviour>();
    for (int i = 0; i < behaviours.Length; ++i)
        behaviours[i].Initialize(myRigidbody);
    //在外部获取所需的 SMB 脚本并进行初始化操作
}
```

4.2 应用与扩展

在动作游戏开发中，动画系统是整个游戏体验的核心组成部分，Unity 的动画系统不仅功能强大，还具备极高的灵活性。本节将对该部分进行扩展，实现一些适合动作游戏的实用功能。

4.2.1 编写混合树剥离工具

在进行游戏开发时，混合树内置于动画状态机中，当需要对某个混合树进行修改时，我们需要在状态机内部寻找该混合树，较不方便。因此可以将混合树创建于状态机外部，分离为独立的资源，这样可以更快速地访问与复用。

通过 AssetDatabase.CreateAsset 接口可进行资源创建，代码如下：

```csharp
public static class BlendTreeCreate
{
    [MenuItem("Assets/Tools/Blend Tree Create")]
    public static void ExecCreateFunc()
    {
        if (!Selection.activeObject) return;

        var assetPath = AssetDatabase
            .GetAssetPath(Selection.activeObject);
        if (string.IsNullOrEmpty(assetPath)) return;

        var savedPath = $"{assetPath}"
            + $"{Path.AltDirectorySeparatorChar}NewBlendTree.asset";
        AssetDatabase.CreateAsset(new UnityEditor.Animations.BlendTree()
            , savedPath);
        //创建 BlendTree 资源
        AssetDatabase.SaveAssets();
        AssetDatabase.Refresh();
    }
}
```

脚本编译后，选择目标文件夹，在 Project 面板右击，在弹出的快捷菜单中选择 Tools | Blend Tree Create 即可创建外部混合树，如图 4.10 所示。

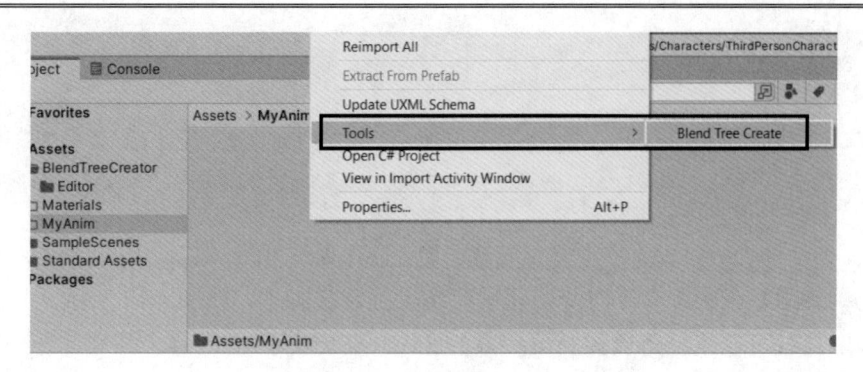

图 4.10　创建外部混合树

4.2.2　碰撞 SMB 脚本

角色浮空受击后，处于卧姿状态的角色碰撞框仍是站立时的大小，此时若不对碰撞框进行临时修改，则会出现判定不准确的情况，如图 4.11 所示，所以需要将角色控制器的胶囊外形修改为卧姿的近似外形，以避免这样的问题发生。

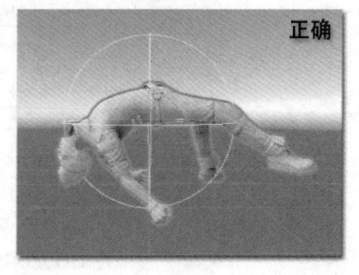

图 4.11　浮空受击后的碰撞尺寸修改

通过编写临时修改碰撞框的 SMB 脚本并挂载于浮空受击的状态上，即可处理这类问题，代码如下：

```csharp
public class ColliderChangeSmb : StateMachineBehaviour
{
    [SerializeField] Vector3 center;
    [SerializeField] float radius;
    [SerializeField] float height;

    CharacterController mCc;

    public override void OnStateEnter(Animator animator
                , AnimatorStateInfo stateInfo, int layerIndex)
    {
        base.OnStateEnter(animator, stateInfo, layerIndex);

        var cc = GetCharacterController(animator);
        //通过Animator拿到角色控制器组件

        cc.center = center;
```

```
            cc.radius = radius;
            cc.height = height;
        }
        CharacterController GetCharacterController(Animator animator)
        {
            mCc ??= animator.gameObject.GetComponent<CharacterController>();
            return mCc;
        }
    }
```

代码编译后,在状态机浮空受击相关状态上挂载该脚本,如图 4.12 所示,并在浮空恢复的状态上挂载可以重置角色控制器参数的 SMB 脚本即可。

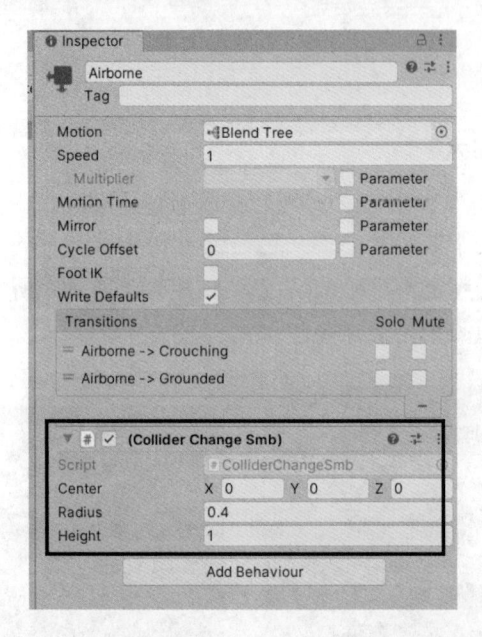

图 4.12　挂载 SMB 脚本修改角色控制器碰撞参数

4.2.3　监听输入帧与混合帧

在动作游戏开发中,角色连技操作分为输入帧与混合帧,输入帧将确定帧检测范围内是否触发下一招式按键,混合帧将读取输入帧的触发结果并进行招式跳转,如图 4.13 所示。

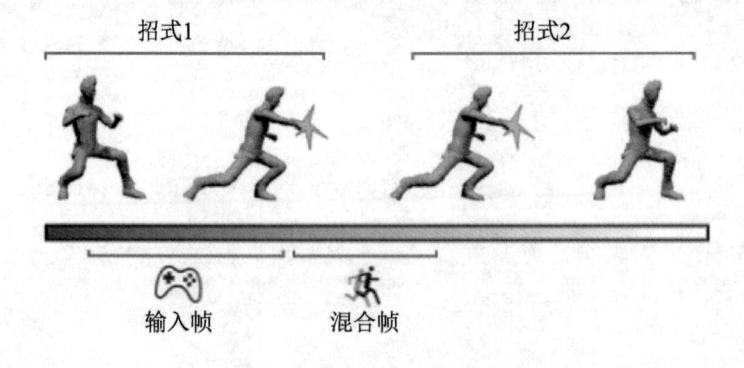

图 4.13　输入帧与混合帧示意

对于这样的机制，可使用 SMB 脚本存放每个动画状态的输入帧与混合帧参数，并使用另一个 MonoBehaviour 脚本同步参数信息并提供操作接口，便于访问。

首先编写同步参数信息脚本 ComboListenerSmbMediator：

```csharp
public sealed class ComboListenerSmbMediator: MonoBehaviour
{
    public int CurrentStateFullPathHash { get; private set; }
    public Vector2 InputListenRange { get; private set; }
    public float BlendPoint { get; private set; }

    //验证当前状态是否挂载帧信息监听 SMB 脚本
    public bool Valid(int currentStateFullPathHash)
    {
        return this.CurrentStateFullPathHash == currentStateFullPathHash;
    }
    //编写函数供 SMB 脚本更新信息时使用
    public void UpdateValues(int stateFullPathHash
                , Vector2 range, float blendPoint)
    {
        this.CurrentStateFullPathHash = stateFullPathHash;
        this.InputListenRange = range;
        this.BlendPoint = blendPoint;
    }
    //当前是否在输入帧范围内
    public bool IsTimeInRange(float normalizedTime)
    {
        normalizedTime = Mathf.Clamp01(normalizedTime);
        return normalizedTime >= InputListenRange.x
            && normalizedTime <= InputListenRange.y;
    }
    //当前是否到达混合点，是否可以开始混合
    public bool IsOverBlendPoint(float normalizedTime)
    {
        return normalizedTime >= BlendPoint;
    }
    //供外部获取实例
    public static void GetOrCreateMediator(GameObject gameObject
                        , ref ComboListenerSmbMediator mediator)
    {
        if (mediator) return;

        mediator = gameObject.GetComponent<ComboListenerSmbMediator>();
        if (!mediator)
            mediator = gameObject
                .AddComponent<ComboListenerSmbMediator>();
    }
}
```

通过 MonoBehaviour 脚本的接口 GetOrCreateMediator，可供其他模块及 SMB 脚本获取对象实例。

接下来编写存放参数信息的 SMB 脚本逻辑。

```csharp
public sealed class ComboListenerSmb: StateMachineBehaviour
{
    public Vector2 inputListenRange = new Vector2(0.2f, 0.7f);
    public float blendPoint = 0.7f;

    ComboListenerSmbMediator mMediator;
```

```csharp
public override void OnStateEnter(Animator animator
        , AnimatorStateInfo stateInfo, int layerIndex)
{
    ComboListenerSmbMediator.GetOrCreateMediator(animator.gameObject
        , ref mMediator);
    mMediator.UpdateValues(stateInfo.fullPathHash
        , inputListenRange, blendPoint);                    //更新参数信息
}
```

SMB 脚本在状态进入事件响应后,获取 ComboListenerSmbMediator 对象实例并调用接口 UpdateValues 更新相关参数。

编写完成后,需要在对应状态上挂载 SMB 脚本,并填写输入帧时长与混合帧进入点相关参数,如图 4.14 所示。

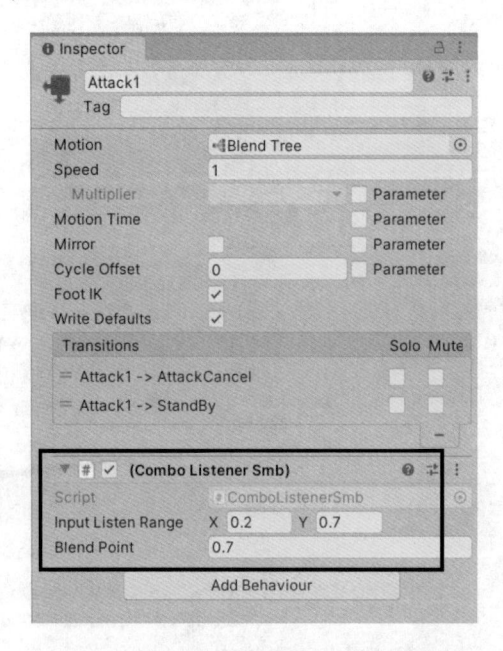

图 4.14 输入与混合帧监听脚本挂载

接下来以技能模块为例,演示该脚本的使用,调用代码如下:

```csharp
if (mComboListenerSmbMediator
            .Valid(fullPathHash))                    //检测是否挂载对应的 SMB 脚本
{
    float stateTime01 = cacheAnimator
            .GetCurrentAnimatorStateInfo(0).normalizedTime;
    bool isInTimeRange = mComboListenerSmbMediator
            .IsTimeInRange(stateTime01);
    bool isOverBlendPoint = mComboListenerSmbMediator
            .IsOverBlendPoint(stateTime01);

    if (isInTimeRange && GetInputIsPress())
        //若在输入帧范围内并且按下指定按键则进入逻辑
    {
        mIsInput = true;                             //标记触发逻辑变量
    }
```

```
    if (isOverBlendPoint && mIsInput)
        //若到达混合帧时间点并且输入逻辑触发,则进行下一个招式跳转
    {
        //此处省略招式跳转逻辑
    }
}
```

4.2.4 扩展多重 Tag 支持

在 Mecanim 动画系统中,允许给动画状态设置 Tag(标签),以便对状态类型进行判断。因为只提供了一个 Tag,所以并不能满足日常开发需求,往往需要进行扩展来支持给状态挂载多重 Tag 的功能。

多重 Tag 的实现方式有很多种,如直接挂载 SMB 脚本进行填写等,不过需要考虑编辑与维护的便利性。例如,游戏《永劫无间》团队就曾在网络上分享过一套层次化的 Tag 设计思路,也是不错的借鉴案例。

在本节中,笔者将使用 SMB 脚本进行多重 Tag 功能的扩展,该方案适用于复杂度适中的状态机,并且实现逻辑较简单。若读者状态机中的动作过多,可考虑使用其他方案。

首先编写同步参数信息脚本 AttachTagsSmbMediator:

```
public sealed class AttachTagsSmbMediator : MonoBehaviour
{
    public int CurrentStateFullPathHash { get; private set; }
    public string[] CurrentStateTags { get; private set; }

    //验证当前状态是否挂载帧信息监听 SMB 脚本
    public bool Valid(int currentStateFullPathHash)
    {
        return this.CurrentStateFullPathHash == currentStateFullPathHash;
    }
    //是否包含该 Tag
    public bool ContainTag(string tag)
    {
        var result = false;
        for (int i = 0; i < CurrentStateTags.Length; ++i)
        {
            if (CurrentStateTags[i] == tag)
            {
                result = true;
                break;
            }
        }
        return result;
    }
    //更新当前状态的 Tags
    public void UpdateValues(int stateFullPathHash, string[] tags)
    {
        CurrentStateFullPathHash = stateFullPathHash;
        CurrentStateTags = tags;
    }
    //供外部获取实例
    public static void GetOrCreateMediator(GameObject gameObject
        , ref AttachTagsSmbMediator mediator)
    {
```

```
        if (mediator) return;

        mediator = gameObject.GetComponent<AttachTagsSmbMediator>();
        if (!mediator)
            mediator = gameObject.AddComponent<AttachTagsSmbMediator>();
    }
}
```

接下来编写存放参数信息的 SMB 脚本逻辑。

```
public sealed class AttachTagsSmb : StateMachineBehaviour
{
    public string[] tags;
    AttachTagsSmbMediator mMediator;

    public override void OnStateEnter(Animator animator
            , AnimatorStateInfo stateInfo, int layerIndex)
    {
        base.OnStateEnter(animator, stateInfo, layerIndex);
        AttachTagsSmbMediator.GetOrCreateMediator(animator.gameObject
                , ref mMediator);
        mMediator.UpdateValues(stateInfo.fullPathHash, tags);//更新参数信息
    }
}
```

编写完成后，需要在对应状态上挂载 SMB 脚本，并填写多重 Tag 的相关参数，如图 4.15 所示。

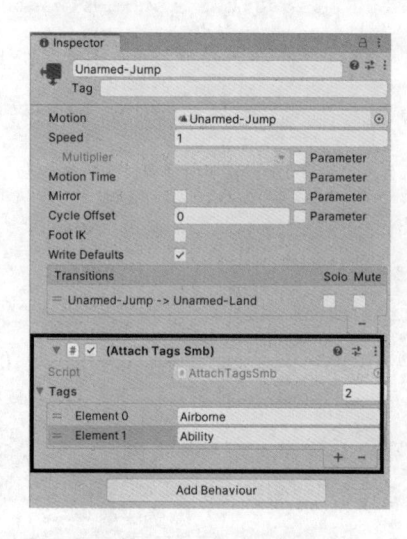

图 4.15　多重 Tag 相关参数

接下来编写示例代码，演示其使用。

```
var fullPathHash = cacheAnimator
        .GetNextAnimatorStateInfo(0).fullPathHash;
//下一个状态的哈希值
if (mAttachTagsSmbMediator.Valid(fullPathHash))
{
    if (mAttachTagsSmbMediator.ContainTag("Parry"))
        //检测到目标 Tag，执行具体逻辑
}
```

至此，多重 Tag 的扩展功能编写完成。

第 5 章　战斗系统详解

战斗系统是动作游戏中较为核心的一个部分，主角的招式、主武器、敌人的设计等都会在这一部分充分展现，而从程序层面上来说，这一部分最依赖的模块当属角色、战斗系统和 AI 这 3 种模块了。

本章将从角色运动、战斗对象组件等模块的封装出发，一起来学习动作游戏战斗系统的实现。

5.1　角色模块

在战斗系统中，通常会封装一些角色在运动上的共有逻辑，如移动状态、跳跃逻辑等，这类组件一般统称为 Motor。本节将对 Motor 与动画事件处理的内容进行讲解。

5.1.1　角色控制器与刚体

对于角色在物理环境中的移动问题，可采用刚体（Rigidbody）加胶囊碰撞器的形式进行制作，也可以通过使用角色控制器（CharacterController）组件，并调用其 Move 接口移动角色进行制作。

在近年 Unity3D 的官方 Demo 中，采用上述两种做法的案例均有出现。其中，使用角色控制器的案例较多。而在商业游戏中，几乎均使用角色控制器方案进行制作。

对于上面两种方式的优劣，可以通过表 5.1 来了解。

表 5.1　刚体+胶囊碰撞器与角色控制器的比较

差 异 点	刚体+胶囊碰撞器	角色控制器
更新时序	依赖物理时序更新	立即更新
重力表现	物理引擎驱动重力表现	需要自己实现
PhysicsCast物理查询	可被查询到	可被查询到
地面法线信息	不支持，但封装后拿到的Hit信息可复用	不支持，OnGrounded信息过少
轴向修改	支持	不支持
Animator根运动	默认情况下Velocity与根运动有冲突	可通过代码自行扩展
NavMesh寻路	兼容	两者不兼容，但可以通过扩展代码来解决
稳定性	调用刚体接口移动会受物理影响	稳定

综合而言，刚体加胶囊碰撞器的形式虽然可获得更好的代码封装性，但是当使用 Velocity 和 AngularVelocity 接口进行坐标变换操作时，仍会受到物理系统的影响，所以并不稳定。而角色控制器则不依赖于物理更新时序，相对来说拥有较高的稳定性。

因此笔者推荐选用角色控制器方案，并且在接下来的章节中也将使用角色控制器进行内容的制作。

5.1.2　Motor 组件设计 1

Motor 类组件主要负责角色运动方面的逻辑处理，包括 Unity 早期 Demo AngryBots 中就大量使用了 Motor 组件。下面将编写一段角色为 Motor 组件的示例，它的基本功能如图 5.1 所示。

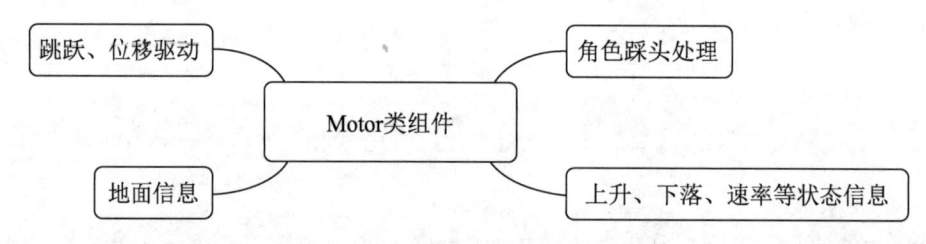

图 5.1　Motor 类组件的基本功能

（1）给出 Motor 类的定义，这里将其命名为 CharacterMotor，它主要是对角色的运动相关逻辑进行封装。然后来处理状态操作，在 Motor 中需要得到上升、下降以及是否在地面等可叠加的几种状态，因此采用 Mask 来存放状态信息。

```
public class CharacterMotor : MonoBehaviour
{
    const int INVALID = -1;
    const int RISING_STATE = 1;                           //上升状态常量
    const int FALLING_STATE = 2;                          //下降状态常量
    const int MOVING_STATE = 4;                           //移动状态常量
    const int ON_GROUND_STATE = 8;                        //地面状态常量
    int mInternalState;

    public bool IsMoving => (mInternalState & MOVING_STATE)
                            == MOVING_STATE;              //是否处于移动状态
    public bool IsRising => (mInternalState & RISING_STATE)
                            == RISING_STATE;              //是否处于上升状态
    public bool IsFalling => (mInternalState & FALLING_STATE)
                            == FALLING_STATE;             //是否处于下降状态
    public bool IsOnGround => (mInternalState & ON_GROUND_STATE)
                            == ON_GROUND_STATE;           //是否在地面
}
```

（2）执行检测地面的逻辑，因角色控制器 OnGrounded 字段可获取的信息较少，此处将使用 PhysicsCastSphere 的形式重新进行地面检测。需要增加的参数如下：

```
public LayerMask groundLayerMask;
public CharacterController cc;                            //角色控制器引用
```

```csharp
public float groundRayOffset;                                    //地面检测点偏移值
public float groundRayLength;                                    //地面检测点长度
public RaycastHit GroundCastHit { get; private set; }            //当前帧的投射信息
public event Action OnGroundCastHited;                           //碰到地面的回调
```

缓存地面检测的射线以便重复利用，检测函数部分如下：

```csharp
public void UpdateFallingDetect()                                //更新地面检测
{
    mInternalState = mInternalState & (~ON_GROUND_STATE);        //重置地面状态

    var origin = cc.transform.position + cc.center;
    var offset = Vector3.down * (cc.height * 0.5f - groundRayOffset);
    origin = origin + offset;
    var ray = new Ray(origin, Vector3.down);
    var d = groundRayLength;
    var layerMask = groundLayerMask;
    var r = Physics.SphereCast(ray, cc.radius, out var hit, d, layerMask);
    if (r)
    {
        mInternalState |= ON_GROUND_STATE;                       //设置地面状态
        GroundCastHit = hit;                                     //缓存hit信息
        OnGroundCastHited?.Invoke();                             //触碰地面回调
    }
}
```

上述代码首先重置地面检测状态，然后计算角色控制器的信息与偏移值得到地面监测点，最后向地面方向进行球体投射以进行检测。

（3）增加上升与下降状态的检测。首先需要创建一个成员变量以缓存上一帧的坐标。

```csharp
Vector3? mLastPosition;                                          //可空类型存放上一帧坐标
```

函数体部分，比较上一帧位置得到速率，并根据速率获知当前是处于上升还是下降状态。

```csharp
public void UpdateMovingStateDetect()
{
    const float EPS = 0.0001f;
    var upAxis = Vector3.up;                                     //垂直向上方向
    mInternalState = mInternalState & (~MOVING_STATE);
    mInternalState = mInternalState & (~RISING_STATE);
    mInternalState = mInternalState & (~FALLING_STATE);          //状态重置
    var currentP = transform.position;
    var lastP = mLastPosition.GetValueOrDefault(currentP);
    var velocity = currentP - lastP;
    if (velocity.magnitude > EPS)                                //移动状态检测
    {
        mInternalState |= MOVING_STATE;
        var v = Vector3.Dot(velocity, upAxis);                   //垂直方向投影
        if (v > EPS) mInternalState |= RISING_STATE;             //上升状态检测
        else if (v < -EPS) mInternalState |= FALLING_STATE;      //下降状态检测
    }
    mLastPosition = currentP;                                    //缓存上次坐标
}
```

（4）将移动检测与地面检测函数放置于 Update 事件函数中，方便进行每帧的调用。

```csharp
protected virtual void Update()
{
    UpdateFallingDetect();
```

```
       UpdateMovingStateDetect();
}
```

（5）增加角色踩头的相关逻辑，一方面防止角色下落时卡在其他角色头顶，另一方面通过触发踩头事件可以实现类似鬼泣里 JC 跳（一种重置游戏空中技能的特殊设计）的逻辑。首先添加相应变量：

```
//省略无关逻辑

//添加踩头状态常量
const int ON_HEAD_STATE = 16;                              //踩头状态常量

public LayerMask characterTopLayerMask = -1;               //角色 Mask
public float onHeadFixForce = 0.3f;                        //踩头修正力
public bool IsOnHead => (mInternalState & ON_HEAD_STATE)
                        == ON_HEAD_STATE;                  //当前是否为踩头状态
public event Action OnHeadCastHited;                       //踩头状态触发事件
```

（6）扩展 FallingDetect 函数，增加踩头检测逻辑。

```
public void UpdateFallingDetect()
{
    //省略无关逻辑
    mInternalState = mInternalState & (~ON_HEAD_STATE);
    layerMask = characterTopLayerMask;
    //再次向下投射一次球体，检测角色 LayerMask
    var isHit = Physics.SphereCast(ray, cc.radius, out hit, d, layerMask);
    if (isHit)
    {
        var dt = Time.deltaTime;
        var vec = transform.position - hit.transform.position;
        var norm = Vector3.down;
        var fixDir = Vector3.ProjectOnPlane(vec, norm).normalized;
        transform.position += fixDir * onHeadFixForce * dt; //执行推开处理

        mInternalState |= ON_HEAD_STATE;
        OnHeadCastHited?.Invoke();                          //触发踩头事件
    }
}
```

（7）添加一个简单的调试功能，这里在 IMGUI 中进行调试。首先添加一个开关来控制调试内容是否开启。

```
public bool isDebug;
//省略无关逻辑

//增加代码，在地面检测处绘制调试线
public void UpdateFallingDetect()
{
    //省略无关逻辑
    if (isDebug)                                            //若为调试状态则绘制调试线段
        Debug.DrawRay(ray.origin, ray.direction);
}
//省略无关逻辑

//使用 GUILayout 在 OnGUI 事件函数中绘制调试控件
void OnGUI()
{
```

```
        if (!isDebug) return;                        //非调试状态则跳出
    //在屏幕中打印调试内容
    GUILayout.Box("IsMoving: " + IsMoving);
    GUILayout.Box("IsRising: " + IsRising);
    GUILayout.Box("IsFalling: " + IsFalling);
    GUILayout.Box("IsOnGround: " + IsOnGround);
    GUILayout.Box("IsOnHead: " + IsOnHead);
}
```

完成后即可调试 CharacterMotor 的各类状态，如图 5.2 所示。

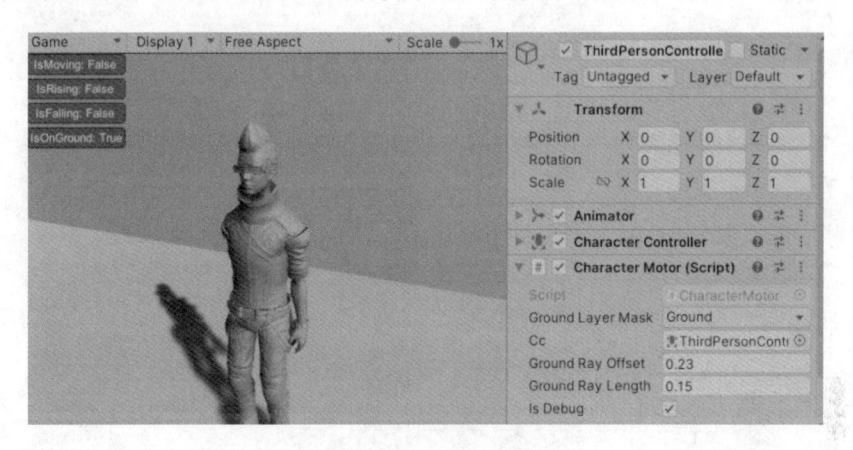

图 5.2 Motor 组件挂载示意

将这些运动逻辑封装进 CharacterMotor，以便可以更好地拆分脚本功能，将来也易于对不同功能进行维护。

5.1.3 Motor 组件设计 2

接下来为 Motor 组件添加浮空保护、根运动位移、寻路组件整合及外部受力的相关接口。这些接口也是在动作游戏中较常用的。

（1）当角色跳跃或受击浮空后，IsOnGround 状态并不会立刻改变。为了保证与之关联的逻辑不出错，我们需要在角色浮空后加入维持 0.1 秒左右的保护时间。浮空保护以变量 AirborneProtectTimer 表示，代码如下：

```
const float AIRBORNE_PROTECT_TIME = 0.1f;            //浮空保护状态持续时间
float mAirborneProtectTimer;
public bool IsAirborneProtect
    => mAirborneProtectTimer > 0f;                   //是否处于浮空保护状态

public void AirborneProtect()                        //进入浮空保护状态
{
    mAirborneProtectTimer = AIRBORNE_PROTECT_TIME;
}
protected virtual void Update()
{
    //省略无关逻辑
    UpdateAirborneProtect();
}
```

```csharp
void UpdateAirborneProtect()                              //浮空保护更新函数
{
    if (mAirborneProtectTimer > 0f)
        mAirborneProtectTimer -= Time.deltaTime;
    else
        mAirborneProtectTimer = 0f;
}
```

（2）编写根运动位移及外部受力的逻辑。先增加 Animator 引用以及这些力的变量定义，并编写更新函数。

```csharp
const float GRAVITY = 9.81f;
public Animator animator;
public float gravityScale = 1f;                           //重力缩放
Vector3 mAdditivePushForce;                               //附加推力
float mVerticalForce;                                     //纵向力
Vector3 mMovementForce;                                   //基本移动值

void UpdateForce()                                        //更新各类力的衰减
{
    var dt = Time.deltaTime;
    if (IsAirborneProtect || !IsOnGround)                 //处理重力
        mVerticalForce -= GRAVITY * gravityScale * dt;
    else
        mVerticalForce = 0f;

    if (mAdditivePushForce.magnitude > 0.0001f)           //处理推力
        mAdditivePushForce
            = Vector3.MoveTowards(mAdditivePushForce, Vector3.zero, dt);
    else
        mAdditivePushForce = Vector3.zero;
}
```

（3）将更新函数放入 Update 事件函数中以便每帧调用。

```csharp
protected virtual void Update()
{
    UpdateFallingDetect();
    UpdateMovingStateDetect();
    UpdateForce();                                        //应在此处增加调用
    UpdateAirborneProtect();
}
```

（4）开放各类外部受力的设置接口。

```csharp
//纵向力
public void SetVerticalForce(float force)
{
    mVerticalForce = force;
}
//附加推力
public void SetAdditivePushForce(Vector3 pushForce)
{
    mAdditivePushForce = pushForce;
}
//移动值，可用于移动逻辑处理，若角色使用根运动的移动量则无须借助该接口
public void AddMovementForce(Vector3 movementForce)
{
    mMovementForce += movementForce;
}
```

（5）将动画根运动、外部受力等信息在 OnAnimatorMove 事件函数中进行整合。

```
void OnAnimatorMove()                              //Unity3D 响应根运动事件函数
{
    var movement = mMovementForce;                 //应用基本移动力

    var dp = animator.deltaPosition;
    var dr = animator.deltaRotation;

    if (IsOnGround && !IsAirborneProtect)          //应用动画根运动位移信息
        movement += Vector3.ProjectOnPlane(dp, GroundCastHit.normal);
    else
        movement += dp;

    cc.transform.rotation *= dr;                   //应用动画根运动旋转信息

    //整合纵向力、附加推力
    movement += mVerticalForce * Vector3.up + mAdditivePushForce;
    cc.Move(movement * Time.deltaTime);            //传入角色控制器进行移动处理
}
```

（6）增加 NavMeshAgent 寻路组件的整合，因 NavMeshAgent 组件与角色控制器冲突，因此将该组件放置于单独的 GameObject 对象上，寻路时跟踪该对象即可，代码如下：

```
public class CharacterMotor : MonoBehaviour
{
    //省略无关逻辑
    public bool useNavMeshAgent;                   //是否使用寻路组件
    public NavMeshAgent NavMeshAgent { get; private set; }

    protected virtual void Awake()
    {
        if (useNavMeshAgent)
        {
            //创建 NavMesh 游戏对象
            var go = new GameObject("NavMeshAgent");
            go.transform.SetParent(transform);
            //缓存 NavMesh 字段
            NavMeshAgent = go.AddComponent<NavMeshAgent>();
        }
    }
    //设置 NavMesh 目标点
    public void SetNavMeshAgentDst(Vector3 dstPoint)
    {
        NavMeshAgent.destination = dstPoint;
    }
    //重置 NavMesh 寻路
    public void StopNavMeshAgent()
    {
        NavMeshAgent.isStopped = true;
    }
    //应用 NavMeshAgent 到当前帧移动量
    public void ApplyNavMeshAgentToMovementForce(float speed)
    {
        var delta = NavMeshAgent.transform.position - transform.position;
        AddMovementForce(delta * speed);
    }
}
```

至此，Motor 组件的所有功能编写完成。

5.1.4 动画事件处理

动画事件被配置在动画剪辑（AnimationClip）的某个时间点上，当动画播放到这个时间点时即自动触发该事件。对于伤害框特效等内容的触发，都可以使用动画事件去实现，角色的技能释放等都依赖于动画事件。

一般在配置动画事件时会给事件设置一个 int 类型参数，以便在回调函数处理时根据配置信息实例化对应的预制体。下面编写一个简单的例子进行演示。

（1）创建一个带有 int 类型参数签名的函数与类，它可以接收动画事件。

```
public class AnimationEventReceiver : MonoBehaviour
{
    void AnimationEventTrigger(int id)          //接收动画事件绑定函数
    {
    }
}
```

（2）将其挂载至对应的 GameObject 上，并在 Unity3D 的动画面板中对其进行绑定，如图 5.3 所示。

图 5.3　动画事件的创建与绑定

（3）有了 ID 号就可以配置与之对应的映射信息了。这里创建一个继承自 ScriptableObject 的类，用于配置动画事件信息。

```
[CreateAssetMenu(fileName = "AnimationEventConfigurator", menuName =
"YourProjName/AnimationEventConfigurator")]
public class AnimationEventConfigurator : ScriptableObject
{
    [Serializable]
    public class CategoryInfo                   //使用分类便于配置
    {
        public string category;
        public List<AnimationEventItem> animationEventInfoList = new();
    }
    [Serializable]
    public class AnimationEventItem             //动画事件实例信息
    {
```

```
            public int id;
            public string resourcePath;           //资源路径
        }
    public CategoryInfo[] categoryInfoArray;
}
```

通过 AnimationEventConfigurator 动画事件配置脚本，可以将动画事件对应的 ID 配置放入其中。使用 CategoryInfo 结构是为了便于分类与管理。

在层级面板中配置好后的结果如图 5.4 所示。

（4）为了便于实例化，这里创建一个配置脚本内的静态函数，以便根据 ID 号实例化对应物件。

图 5.4　动画事件配置

```
public static GameObject InstantiateAnimationEventItem(
    GameObject sender, int id)
{
    //配置路径
    const string CONF_RES_PATH = "AnimationEventConfigurator";
    var conf = Resources.Load<AnimationEventConfigurator>(CONF_RES_PATH);
    for (int i = 0; i < conf.categoryInfoArray.Length; ++i)
    {
        var categoryItem = conf.categoryInfoArray[i];
        var eventInfoList = categoryItem.animationEventInfoList;
        for (int j = 0, jMax = eventInfoList.Count; j < jMax; ++j)
        {
            var eventItem = eventInfoList[j];
            if (eventItem.id == id)                          //比较 ID
            {
                var instantiateGO = Instantiate(Resources
                    .Load<GameObject>(eventItem.resourcePath)
                        , sender.transform.position
                        , sender.transform.rotation);
                return instantiateGO;
            }
        }
    }
    return null;
}
```

具体路径可根据项目配置填写，接下来回到 AnimationEventReceiver 类中，并在动画事件的触发处调用该函数：

```
void AnimationEventTrigger(int id)
{
    AnimationEventConfigurator.InstantiateAnimationEventItem(gameObject, id);
}
```

随后增加回调接口，以便让实例物体得到相关的上下文信息，该接口定义如下：

```
public interface IAnimationEventExecutant
{
    void OnExecute(GameObject sender, int id);
}
```

回到函数 InstantiateAnimationEventItem 中，增加回调接口发送逻辑：

```
var instantiateGO = Instantiate(Resources
.Load<GameObject>(eventItem.resourcePath)
, sender.transform.position, sender.transform.rotation);
```

```
//在此处添加代码
instantiateGO
.GetComponent<IAnimationEventExecutant>()?.OnExecute(sender, id);
//结束添加
return instantiateGO;
```

至此,动画事件配置与绑定代码编写完成。

5.2 战斗系统设计

在欧美动作游戏中,战斗并不是非常重要的一部分,更多的是通过剧情与特殊关卡的衬托来丰富动作游戏的动作感,如载具关卡、逃脱关卡等。而对于日式动作游戏,它们对动作感的体现在很大程度上来源于战斗部分,如鬼泣系列的"空中杂耍"等。

不论是什么类型的动作游戏,我们应当从可扩展性的角度去思考战斗系统的编写,这样才能满足不同功能的不断集成。本节将对其进行深入的讲解。

5.2.1 伤害判定框细节思考

在动作游戏中,伤害判定框是战斗系统必不可少的组件之一,本节将围绕伤害判定框的细节展开讨论,分析其在实际游戏开发中的设计要点,最终完成伤害判定框的代码逻辑编写。

1. 伤害判定框的实现

伤害判定框是对游戏伤害区域的一种定义,但不限于某种具体程序逻辑的实现。例如在 Unity3D 引擎中,伤害判定框可以用 Trigger 触发器实现,也可以通过 PhysicsCast 系列接口进行全局的相交判断来实现。伤害触发流程如图 5.5 所示。

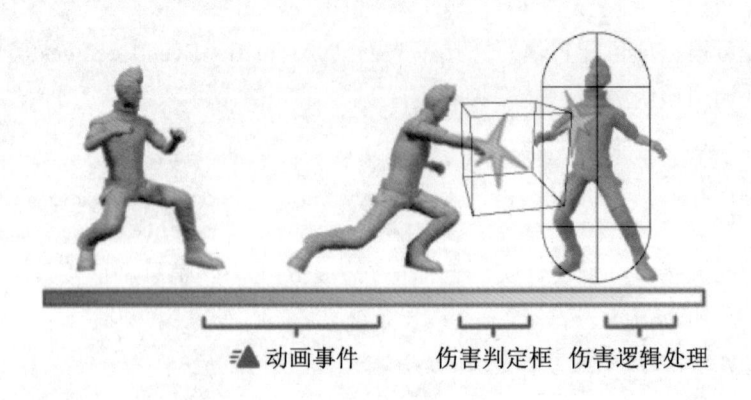

图 5.5 伤害触发流程示意

上面两种伤害判定框的实现方式都存在一个弊端。例如,一个持续 0.2 秒的伤害判定框创建后,若敌人短时间内反复地进出触发区域则会造成重复触发,如图 5.6 所示。

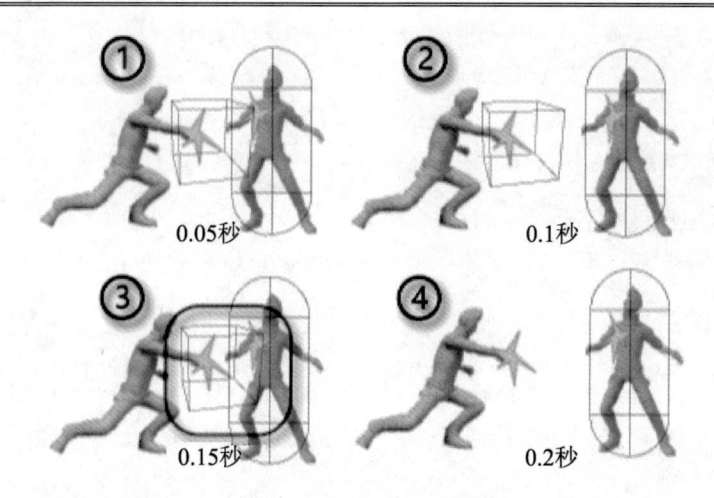

图 5.6 伤害判定框的重复触发

使用 Trigger 触发器必然出现重复触发问题，而使用 PhysicsCast 的方式虽然可以做到单帧检测正确，但是仍不能解决如武器挥击这种一定时间内都需要伤害检测的情况。

解决这样的问题需要在第二次发生碰撞时进行判断，若相交的对象并非新碰撞器则跳出后续代码的执行，接下来介绍其代码实现。

2. 记录已碰撞对象的逻辑处理

为了对已产生碰撞的对象进行记录，每个碰撞对象都会存放一份位标记 ID 和一份位数组（BitArray）信息，当产生碰撞时，使用位数组记录被碰撞对象的位标记 ID，并在 OnEnable 和 OnDisable 事件函数中进行相应信息的重置便于外部使用，具体流程如下：

（1）创建静态类 BitMarker，用于分配全局位标记 ID：

```csharp
public static class BitMarker
{
    public const int BIT_MARKER_SIZE = 128;
    static BitArray sBitArray;

    static BitMarker()
    {
        sBitArray = new BitArray(BIT_MARKER_SIZE);
    }
    public static int Assign()                    //分配位标记 ID
    {
        for (int i = 0; i < sBitArray.Count; ++i)
        {
            if (!sBitArray[i])
            {
                sBitArray[i] = true;
                return i;
            }
        }
        return -1;
    }
    public static void Unassign(int index)        //归还位标记 ID
    {
        sBitArray[index] = false;
```

（2）编写测试类 Attacker，演示碰撞的标记与判断：

```csharp
public class Attacker : MonoBehaviour
{
    int mSelfColliderMarker;                              //位标记 ID
    BitArray mContactColliderMarker;                      //位数组

    void OnEnable()
    {
        mSelfColliderMarker = BitMarker.Assign();         //分配新的位标记 ID
        mContactColliderMarker = new BitArray(BitMarker.kBitMarkerSize);
    }
    void OnDisable()
    {
        BitMarker.Unassign(mSelfColliderMarker);          //归还位标记 ID
        mContactColliderMarker.SetAll(false);
    }
    void OnTriggerEnter(Collider other)
    {
        other.TryGetComponent(out Attacker attacker);
        int colliderMarker = attacker.mSelfColliderMarker;
        if (colliderMarker != -1
            && !mContactColliderMarker[colliderMarker])
        {
            mContactColliderMarker[colliderMarker] = true;
            //进行碰撞操作
        }
    }
}
```

5.2.2 传递 Instigator

当战斗判定框执行完伤害逻辑后，获得攻击成功事件的首先是伤害对象（指绑定了伤害判定框与伤害脚本的游戏对象）本身，而不是攻击发起者。例如，玩家发射火球攻击敌人，火球将触发攻击成功事件，而攻击发起者则不会触发。我们参考 Unreal 引擎的战斗处理逻辑，在伤害对象上缓存 Instigator（发起者）字段，如果攻击成功，则根据 Instigator 的缓存信息进行转发操作，如图 5.7 所示。

图 5.7 伤害对象的 Instigator 缓存示意

在后续的内容中结合战斗系统的开发将一并讲解 Instigator。

5.2.3 基础战斗逻辑编写

本节将开始战斗逻辑的编写，我们将一步步地集成伤害处理、浮空、僵直等功能，其流程如图 5.8 所示。

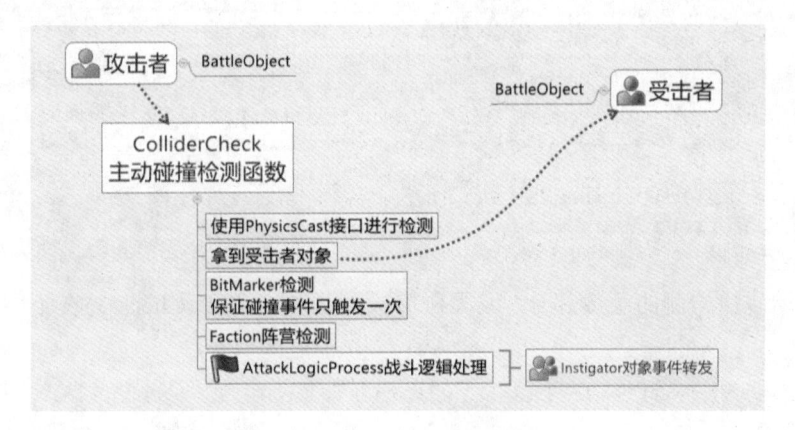

图 5.8 战斗框架逻辑示意

在进入正式逻辑编写前，需要说明 PhysicsCast 方式进行伤害判定检测的原理。首先我们会在角色武器上绑定若干球体检测点，当角色攻击时，会在当前帧检测点与上一帧检测点之间做球体的 Cast 投射判断，以保证伤害判定的准确性，如图 5.9 所示。

例如，要处理武器挥砍的伤害逻辑，可在动画事件触发对应的预制体后，通过角色 HierarchyCache 拿到对应的武器点信息并对预制体进行绑定。

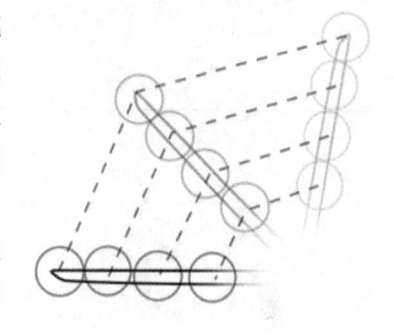

图 5.9 PhysicsCast 伤害判定示意

（1）编写战斗对象 BattleObject 类，加入用于记录碰撞对象的 BitMarker 逻辑，以确保单个招式只对敌人产生一次伤害判定，并顺手加入事件函数 OnDestroy。

```
public partial class BattleObject : MonoBehaviour
{
    int mSelfColliderMarker;                          //位标记 ID
    BitArray mContactColliderMarker;                  //位数组

    protected virtual void OnEnable()
    {
        mSelfColliderMarker = BitMarker.Assign();     //分配新的位标记 ID
        mContactColliderMarker = new BitArray(BitMarker.BIT_MARKER_SIZE);
    }
    protected virtual void OnDisable()
    {
        BitMarker.Unassign(mSelfColliderMarker);      //归还位标记 ID
        mContactColliderMarker.SetAll(false);
    }
```

```
    protected virtual void OnDestroy(){}
}
```

（2）使用 PhysicsCast 的方式加入主动碰撞检测，先添加碰撞检测点结构体、检测模式等结构体基本字段。

```
public enum EColliderCheckMode{Ignore, Once, Update}       //检测模式枚举
[Serializable]
struct PhysicsCastPoint                                    //检测点信息结构体
{
    public Transform attachPoint;                          //检测点挂接 Transform
    public float radius;                                   //检测点半径
    public Vector3? lastPosition;                          //上一帧检测点的位置
}
[SerializeField]PhysicsCastPoint[] physicsCastPoints;      //检测点
public EColliderCheckMode colliderCheckMode;
//省略无关逻辑
```

（3）添加碰撞检测的函数部分，编写碰撞检测函数 ColliderCheck 并在不同检测模式处进行挂载。

```
protected virtual void OnEnable()
{
    //省略无关逻辑
    if (colliderCheckMode == EColliderCheckMode.Once)
        ColliderCheck();
    for (int i = 0; i < physicsCastPoints.Length; ++i)
        physicsCastPoints[i].lastPosition = null;
}
protected virtual void Update()
{
    if (colliderCheckMode == EColliderCheckMode.Update)
        ColliderCheck();
}
void ColliderCheck()
{
}
```

（4）增加 Instigator 字段与对应函数，并编写碰撞检测的具体逻辑。

```
protected static RaycastHit[] sRaycastHitCache = new RaycastHit[32];
//缓存物理信息
public event Action<BattleObject> OnSameFactionContact;   //阵营对象接触事件
public BattleObject Instigator { get; set; }              //战斗信息发送者
public int faction = 0;                                   //阵营变量

protected virtual void Awake()
{
    Instigator = this;
}
//设置目标 Instigator
public void SetInstigator(BattleObject instigator)
{
    Instigator = instigator;
    if (Instigator)
        faction = Instigator.faction;                     //保持阵营一致
}
//碰撞检测函数，挂载于 Update 函数内
void ColliderCheck()
```

```
{
    for (int i = 0; i < physicsCastPoints.Length; ++i)
    {
        ref var physicsCastPoint = ref physicsCastPoints[i];

        var pCurrent = physicsCastPoint.attachPoint.position;
        var pLast = physicsCastPoint.lastPosition
            .GetValueOrDefault(physicsCastPoint.attachPoint.position);
        var attackVector = pCurrent - pLast;

        if (attackVector.magnitude < 0.001f)
            attackVector = Vector3.forward * 0.001f;

        var r = new Ray(pLast, attackVector.normalized);      //配置射线对象
        var contacts = Physics.SphereCastNonAlloc(r
            , physicsCastPoint.radius
            , sRaycastHitCache
            , attackVector.magnitude
            , 1 << LayerMask.NameToLayer("Character"));
        for (int j = 0; j < contacts; ++j)
        {
            var hit = sRaycastHitCache[j];

            if (hit.transform
                .TryGetComponent(out BattleObject hitBattleObject))
            {
                if (hitBattleObject == Instigator)
                    continue;

                var colliderMarker = hitBattleObject.mSelfColliderMarker;
                if (colliderMarker != -1
                  && !mContactColliderMarker[colliderMarker])
                {
                    mContactColliderMarker[colliderMarker] = true;

                    if (faction == hitBattleObject.faction)
                        OnSameFactionContact?.Invoke(hitBattleObject);
                    else
                        AttackLogicProcess(this, hitBattleObject);
                }
            }
        }
        physicsCastPoint.lastPosition = pCurrent;
    }
}
```

（5）编写 AttackLogicProcess 函数处理攻击逻辑，并增加一系列与攻击有关的事件与回调字段。

```
public bool isAggressive;                                //攻击标识
public bool IsDied { get; private set; }                 //被攻击者是否已死亡
public event Action<BattleObject> OnHurt;                //受击事件
public event Action<BattleObject> OnAttackSuccess;       //攻击成功事件
public event Action<BattleObject, bool> OnDied;          //死亡事件
public event Action<BattleObject> OnKilled;              //击杀事件
public event Action<BattleObject> OnResurrection;        //复活事件

public void Died(bool isSilentExecute, BattleObject killer = null)//死亡
{
    IsDied = true;
```

```csharp
        OnDied?.Invoke(killer, isSilentExecute);
        if (killer)
            killer.OnKilled?.Invoke(killer);
}
public void Resurrection(BattleObject rescuer = null)  //复活函数
{
    IsDied = false;
    OnResurrection?.Invoke(rescuer);
}
//非攻击接触逻辑处理函数
void OnUnaggressiveInteract(BattleObject attacker
        , BattleObject hurter) { }
//攻击前的处理函数
void OnAttackBefore(BattleObject attacker
        , BattleObject hurter) { }
//攻击中的处理函数
void OnAttackProcess(BattleObject attacker
        , BattleObject hurter) { }
//攻击后的处理函数
void OnAttackAfter(BattleObject attacker
        , BattleObject hurter) { }
//攻击处理函数
void AttackLogicProcess(BattleObject self, BattleObject other)
{
    if (self.isAggressive)                      //勾选 Aggressive 标记则进入攻击逻辑
    {
        self.OnAttackBefore(self, other);                    //攻击前的事件函数
        self.OnAttackProcess(self, other);                   //攻击中的事件函数
        other.OnHurt?.Invoke(self);                          //受击事件
        if (self.Instigator)   //若没有设置 Instigator，则值为自身
            self.Instigator.OnAttackSuccess?.Invoke(other);
        //Instigator 事件转发
        self.OnAttackAfter(self, other);                     //攻击后事件函数
    }
    else
    {
        //处理非攻击的接触逻辑
        self.OnUnaggressiveInteract(self, other);
    }
}
```

（6）当角色进行翻滚躲避时，应将角色设为无敌，此处需要增加无敌模式 IsGodMode 逻辑。无敌模式需满足多使用者调用的需求，因而此处使用计数器设计，当所有使用者都结束使用时计数器归零且无敌模式结束。

```csharp
//无敌模式计数器变量
int mGodModeCounter;
//永久无敌模式变量
public bool alwaysGodMode;
//当前是否为无敌模式
public bool IsGodMode => mGodModeCounter > 0;

//请求进入无敌模式
public void PushGodMode()
{
    ++mGodModeCounter;
}
//请求退出无敌模式
```

```
public void PopGodMode()
{
    --mGodModeCounter;
}
```

至此，完成基础伤害逻辑的编写。因篇幅有限，读者可自行完成 Gizmos 调试内容绘制部分的编写，以便查看参数是否正确，后期维护是否便利。

接下来我们利用 BattleObject 部分类的特性，继续扩展增加伤害、浮空、僵直等逻辑。

5.2.4 编写伤害逻辑

伤害传递逻辑虽然使用部分类功能实现，但是我们仍应该像类与类之间的组合一样，拥有结构清晰的函数传递逻辑。

（1）创建新的脚本文件 BattleObjectDamage.cs，编写初始化等生命周期函数。

```
public partial class BattleObject
{
    //伤害逻辑初始化函数
    void DamagePartialInitialize(){}
    //伤害逻辑释放函数
    void DamagePartialRelease(){}
    //在攻击流程中处理伤害逻辑
    void DamagePartialOnAttackProcess(BattleObject attacker
    , BattleObject hurter) {}
}
```

（2）将相关的生命周期函数绑定回 BattleObject 主类。

```
public partial class BattleObject : MonoBehaviour
{
    protected virtual void Awake()
    {
        //忽略无关逻辑
        DamagePartialInitialize();
    }
    protected virtual void OnDestroy()
    {
        //忽略无关逻辑
        DamagePartialRelease();
    }
    void OnAttackProcess(BattleObject attacker
        , BattleObject hurter)
    {
        //忽略无关逻辑
        DamagePartialOnAttackProcess(attacker, hurter);
    }
}
```

（3）回到脚本文件 BattleObjectDamage.cs，创建伤害相关变量并编写生命值修改逻辑。

```
[Header("---Damage---")]
public int damage;                              //伤害值
public float damageMultiplier = 1.0f;           //伤害系数
public int healthPoints = 100;                  //生命值
public int maxHealthPoints = 100;               //最大生命值
//当生命值改变回调
```

```csharp
        public event Action<BattleObject, int> OnHealthPointsChanged;

        //HP 值修改操作
        public void ChangeHealthPoints(int newHealthPoints
            , BattleObject attacker = null)
        {
        }
        void DamagePartialOnAttackProcess(BattleObject attacker
            , BattleObject hurter)
        {
            if (attacker.damage <= 0) return;
            var healthPoints = hurter.healthPoints;
            var damage = attacker.damage;
            var newHealthPoints = healthPoints - damage;
            hurter.ChangeHealthPoints(newHealthPoints);        //确认改变生命值
        }
```

（4）编写函数 ChangeHealthPoints 实现生命值修改逻辑。

```csharp
    //生命值修改操作
    public void ChangeHealthPoints(int newHealthPoints
        , BattleObject attacker = null)
    {
        newHealthPoints = Mathf.Clamp(newHealthPoints, 0, maxHealthPoints);
        if (healthPoints == newHealthPoints) return;
        healthPoints = newHealthPoints;
        OnHealthPointsChanged?.Invoke(this, healthPoints);
        if (healthPoints <= 0 && !IsDied)
        {
            Died(false, attacker);
        }
    }
```

（5）游戏中的角色通常会因装备穿戴、特殊效果叠加导致伤害值增减，因此还需要在伤害处理中增加一步伤害值修改的中转函数，供其他部分类进行逻辑扩展。

```csharp
    //伤害值修改函数，供其他部分类绑定修改部分
    void DamageHealthPointsChangeProcess(BattleObject attacker
            , BattleObject hurter, int healthPoints, ref int damage)
    {
    }
    void DamagePartialOnAttackProcess(BattleObject attacker
    , BattleObject hurter)
    {
        if (attacker.damage <= 0) return;
        int healthPoints = hurter.healthPoints;
        int damage = attacker.damage;
        //此处增加伤害修改操作
        hurter.DamageHealthPointsChangeProcess(attacker, hurter
            , healthPoints, ref damage);
        int newHealthPoints = healthPoints - damage;
        hurter.ChangeHealthPoints(newHealthPoints);
    }
```

5.2.5 编写僵直度逻辑

僵直度指攻击武器或技能所携带的硬直信息，而硬直则是动作游戏中的常见概念。一般有两种情况会产生硬直：一种是自身释放技能或攻击导致的滞后状态，属于攻击硬直；

另一种是被攻击后，敌人武器或技能所携带的硬直效果导致自身受击动画的滞后状态，称为受击硬直。接下来我们继续扩展 BattleObject 组件，增加僵直度的处理逻辑。

（1）创建新的脚本文件 BattleObjectHitStun.cs，定义相关字段与逻辑。

```csharp
public partial class BattleObject
{
    //僵直度计时器
    float mHitStunTimer;
    [Header("---HitStun---")]
    //赋予敌人的僵直度
    public float hitStunTime;
    //当僵直结束回调时
    public event Action OnHitStunEnd;

    //初始化僵直度部分
    void HitStunPartialInitialize()
    {
        mHitStunTimer = float.NegativeInfinity;
    }
    //释放僵直度部分
    void HitStunPartialRelease()
    {
        OnHitStunEnd = null;
    }
    //僵直度部分战斗更新逻辑
    void HitStunPartialUpdate()
    {
        if (mHitStunTimer > 0f)
        {
            mHitStunTimer -= Time.deltaTime;
        }
        else if (!float.IsNegativeInfinity(mHitStunTimer))
        {
            OnHitStunEnd?.Invoke();
            mHitStunTimer = float.NegativeInfinity;
        }
    }
    //僵直度部分战斗后绑定逻辑
    void HitStunPartialOnAttackAfter(BattleObject attacker
        , BattleObject hurter)
    {
        hurter.mHitStunTimer = hitStunTime;
    }
}
```

（2）将相关的生命周期函数绑定回 BattleObject 主类。

```csharp
public partial class BattleObject : MonoBehaviour
{
    protected virtual void Update()
    {
        //忽略无关逻辑
        HitStunPartialUpdate();
    }
    protected virtual void Awake()
    {
        //忽略无关逻辑
        HitStunPartialInitialize();
    }
```

```csharp
protected virtual void OnDestroy()
{
    //忽略无关逻辑
    HitStunPartialRelease();
}
void OnAttackAfter(BattleObject attacker, BattleObject hurter)
{
    //忽略无关逻辑
    HitStunPartialOnAttackAfter(attacker, hurter);
}
```

（3）当角色进入格挡、拆招等特殊状态时，我们还需要增加忽略处理僵直度的逻辑，该逻辑与无敌模式的处理类似，要考虑到多个使用者的情况，因此使用计数器方式编写。将该段代码添加在脚本文件 BattleObjectHitStun.cs 中。

```csharp
//忽略僵直处理计数器
int mIgnoreHitStunCounter;
//请求忽略僵直处理
public void PushIgnoreHitStun()
{
    ++mIgnoreHitStunCounter;
}
//请求退出僵直处理
public void PopIgnoreHitStun()
{
    --mIgnoreHitStunCounter;
}
void HitStunPartialOnAttackAfter(BattleObject attacker
    , BattleObject hurter)
{
    if (mIgnoreHitStunCounter > 0) return;
    //忽略无关逻辑
}
```

5.2.6 编写浮空逻辑

浮空是指将目标卧姿击至半空，再通过后续的浮空连段攻击使目标不会轻易下落。这种空中连段（AirCombo）的攻击方式大大加强了游戏的战斗体验及观赏性。

本节将使用 CharacterMotor 中力的数值修改接口实现具体的浮空逻辑，然后编写战斗系统接入的相关代码。

（1）创建新的脚本文件 BattleObjectPhysics.cs，定义相关字段与逻辑。

```csharp
public partial class BattleObject
{
    public enum EType {Push, VerticalPush, AirPush, Max}
        [Header("---Physics---")]
    public EType phyForceType = EType.Max;              //力的类型
    public Vector3 phyForceValue;                        //力的数值大小
    [Tooltip("该变量允许为空")]public CharacterMotor characterMotor;

    //当战斗对象触发浮空等物理效果时的事件
    public event Action<EType> OnPhysicsEffect;
```

```
//物理逻辑初始化函数
void PhysicsPartialInitialize() { }
//物理逻辑释放函数
void PhysicsPartialRelease() { }

void PhysicsPartialOnAttackAfter(BattleObject attacker
        , BattleObject hurter)
{
    //物理效果的具体操作
}
```

（2）编写函数 PhysicsPartialOnAttackAfter 的实现，考虑到装备重力等数值的扩展性，因此浮空的具体实现直接在该类中编写。

```
void PhysicsPartialOnAttackAfter(BattleObject attacker,
        BattleObject hurter)
{
    if (hurter.characterMotor)//若受击者存在CharacterMotor则进入判断逻辑环节
    {
        switch (attacker.phyForceType)
        {
            case EType.Push:                          //消除Y轴力
                phyForceValue.y = 0f;
                hurter.characterMotor.SetAdditivePushForce(phyForceValue);
                break;
            case EType.VerticalPush:                  //消除平面方向力
                hurter.characterMotor.SetVerticalForce(phyForceValue.y);
                hurter.characterMotor.AirborneProtect();
                break;
            case EType.AirPush:                       //直接将力赋予Motor
                hurter.characterMotor.SetAdditivePushForce(phyForceValue);
                hurter.characterMotor.AirborneProtect();
                break;
        }
        //物理效果回调触发
        hurter.OnPhysicsEffect?.Invoke(attacker.phyForceType);
    }
}
```

（3）将相关的生命周期函数绑定回 BattleObject 主类。

```
public partial class BattleObject : MonoBehaviour
{
    protected virtual void Awake()
    {
        PhysicsPartialInitialize();
        //忽略无关逻辑
    }
    protected virtual void OnDestroy()
    {
        PhysicsPartialRelease();
        //忽略无关逻辑
    }
    //攻击后函数
    void OnAttackAfter(BattleObject attacker, BattleObject hurter)
    {
        //忽略无关逻辑
        PhysicsPartialOnAttackAfter(attacker, hurter);
```

第 2 篇　核心模块详解

```
    }
}
```

（4）回到脚本文件 BattleObjectPhysics.cs 中，增加物理效果的忽略逻辑。

```
//忽略物理效果计数器
int mIgnorePhysicsCounter;

//请求忽略物理效果处理
public void PushIgnorePhysics()
{
    ++mIgnorePhysicsCounter;
}
//请求退出忽略物理效果处理
public void PopIgnorePhysics()
{
    --mIgnorePhysicsCounter;
}
void PhysicsPartialOnAttackAfter(BattleObject attacker
    , BattleObject hurter)
{
    if (mIgnorePhysicsCounter > 0) return;
    //忽略无关逻辑
}
```

5.2.7　编写预警逻辑

当战斗中的敌人触发特殊招式时，会先触发前摇招式以提示玩家躲避或拆招，若玩家正确输入指令，即可破解敌人的招式。从程序层面来说，敌人在触发前摇招式时会创建出预警触发框，以检测玩家是否正确按下按键躲避，如图 5.10 所示。

我们可以给 BattleObject 增加标记字段以实现预警触发框功能，在敌人播放准备动画时，通过动画事件创建带有预警信息的 BattleObject 对象，此时玩家若在 BattleObject 对象区域内且正确按下了输入指令，即可成功使用拆招技能破解敌人招式，具体实现代码如下。

图 5.10　预警触发框示意

（1）创建新的脚本文件 BattleObjectHint.cs，定义相关字段与逻辑。

```
public partial class BattleObject
{
    //预警类型
    public enum EHintType {Throw, Dodge, Max}
    //预警信息
    [Header("---Hint---")]
    public EHintType hintInfo = EHintType.Max;
    //预警持续时间
    public float hintTime = 0.2f;
    //接收到的预警信息
    [HideInInspector] public EHintType recvHintInfo = EHintType.Max;
    //接收到的预警发出对象
    [HideInInspector] public BattleObject recvHintBattleObject;
    float mAttackHintTimer;
```

· 84 ·

```
    void HintPartialUpdate()
    {
    }
}
```

（2）编写函数 HintPartialOnUnaggressiveInteract 的实现，在该函数中将预警信息赋值给接收者。

```
void HintPartialOnUnaggressiveInteract(BattleObject attacker
      , BattleObject hurter)
{
    if (attacker.hintInfo != EHintType.Max)
    {
        //预警信息赋值
        hurter.recvHintInfo = attacker.hintInfo;
        hurter.recvHintBattleObject = attacker;
        hurter.mAttackHintTimer = attacker.hintTime;
    }
}
```

（3）编写函数 HintPartialUpdate 的实现，该函数会更新预警信息计时器，若预警持续时间结束则信息重置。

```
void HintPartialUpdate()
{
    //更新预警计时逻辑
    if (mAttackHintTimer > 0f)
    {
        mAttackHintTimer -= Time.deltaTime;
    }
    else
    {
        mAttackHintTimer = 0f;
        recvHintBattleObject = null;
    }
}
```

（4）将相关函数绑定回主类中。

```
public partial class BattleObject: MonoBehaviour
{
    protected virtual void Update()
    {
        //忽略无关逻辑
        HintPartialUpdate();
    }
    //非攻击接触逻辑
    void OnUnaggressiveInteract(BattleObject attacker
          , BattleObject hurter)
    {
        //忽略无关逻辑
        HintPartialOnUnaggressiveInteract(attacker, hurter);
    }
}
```

至此，预警功能编写完成。

第 6 章　主角系统详解

主角设计是动作游戏中不可或缺的一环，相比非同类游戏，它需要达到更高的标准，如更多的场景互动、更加细腻而丰富的动画、运用特殊能力进行剧情或解谜处理等。而这些都需要程序的支撑才可以实现。本节将深入讲解这些必备模块，并给出思路与方向。

6.1　基础模块设计

本节讲解在动作游戏中主角必备的一些功能的实现，如不同武器的切换、状态机的组织、连续技的实现等。通过这些功能的讲解，除了带领读者温习已经掌握的知识点外，还可以学到新的知识，相信读者学习完本节内容后，会对基础功能实现有进一步的理解。

6.1.1　有限状态机简介

有限状态机（Finite-State Machine）是处理状态之间互相转换的系统模型，在游戏开发中经常会用到，并且经过了简化。对于状态机的具体代码实现这里不多做介绍，读者可自行查阅相关资料，有限状态机示意图如图 6.1 所示。

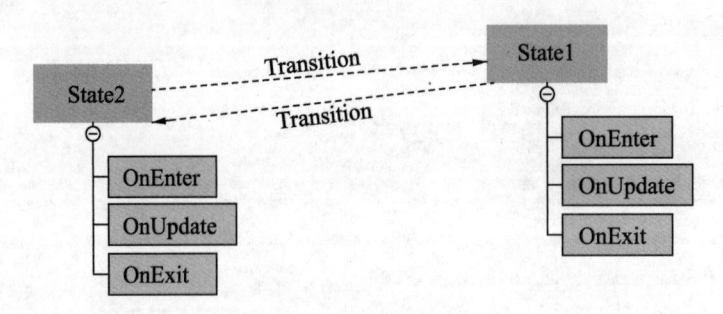

图 6.1　有限状态机示意

有几个概念需要注意，有些状态和状态之间可以通过传递（Transition）进行切换，每个状态可以自由配置它的 Transition 信息。例如，跳跃（Jump）状态无法切换到场景交互（SceneInteraction）状态。当前状态的更新由 OnUpdate 控制，一些对应行为的处理可以放在这里执行。

对于动作游戏的主角，一般划分为以下几种状态：

❑ 待机（Idle）；

❑ 奔跑（Run）；
❑ 跳跃（Jump）；
❑ 冻结（Freeze）；
❑ 释放技能（Ability）；
❑ 场景交互（SceneInteraction）。

冻结状态包含过场动画或游戏暂停，释放技能状态包含普攻、重攻击等非技能操作，场景交互状态则包含载具或解谜互动等。例如，场景互动中突然触发 QTE，可以解释为过场动画。它们的传递关系可以用二维表来表示，如表6.1所示。其中，Y 为允许状态传递。

表6.1 角色状态间的传递关系

状 态	待 机	奔 跑	跳 跃	冻 结	释放技能	场景交互
待机		Y	Y	Y	Y	Y
奔跑	Y		Y	Y	Y	Y
跳跃	Y			Y	Y	
冻结	Y					
受击	Y	Y	Y	Y		
释放技能	Y			Y		
场景交互	Y			Y		

使用上述这几种状态作为状态机模板可以应用于大部分场合，对于有飞行或特殊能力的角色，可以在此基础之上进行状态扩充。

6.1.2 编写有限状态机

本节将编写一个类似于 Animator 状态机组件的状态机工具，该状态机用于存放各种状态并通过 Transition 方法进行状态切换。

（1）创建状态机 Fsm 类并声明几种委托。

```
public class Fsm
{
    //状态进入委托
    public delegate void StateEnter(int lastState, object arg);
    //状态更新委托
    public delegate void StateUpdate();
    //状态退出委托
    public delegate void StateExit(int newState);
    //状态过渡委托
    public delegate bool StateTransition(object arg);
}
```

（2）在 Fsm 类中定义嵌套类 StateInfo 与 TransitionInfo，这两个类分别存放状态信息与过渡信息。

```
//状态信息
public class StateInfo
{
```

```
    public int id;                                      //状态 ID
    public List<TransitionInfo> transitionList;         //过渡列表
    public StateEnter onEnter;                          //状态进入回调
    public StateUpdate onUpdate;                        //状态更新回调
    public StateExit onExit;                            //状态退出回调

    public StateInfo()
    {
        transitionList = new(8);
    }
}
//过渡信息
public class TransitionInfo
{
    public StateInfo selfState;                         //当前状态
    public StateInfo dstState;                          //目标状态
    public StateTransition condition;                   //过渡条件
    public bool isAutoDetect;                           //是否每次更新自动检测

    //设置过渡接口，供调用者使用
    public TransitionInfo SetTransition(StateTransition condition
        , bool autoDetect = false)
    {
        this.condition = condition;
        this.isAutoDetect = autoDetect;
        return this;
    }
}
```

（3）为 StateInfo 状态信息类添加链式调用接口，方便外部使用。

```
public class StateInfo
{
    //忽略无关逻辑

    public StateInfo SetOnEnter(StateEnter onEnter)
    {
        this.onEnter = onEnter;        return this;
    }
    public StateInfo AddOnEnter(StateEnter onEnter)
    {
        this.onEnter += onEnter;       return this;
    }
    public StateInfo SetOnUpdate(StateUpdate onUpdate)
    {
        this.onUpdate = onUpdate;      return this;
    }
    public StateInfo AddOnUpdate(StateUpdate onUpdate)
    {
        this.onUpdate += onUpdate;     return this;
    }
    public StateInfo SetOnExit(StateExit onExit)
    {
        this.onExit = onExit;          return this;
    }
    public StateInfo AddOnExit(StateExit onExit)
    {
        this.onExit += onExit;         return this;
    }
}
```

（4）创建完状态信息、过渡信息的基础字段结构后，接下来增加状态列表等基础字段以及处理过渡信息、处理状态信息等函数。

```csharp
public class Fsm
{
    //忽略无关逻辑

    List<StateInfo> mStateList;                              //状态列表
    StateInfo mCurrentState;                                 //缓存当前状态
    public int CurrentStateId => mCurrentState.id;

    //构造函数
    public Fsm()
    {
        mStateList = new(32);
    }
    //是否存在某状态
    bool HasState(int id)
    {
        var state = mStateList.Find(m => m.id == id);
        return state != null;
    }
    //添加状态
    void AddState(int id, StateEnter onEnter = null
        , StateUpdate onUpdate = null, StateExit onExit = null)
    {
        mStateList.Add(new StateInfo()
        {
            id = id,
            onEnter = onEnter,
            onUpdate = onUpdate,
            onExit = onExit
        });
    }
    //是否存在某过渡信息
    bool HasTransition(int id, int dstId)
    {
        var state = mStateList.Find(m => m.id == id);
        if (state != null)
        {
            var transition = state
                .transitionList
                .Find(m => m.dstState.id == dstId);
            return transition != null;
        }
        return false;
    }
    //添加过渡信息
    void AddTransition(int stateId, int dstStateId
                    , StateTransition condition)
    {
        var state = mStateList
                    .Find(m => m.id == stateId);
        var dstState = mStateList
                    .Find(m => m.id == dstStateId);
        state.transitionList.Add(new TransitionInfo()
        {
            condition = condition,
            selfState = state,
```

```
            dstState = dstState
        });
    }
    //获得过渡信息
    TransitionInfo GetTransition(int stateId, int dstStateId)
    {
        var stateInfo = mStateList
                        .Find(m => m.id == stateId);
        if (stateInfo == null) return null;
        return stateInfo.transitionList
            .Find(m => m.dstState.id == dstStateId);
    }
}
```

（5）借助C#的索引器功能，编写供外部操作状态、信息过渡等对应的接口。

```
public class Fsm
{
    //忽略无关逻辑

    //状态信息索引器
    public StateInfo this[int stateId]
    {
        get
        {
            //是否存在查询状态，若不存在则添加
            if (!HasState(stateId))
                AddState(stateId);
            //返回目标状态信息
            return mStateList.Find(m => m.id == stateId);
        }
    }
    //过渡信息索引器
    public TransitionInfo this[int stateId, int dstStateId]
    {
        get
        {
            //是否存在查询状态，若不存在则添加
            if (!HasState(stateId))
                AddState(stateId);
            if (!HasState(dstStateId))
                AddState(dstStateId);
            //是否存在查询过渡，若不存在则添加
            if (!HasTransition(stateId, dstStateId))
                AddTransition(stateId, dstStateId, null);
            //返回目标过渡信息
            return GetTransition(stateId, dstStateId);
        }
    }
}
```

（6）对传递逻辑进行细化，因为状态传递后会发生当前状态的切换，所以在状态机更新时需要通过递归的方式再次处理当前状态，直至本次更新不会再进行状态切换为止。我们通过增加嵌套队列的方式处理该问题，相关代码如下：

```
public class Fsm
{
    //忽略无关逻辑
```

```csharp
//过渡操作结构体
struct TransitionOperate
{
    public TransitionInfo transition;
    public object transitionArg;

    public void Deconstruct(out TransitionInfo transition
        , out object arg)
    {
        transition = this.transition;
        arg = this.transitionArg;
    }
}
//嵌套锁，避免递归未结束时出现更新操作
bool mNestedLock;
//嵌套队列，用于处理过渡请求
Queue<TransitionOperate> mNestedTransitionQueue;
//当前过渡请求
TransitionOperate? mTransitionQuest;

public Fsm()
{
    //忽略无关逻辑
    mNestedTransitionQueue = new(4);
}
//执行过渡请求
public void Transition(int dstStateId, object arg = null
    , bool immediateUpdate = true)
{
    var dstTransition = mCurrentState.transitionList
        .Find(m => m.dstState.id == dstStateId);
    if (dstTransition != null)
    {
        TransitionInternal(new TransitionOperate()
        {
            transition = dstTransition,
            transitionArg = arg
        }, immediateUpdate);
    }
}
//该函数用于处理过渡请求
void TransitionInternal(TransitionOperate operate
    , bool immediateUpdate)
{
    if (mNestedLock)
        mNestedTransitionQueue.Enqueue(operate);
    else
        mTransitionQuest = operate;
    if (immediateUpdate)
        Tick(false);
}
```

（7）我们已经实现了状态机的大部分逻辑，接下来增加剩下的状态机更新与开始等接口。

```csharp
public class Fsm
{
    //忽略无关逻辑

    //开始运行状态机
```

```csharp
public bool Start(int id)
{
    var state = mStateList.Find(m => m.id == id);
    if (state == null) return false;
    //设置初始状态
    mCurrentState = state;
    state.onEnter?.Invoke(-1, null);
    return true;
}
//更新状态机
public void Tick(bool isFrameStep)
{
    if (mNestedLock)
        throw new System.NotSupportedException("不支持进行嵌套操作！");
    mNestedLock = true;
    //检测是否存在过渡请求
    if (mTransitionQuest.HasValue)
    {
        var (transition, transitionArg) = mTransitionQuest.Value;
        //检测是否可进行状态过渡
        if (transition.condition(transitionArg))
        {
            transition.selfState
                .onExit?.Invoke(transition.dstState.id);
            transition.dstState
                .onEnter?
                .Invoke(transition.selfState.id, transitionArg);
            mCurrentState = transition.dstState;
        }
        mTransitionQuest = null;
    }
    else
    {
        var state = mCurrentState;
        //检测过渡信息列表
        var transitionList = state.transitionList;
        for (int i = 0; i < transitionList.Count; ++i)
        {
            var transition = transitionList[i];
            if (transition.isAutoDetect)
            {
                TransitionInternal(new TransitionOperate()
                {
                    transition = transition,
                    transitionArg = null
                }, false);
            }
        }
    }
    //若正常进行到游戏下一帧，则执行状态更新消息
    if (isFrameStep)
        mCurrentState.onUpdate?.Invoke();
    //处理嵌套过渡
    mNestedLock = false;
    while (mNestedTransitionQueue.TryDequeue(out var operate))
    {
```

```
            mTransitionQuest = operate;
            Tick(false);
        }
    }
}
```

至此，状态机编写完成。在接下来的章节中将演示如何使用有限状态机处理游戏角色的逻辑。

6.1.3 设计插槽挂接点

在动作游戏中不可避免地会遇到武器切换的情形，在处理一些如枪械之类的武器时需要准确获取枪口位置，或刀柄、刀身位置。对于这样的需求，在 Unreal 引擎中有插槽（Socket）功能可供使用，而在 Unity3D 中则可通过编写存储虚拟点的类 HierarchyCache.cs 来实现插槽挂接点功能。

为了后续脚本结构清晰，首先编写 IHierarchyCache 接口：

```
public interface IHierarchyCache
{
    //根据名称查找插槽
    GameObject SearchByName(string name);
}
```

接下来编写 HierarchyCache.cs 类的内容：

```
public class HierarchyCache: MonoBehaviour, IHierarchyCache
{
    //定义缓存结构
    [Serializable] public class Cache
    {
        public string name;
        public GameObject gameObject;
    }
    //插槽信息数组
    [SerializeField] Cache[] cacheArray;

    public GameObject SearchByName(string name)          //外部查找接口
    {
        for (int i = 0; i < cacheArray.Length; ++i)
        {
            var item = cacheArray[i];
            if (item.name == name)                        //遍历并比较名称
                return item.gameObject;                   //返回对应对象
        }
        return null;                                      //若未找到返回空
    }
}
```

使用 HierarchyCache 功能时，我们可以给角色挂载该组件或拓展角色基类实现 IHierarchyCache 接口，并在层级面板中配置插槽映射信息。这样即可快速拿到对应物件或虚拟点。

6.1.4 实现指令监听功能

在编写技能系统前，我们需要对输入指令进行封装。在该封装逻辑的基础上可以嵌套输入逻辑、角色状态检测逻辑等，从而配置并监听各项技能的触发条件。

首先定义基本的 ComboCmd 类，该类代表单个连续技指令，并包含单个指令的输入检测更新、重置逻辑。

```csharp
public struct ComboCmd
{
    public const sbyte COUNTDOWN_INVALID = -1;      //无效倒计时
    public const sbyte STATE_SUCCESS = 1;           //成功 ID
    public const sbyte STATE_FAILURE = -1;          //失败 ID
    public const sbyte STATE_WAIT = 0;              //等待 ID
    float mLimitTimer;
    float mHoldTimer;
    public float LimitTime { get; set; }
    public float HoldTime { get; set; }
    //检测条件(如：键鼠按下、状态监测等)
    public Func<bool> Conditional { get; set; }
    public Func<float> DeltaTime { get; set; }      //两帧时间差

    public ComboCmd Reset()                          //重置
    {
        mLimitTimer = LimitTime;
        mHoldTimer = HoldTime;
        return this;
    }
    public ComboCmd Tick(out sbyte state)            //每一次更新
    {
        state = STATE_WAIT;

        if (Conditional())                           //监测条件是否成立
        {
            if (mHoldTimer > 0)                      //是否为长按
                mHoldTimer -= DeltaTime();
            else                                     //非长按事件，命令成功执行
                state = STATE_SUCCESS;
        }
        if (state != STATE_SUCCESS &&
            mLimitTimer > COUNTDOWN_INVALID)         //更新限制时间
        {
            mLimitTimer -= DeltaTime();              //更新倒计时
            if (mLimitTimer <= 0)                    //如果超过时间则失败
            {
                state = STATE_FAILURE;
                mLimitTimer = 0;
            }
        }
        return this;
    }
}
```

接下来对单条指令进行协程封装，以便后续进行组合逻辑的判断处理。

```csharp
public sealed class WaitForComboInput : IEnumerator
{
    int mCurrentIndex;                                          //当前指令索引
    ComboCmd[] mCmds;                                           //指令数组

    public WaitForComboInput(ComboCmd[] comboCmds)              //初始化
    {
        mCmds = comboCmds;
    }
    public void Reset()
    {
        mCurrentIndex = 0;
        for (int i = 0; i < mCmds.Length; ++i)
            mCmds[i] = mCmds[i].Reset();
    }
    object IEnumerator.Current => null;                         //接口实现
    void IEnumerator.Reset() { }
    bool IEnumerator.MoveNext()                                 //更新逻辑
    {
        var result = false;
        var state = ComboCmd.STATE_FAILURE;                     //初始化状态
        mCmds[mCurrentIndex].Tick(out state);                   //更新命令
        switch (state)
        {
            case ComboCmd.STATE_FAILURE:                        //失败的情况
                mCurrentIndex = 0;
                for (int i = 0; i < mCmds.Length; ++i)
                    mCmds[i] = mCmds[i].Reset();                //失败重置
                result = true;
                break;
            case ComboCmd.STATE_SUCCESS:                        //成功的情况
                ++mCurrentIndex;
                if (mCurrentIndex == mCmds.Length)
                    result = false;                             //若为最后一个指令则协程结束
                else
                    result = true;
                break;
            case ComboCmd.STATE_WAIT:                           //继续等待
                result = true;
                break;
        }
        return result;                                          //若返回值为true则继续更新
    }
}
```

至此，完成指令监听逻辑的编写，使用时配合技能模块在协程中进行检测即可。

6.1.5 封装角色基类

为了简化角色挂载脚本的数量，我们还需要制作统一的角色基类，该基类继承自 CharacterMotor 类并实现 IHierarchyCache 接口。

```csharp
public class CharacterUnit : CharacterMotor, IHierarchyCache
{
```

```csharp
//定义缓存结构
[Serializable]
public class Cache
{
    public string name;
    public GameObject gameObject;
}
//插槽信息数组
[Header("--Character Unit--"), SerializeField]
Cache[] hierarchyCaches;

public GameObject SearchByName(string name)              //外部查找接口
{
    for (int i = 0; i < hierarchyCaches.Length; ++i)
    {
        var item = hierarchyCaches[i];
        if (item.name == name)                            //遍历并比较名称
            return item.gameObject;                       //返回对应对象
    }
    return null;                                          //若未找到则返回空
}
```

6.1.6 技能系统

本节将介绍技能系统的编写，该技能系统侧重动作游戏，提供技能中断、指令监听等操作。

在该技能系统中，不同的技能（Ability）被设计为技能模板，当角色习得该技能后调用技能模板中的 Instantiate 实例化接口进行创建，每个实例化的技能通过技能上下文（AbilityContext）获取外部信息，其大致结构如图 6.2 所示。

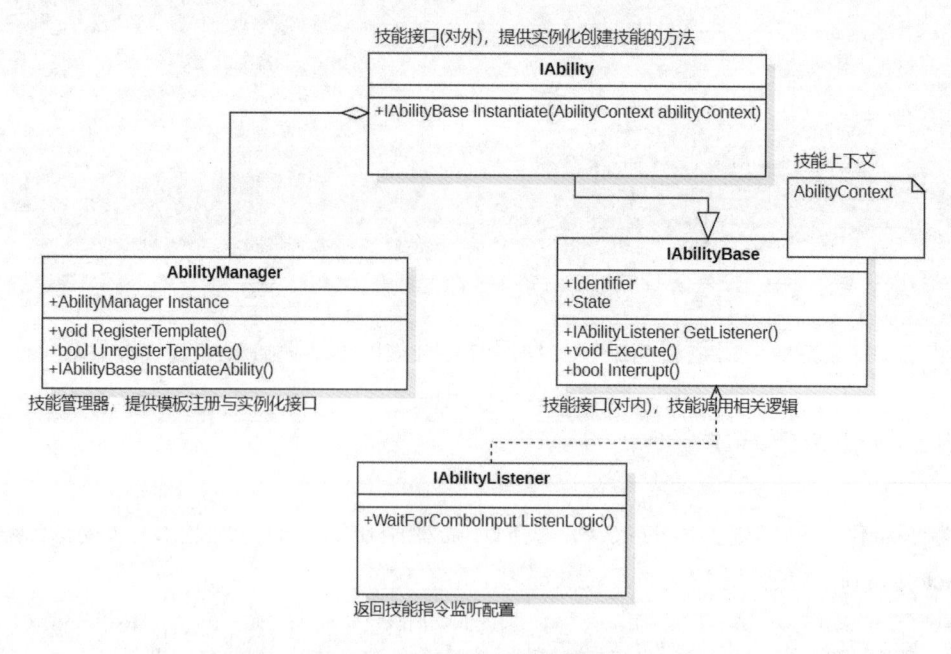

图 6.2　技能系统程序结构

1. 技能模块设计

首先是技能上下文的设计，技能类中的所有外界信息皆通过 AbilityContext 获取。

```csharp
public struct AbilityContext
{
    //动画组件
    public Animator animator;
    //战斗对象组件
    public BattleObject battleObject;
    //角色基类组件
    public CharacterUnit characterUnit;
    //标记角色的 Layer
    public LayerMask characterLayerMask;
    //标记敌人 Tag
    public string enemyTag;
    //当前结构是否有效
    public bool Valid => characterUnit;
    //协程开启对象
    public MonoBehaviour CoroutineContainer => characterUnit;
    //GameObject 对象
    public GameObject GameObject => characterUnit.gameObject;
    //Transform 对象
    public Transform Transform => characterUnit.transform;
    //插槽缓存对象
    public IHierarchyCache HierarchyCache
    {
        get
        {
            characterUnit
                .TryGetComponent(out IHierarchyCache hierarchyCache);
            return hierarchyCache;
        }
    }
}
```

接下来定义技能状态枚举、技能对外接口 IAbility、技能对内接口 IAbilityBase、技能触发指令接口 IAbilityListener，这些内容的定义可分别写在多个文件中。

```csharp
public enum EAbilityState
{
    Idle,                                                    //空闲
    Casting,                                                 //释放中
    Max                                                      //默认值
}
public interface IAbilityBase : IDisposable                  //继承释放接口
{
    int Id { get; }                                          //技能 ID
    EAbilityState State { get; }                             //技能状态

    IAbilityListener GetListener();                          //技能触发指令
    void Execute(Action onFinished);                         //执行技能
    bool Interrupt(object interruptArg, bool isForceInterrupt); //打断技能
}
public interface IAbility : IAbilityBase                     //继承对内接口
{
    //实例化当前技能
```

```
   IAbilityBase Instantiate(in AbilityContext abilityContext);
}
public interface IAbilityListener
{
   WaitForComboInput ListenLogic(AbilityContext context);
}
```

定义抽象技能基类,每个具体技能都需要继承该类。

```
public abstract class AbstractAbility<T> : IAbility
   where T : AbstractAbility<T>, new()
{
   protected AbilityContext mAbilityContext;           //技能上下文
   public abstract int Id { get; }
   public EAbilityState State { get; }                 //技能状态

   public virtual void Dispose()
   {
      if (mAbilityContext.Valid)
         OnRelease();
   }
   public abstract void Execute(Action onFinished);

   public abstract bool Interrupt(object interruptArg
      , bool isForceInterrupt);

   public virtual IAbilityBase
   Instantiate(in AbilityContext abilityContext)
   {
      AbstractAbility<T> result = new T();
      result.mAbilityContext = abilityContext;
      result.OnInitialize();
      return result;
   }
   protected virtual void OnInitialize()               //技能实例化时调用
   {
   }
   protected virtual void OnRelease()                  //技能释放时调用
   {
   }
   protected abstract IAbilityListener GetListener();
   #region IAbilityBase
   IAbilityListener IAbilityBase.GetListener()
   {
      return GetListener();
   }
   #endregion
}
```

下一步需要编写技能管理器类 AbilityManager,该类提供对技能模块各接口的统一访问与管理。

```
public class AbilityManager
{
   static AbilityManager mInstance;
   public static AbilityManager Instance =>
      mInstance ??= new AbilityManager();

   private Dictionary<int, IAbility> mAbilityTemplateDict;  //技能模板字典

   private AbilityManager()
```

```csharp
        mAbilityTemplateDict = new(32);
    }
    //模板注册
    public void RegisterTemplate(IAbility ability)
    {
        mAbilityTemplateDict.Add(ability.Id, ability);
    }
    //模板反注册
    public bool UnregisterTemplate(int abilityId)
    {
        return mAbilityTemplateDict.Remove(abilityId);
    }
    //技能实例化
    public IAbilityBase InstantiateAbility(AbilityContext context
    , int id)
    {
        return mAbilityTemplateDict[id].Instantiate(context);
    }
}
```

2. 具体技能编写

设计好技能模块后,开始编写测试技能 PlayerTestAbility,代码如下:

```csharp
public class PlayerTestAbility : AbstractAbility<PlayerTestAbility>
{
    //测试技能 ID,以 1001 代替
    public override int Id => 1001;

    protected override void OnInitialize()
    {
        base.OnInitialize();
        //初始化操作
    }
    //技能执行逻辑
    public override void Execute(Action onFinished)
    {
        mAbilityContext.animator.SetTrigger("Fire");
        onFinished();
    }
    //打断逻辑
    public override bool Interrupt(object interruptArg
    , bool isForceInterrupt)
    {
        return true;                              //该技能可被打断
    }
    protected override IAbilityListener GetListener()
    {
        return new PlayerTestAbilityListener();
    }
}
```

继续编写测试技能所需要的技能指令类 PlayerTestAbilityListener,该类实现接口 IAbilityListener,代码如下:

```csharp
public class PlayerTestAbilityListener : IAbilityListener
{
    //配置触发指令与条件
```

```csharp
public WaitForComboInput ListenLogic(AbilityContext context)
{
    WaitForComboInput waitForComboInput = new WaitForComboInput(new[]
    {
        new ComboCommand()
        {
            Conditional = () => context.characterUnit.IsOnGround,
            DeltaTime = ()=> Time.deltaTime,
        },
        new ComboCommand()
        {
            Conditional = () => Input.GetButton("Fire1"),
            DeltaTime = ()=> Time.deltaTime,
            LimitTime = 0.2f
        },
    });
    return waitForComboInput;
}
```

至此，基本完成技能系统的编写，读者也可以根据不同项目类型对该技能进行扩展。在后面的内容中将演示该技能如何与玩家模块结合使用。

6.1.7　编写主角类基础结构

在正式开始主角逻辑编写之前，我们先编写主角类的基础结构，以便后续具体内容的开发。此处使用部分类的方式组织类中的各项功能，如图6.3所示。

图6.3　主角类功能拆分示意

注意：编写主角类时将会用到4.2节的相关脚本，请读者提前准备好这些代码。

（1）编写主角类文件PlayerController.cs，该类为部分类且继承自CharacterUnit。

```csharp
public partial class PlayerController : CharacterUnit
{
    public const int STATE_IDLE = 0;            //空闲状态
    public const int STATE_MOVE = 1;            //移动状态
    public const int STATE_FREEZE = 2;          //冻结状态
    public const int STATE_ABILITY = 3;         //技能状态
    public const int STATE_JUMP = 4;            //跳跃状态
    public const int STATE_HURT = 5;            //受击状态
    public const int STATE_DIED = 6;            //死亡状态
    public const int STATE_INTERACTION = 7;     //场景交互状态
    public const int STATE_MAX = 8;             //默认状态
```

```
    Fsm mFsm;                                      //内部状态机
    AttachTagsSmbMediator mTagsMediator;           //Tags 功能字段

    protected override void Awake()
    {
        base.Awake();
        mFsm = new();
        CommonInit();                              //调用初始化函数
        mFsm.Start(STATE_IDLE);                    //启动状态机(该接口需置于最后执行)
    }
    protected virtual void OnDestroy()
    {
        CommonRelease();                           //调用释放函数
    }
    protected override void Update()
    {
        base.Update();
        mFsm.Tick(true);                           //更新状态机
    }
    void CommonInit()                              //定义初始化函数
    {
        AttachTagsSmbMediator
          .GetOrCreateMediator(gameObject, ref mTagsMediator);
    }
    void CommonRelease()                           //定义释放函数
    {
    }
}
```

（2）编写其余类的基础代码结构，每一个类都应当是单独的脚本文件。

```
//PlayerControllerMove.cs 移动部分类基础代码结构
public partial class PlayerController
{
    void MovePartialInit(){}                       //初始化移动部分类
    void MovePartialRelease(){}                    //释放移动部分类
}
//PlayerControllerJump.cs 跳跃部分类基础代码结构
public partial class PlayerController
{
    void JumpPartialInit() { }                     //初始化跳跃部分类
    void JumpPartialRelease() { }                  //释放跳跃部分类
}
//PlayerControllerBattle.cs 战斗类基础代码结构
public partial class PlayerController
{
    public BattleObject battleObject;              //战斗对象引用

    void BattlePartialInit() { }                   //初始化战斗部分类
    void BattlePartialRelease() { }                //释放战斗部分类
}
//PlayerControllerAbility.cs 技能类基础代码结构
public partial class PlayerController
{
    void AbilityPartialInit() { }                  //初始化技能部分类
    void AbilityPartialRelease() { }               //初始化技能部分类
}
```

（3）将部分类中的函数在主类中整合。

```
public partial class PlayerController : CharacterUnit
{
    //忽略无关逻辑
    protected override void Awake()
    {
        //忽略无关逻辑
        MovePartialInit();
        JumpPartialInit();
        AbilityPartialInit();
        BattlePartialInit();
    }
    protected virtual void OnDestroy()
    {
        //忽略无关逻辑
        MovePartialRelease();
        JumpPartialRelease();
        AbilityPartialRelease();
        BattlePartialRelease();
    }
}
```

这样就完成了主角类的基础结构编写，在这套基础结构中，每一个部分类都通过 FSM 进行主要逻辑的组织。后续小节中将会继续完善每个部分类的功能细节。

6.2 基础要素

本节我们将结合前面实现的基础功能，进一步实现动作游戏中的移动、跳跃、攻击、受击、翻滚、格挡等常见功能。在进行讲解之前，先来看一些具有代表性的作品是怎样处理的。

6.2.1 同类游戏的对比

下面列举了动作游戏中的几个基础功能，并对它们的处理方式进行总结。

- 移动：既需要支持手柄的摇杆控制，又需要支持键盘或十字键的 8 方向移动。需要注意，当角色在悬崖或平台边缘上时，多数游戏都有保护措施，让角色不会因超出边缘的移动而跌落，该细节可通过程序编写或增加障碍碰撞来实现。
- 跳跃：在一些欧美动作游戏如《但丁地狱》《战神》中，跳跃处理普遍手感较重，表现为落地后会附带小幅震屏效果。与之相反，在《猎天使魔女》《尼尔》等类游戏中，跳跃处理则比较飘逸，甚至在空中推摇杆都可横向移动一些距离。而对二段跳这种几乎必备的特性，也有像《忍者龙剑传Σ》这样保留常规跳跃但大幅度增加方向跳跃距离的处理。对于跳跃部分，一般将跳跃高度设为 1.5 个身位，将跳跃长度设为 3~4 个身长。
- 攻击：受不同武器的影响，攻击速度或快或慢，攻击距离也可近可远。但对于主武器的攻击频率，玩家的接受区间一般在 0.3～0.7 秒。无论持轻型还是重型武器攻击，都要将其纳入考虑范围内再进行设计。在攻击中会有方向矫正的处理，这一点在《DMC 鬼泣》中尤为明显。一般矫正幅度设计为 45°左右，矫正功通灵会自动将角色调整至面向当前攻击敌人的方向。
- 受击：受击处理可分为空中受击或地面受击，一般角色在受击后会强制面向被受击的方向。对于主角在空中受击的处理，可播放角色被击落的动画并在落下后摆 Pose 起身；也有较粗糙的做法，即直接播放角色战立状态的受击下落动画。此外，主角受击时还应增加 1 帧左右的无敌时间，防止同时被若干敌人围攻时因受击硬直导致无法反击的情况发生。
- 翻滚：在一些游戏中表现为闪避与跳跃躲避，通常该类操作会伴随几帧无敌帧处理，即玩家在刚触发该类技能躲避时一定不会被击中。
- 格挡：常作为战斗中被攻击时出现的反弹的方式，而在 Boss 战中则作为一种打法策略被使用，如在游戏《只狼》中基于格挡机制设计的架势槽系统。

6.2.2 逻辑编写前的准备工作

在开始主角代码逻辑的编写之前，读者可以去资源商店下载官方的 Standard Assets（标准资源包），如图 6.4 所示。后面会用这个资源包中的 Ethan 角色进行测试逻辑的编写。

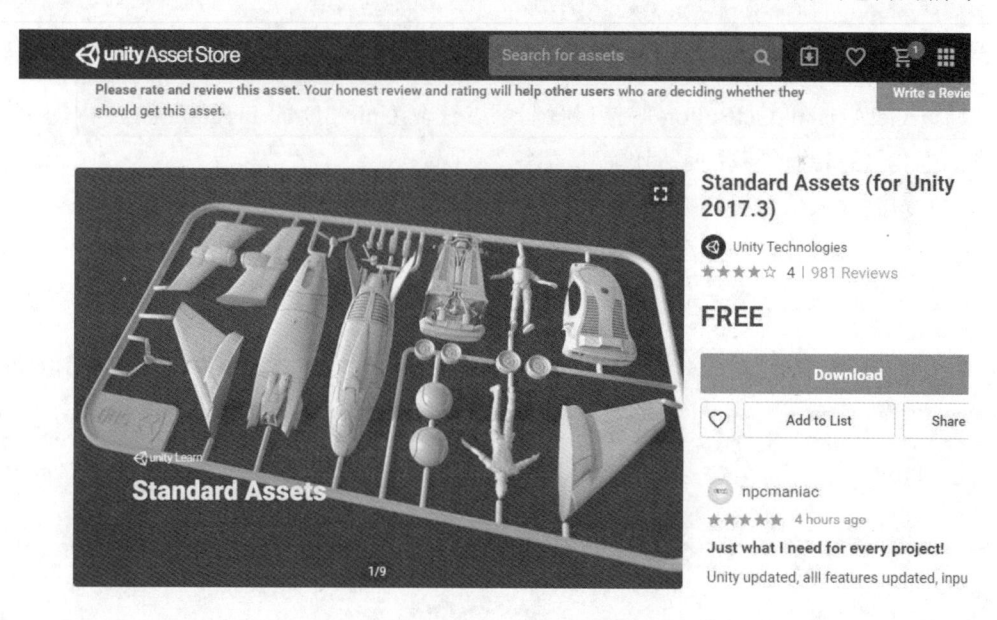

图 6.4　去资源商店下载标准资源包

若无法访问资源商店，也可通过 Unity3D 官网的安装包进行安装，在安装时勾选 Standard Assets 选项即可。

此外，还需要配置一份主角的预制体对象，该资源对象需要挂载 CharacterController、BattleObject 和 PlayerController 组件，以便在编写过程中及时调试。

6.2.3 移动逻辑的编写

本节开始编写移动逻辑，因为角色控制器可以立即返回场景碰撞信息，我们使用角色控制器自带的接口进行墙壁等障碍的碰撞测试。而对于斜坡等地形则获取到地面法线进行一次修正，保证移动的平滑性。角色移动的步骤如图 6.5 所示。

（1）回到部分类 PlayerControllerMove.cs 中进行角色移动逻辑的编写，首先封装输入函数以便将原始输入信息返回为向量，这里以 Unity3D 自带的 InputManager 为例，获取脚本如下：

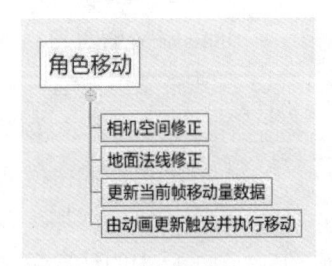

图 6.5　角色移动的步骤

```
//PlayerControllerMove.cs 移动部分类
public partial class PlayerController
{
    //省略部分逻辑

    //返回输入向量
    Vector3 GetInputVector()
    {
        var horizontal = Input.GetAxis("Horizontal");   //横向轴的值
        var vertical = Input.GetAxis("Vertical");       //纵向轴的值
        return new Vector3(horizontal, 0f, vertical);   //输入向量
    }
}
```

通过 GetAxis 和 GetButton 等接口我们可以获取 Unity3D 的 InputManager 中配置好的信息，这类信息带有简单的手柄键盘适配等。

（2）得到输入信息并转换为向量后，我们需要映射到当前相机的朝向上，这样移动方向才会与当前屏幕方向相匹配。相机朝向映射的脚本如下：

```
//PlayerControllerMove.cs 移动部分类
public partial class PlayerController
{
    //省略部分逻辑

    //转换相机方向
    Vector3 CameraDirectionProcess(Vector3 inputDir, Vector3 upAxis)
    {
        var mainCamera = Camera.main;                   //获取主相机,具体使用请缓存该值
        var quat = Quaternion.FromToRotation(mainCamera.transform.up
                  , upAxis);                            //不同重力的 up 轴修正
        //转换 forward 方向
        var cameraForwardDir = quat * mainCamera.transform.forward;
        var moveDir = Quaternion.LookRotation(cameraForwardDir
                  , upAxis) * inputDir.normalized;      //转换输入向量方向
        return moveDir;
    }
}
```

（3）这一步是地面的处理，根据地面法线方向来修正移动位置。假设角色在斜面上移

动,那么移动方向会被重新投影在斜面上。

```csharp
//PlayerControllerMove.cs 移动部分类
public partial class PlayerController
{
    //省略部分逻辑

    //地面法线方向修正
    void GroundProcess(ref Vector3 moveDir, Vector3 upAxis)
    {
        var groundNormal = GroundCastHit.normal;
        var upQuat = Quaternion.FromToRotation(upAxis, groundNormal);
        moveDir = upQuat * moveDir;                          //根据地面法线修正移动位置
    }
}
```

(4) 这一步是旋转逻辑的处理,在进行移动的同时也要设置角色的旋转方向。

```csharp
//PlayerControllerMove.cs 移动部分类
public partial class PlayerController
{
    //省略部分逻辑
    public float rotSpeed = 17f;                             //旋转速度

    //旋转逻辑处理
    void RotateProcess(Vector3 moveDir, Vector3 upAxis)
    {
        //投影到 up 平面上
        moveDir = Vector3.ProjectOnPlane(moveDir, upAxis);
        var playerLookAtQuat = Quaternion.LookRotation(moveDir
            , upAxis);                                       //得到移动方向代表的旋转四元数
        transform.rotation = Quaternion.Lerp(transform.rotation
            , playerLookAtQuat, rotSpeed * Time.deltaTime);  //更新插值
    }
}
```

(5) 将上述逻辑整合至函数 MoveLogicUpdate 中,并增加移动速度变量 speed,在这个函数中进行移动逻辑的统一处理。

```csharp
//PlayerControllerMove.cs 移动部分类
public partial class PlayerController
{
    //省略部分逻辑
    public float speed = 17f;                                //移动速度

    void MoveLogicUpdate(Vector3 inputDir)
    {
        var upAxis = Vector3.up;                             //up 轴向
        var moveDir = CameraDirectionProcess(inputDir, upAxis);
        //相机输入方向修正
        GroundProcess(ref moveDir, upAxis);
        AddMovementForce(moveDir * speed);
        RotateProcess(moveDir, upAxis);                      //更新旋转
        animator.SetBool("IsMove", true);                    //更新 Animator 变量
    }
}
```

下面开始将移动逻辑与状态机的整合操作,当有移动量时进入状态机的移动状态,编写函数 CanStayInMoveState 进行判断。

```csharp
bool CanStayInMoveState(Vector3 inputVector)
{
    const float MOVE_EPS = 0.3f;
    return inputVector.magnitude > MOVE_EPS;
    //检查移动量是否大于阈值
}
```

最后进行状态机剩余逻辑的整合,整合内容并写在已有函数 MovePartialInit 中,代码如下:

```csharp
void MovePartialInit()
{
    mFsm[STATE_IDLE, STATE_MOVE]
        .SetTransition((arg) =>
        {
            return CanStayInMoveState(GetInputVector());
        }, true);                                   //处理空闲到移动状态的跳转
    mFsm[STATE_MOVE, STATE_IDLE]
        .SetTransition((arg) =>
        {
            return !CanStayInMoveState(GetInputVector());
        }, true);                                   //处理移动到空闲状态的跳转

    mFsm[STATE_MOVE]
        .AddOnEnter((lastState, arg) =>
        {
            animator.SetBool("IsMove", true);
            animator.Update(0f);
        })                                          //当角色进入移动状态时,通知 Animator
        .AddOnUpdate(() =>
        {
            MoveLogicUpdate(GetInputVector());      //更新移动逻辑
        })
        .AddOnExit((newState) =>
        {
            animator.SetBool("IsMove", false);      //处理移动状态退出的动画
        });
}
```

将 MovePartialInit 函数置于主类的 CommonInit 函数中调用,配置 Animator 动画状态机增加 Bool 变量 IsMove,设置移动与待机动画状态的过渡即可。至此,完成主角移动逻辑的编写。

6.2.4　跳跃逻辑的编写

对于跳跃,需要处理向前跳跃与直接跳跃两种情况,同样也需要地面的检测信息,所以这里的代码示例一部分摘自移动逻辑的代码。实际上,跳跃的实现方式非常多,也可通过根运动来实现,还可以参阅 GDC Vault 网站上的一些相关文章,这里的实现只作为参考。

首先将 GetInputVector()方法移动至 PlayerController 主类中,因为该方法会被不同功能使用。

(1) 回到脚本文件 PlayerControllerJump.cs,继续在跳跃部分类中编写过渡逻辑相关的函数、定义相关变量、编写状态机逻辑,代码如下:

```csharp
//PlayerControllerJump.cs 跳跃部分类
public float jumpForce = 10f;                //跳跃速度

void JumpPartialInit()
{
    mFsm[STATE_IDLE,STATE_JUMP]              //由空闲状态过渡到跳跃状态(自动过渡)
        .SetTransition(JumpTransitionCheck, true);
    mFsm[STATE_MOVE,STATE_JUMP]              //由移动状态过渡到跳跃状态(自动过渡)
        .SetTransition(JumpTransitionCheck, true);
    mFsm[STATE_JUMP,STATE_IDLE]              //由跳跃状态过渡到空闲状态(自动过渡)
        .SetTransition((arg) => !Input.GetButton("Jump") && IsOnGround,
    true);
    //处理跳跃状态的进入与退出逻辑
    mFsm[STATE_JUMP]
        .AddOnEnter((lastState, arg) =>
        {
        })
        .AddOnExit((newState) =>
        {
        });
}
//跳跃过渡检测函数
bool JumpTransitionCheck(object arg)
{
    return IsOnGround && Input.GetButton("Jump");
    //当前在地面上且按下跳键
}
```

（2）在JumpPartialInit函数中编写跳跃状态的进入和退出的具体逻辑。

```csharp
//处理跳跃状态的进入与退出逻辑
mFsm[STATE_JUMP]
.AddOnEnter((lastState, arg) =>
{
    animator.SetTrigger("Jump");
    animator.Update(0f);
    //跳跃状态保护
    AirborneProtect();
    SetVerticalForce(jumpForce);             //处理纵向力
});
mFsm[STATE_JUMP]
.AddOnUpdate(() =>
{
})
.AddOnExit((newState) =>
{
    //通知Animator播放落地动画
    animator.SetTrigger("JumpLand");
});
```

（3）增加横向跳跃逻辑的编写。

```csharp
//省略部分逻辑
public float jumpMoveForce = 7f;             //横向力大小值
Vector3 mCacheJumpMove;

void JumpPartialInit()
{
    //省略部分逻辑
    mFsm[STATE_JUMP]
```

```csharp
        .AddOnEnter((lastState, arg) =>
        {
            //省略部分逻辑
            var upAxis = Vector3.up;                            //up 轴向
            var moveDir = CameraDirectionProcess(GetInputVector(), upAxis);
            mCacheJumpMove = moveDir * jumpMoveForce;           //配置横向力
        });
    mFsm[STATE_JUMP]
        .AddOnUpdate(() =>
        {
            AddMovementForce(mCacheJumpMove);                   //每帧更新时添加横向力
        });
}
```

最后，将 JumpPartialInit 函数置于主类的 CommonInit 函数中调用，配置 Animator 动画状态机，增加移动和待机状态至跳跃动画状态的过渡以及跳跃回待机状态的过渡。至此，跳跃部分的逻辑编写完成。

6.2.5 多段跳跃逻辑的编写

多段跳跃指动作游戏中常见的二段跳和多段跳等。因为多段跳实现逻辑较复杂，若读者不需要用到该功能可跳过本节，使用基础的跳跃逻辑即可。

（1）编写多段跳跃的逻辑。首先回到脚本文件 PlayerControllerJump.cs 中并清空之前编写的代码逻辑，在多段跳跃逻辑中通过创建子状态机的方式处理跳跃与空中多次跳跃间的逻辑切换，代码如下：

```csharp
//PlayerControllerJump.cs 跳跃部分类
public partial class PlayerController
{
    const int SUB_STATE_JUMP_NONE = 0;              //空状态，便于子状态机循环使用
    const int SUB_STATE_JUMP_ENTER = 1;             //进入跳跃子状态
    const int SUB_STATE_JUMP_STAY = 2;              //跳跃逗留子状态
    const int SUB_STATE_JUMP_MIDAIR_ENTER = 3;      //多段跳跃进入子状态
    const int SUB_STATE_JUMP_MIDAIR_STAY = 4;       //多段跳跃逗留子状态
    const int SUB_STATE_JUMP_FALLEN = 5;            //跳跃落地子状态
    const int SUB_STATE_JUMP_EXIT = 6;              //跳跃退出子状态

    public float jumpForce = 17f;                   //跳跃速度
    public float jumpMoveForce = 0.3f;              //跳跃中按下方向键的移动速度
    public int jumpCount = 3;                       //跳跃最大段数

    Fsm mJumpSubFsm;                                //子状态机对象
    Vector3 mCacheJumpMove;                         //缓存跳跃移动方向
    int mJumpConsume;                               //多段跳跃计数器

    //跳跃子状态配置函数
    void JumpSubFsmInit(Fsm jumpSubFsm)
    {
    }
    //跳跃部分类配置函数
    void JumpPartialInit()
    {
```

```csharp
}
//是否进入跳跃状态检测函数
bool JumpEnterCheck(object arg)
{
    return IsOnGround && Input.GetButton("Jump");
    //当前在地面上且按下跳跃键
}
//通过 Animator 多标签功能脚本检查当前是否存在某标签
bool CheckAnimTag(string tag)
{
    var result = false;
    var currentStateInfo = animator.GetCurrentAnimatorStateInfo(0);
    if (mTagsMediator.Valid(currentStateInfo.fullPathHash)
        && mTagsMediator.ContainTag(tag))
    {
        result = true;
    }
    return result;
}
```

（2）处理 JumpPartialInit 函数的细节，该函数负责控制玩家控制器中其他状态跳转至跳跃状态的逻辑。

```csharp
void JumpPartialInit()
{
    mJumpSubFsm = new Fsm();
    JumpSubFsmInit(mJumpSubFsm);                    //调用子状态机配置函数
    mJumpSubFsm.Start(SUB_STATE_JUMP_NONE);
    //配置其他状态至跳跃状态的切换
    mFsm[STATE_IDLE, STATE_JUMP]
        .SetTransition(JumpEnterCheck, true);
    mFsm[STATE_MOVE, STATE_JUMP]
        .SetTransition(JumpEnterCheck, true);
    //检测子状态机是否处于跳跃退出状态，从而处理跳跃状态恢复的状态机跳转
    mFsm[STATE_JUMP, STATE_IDLE]
        .SetTransition(arg =>
        {
            return mJumpSubFsm.CurrentStateId == SUB_STATE_JUMP_EXIT;
        }, true);
    mFsm[STATE_JUMP]
    .AddOnEnter((lastState, arg) =>
    {
        //当进入跳跃状态时,通知子状态机激活
        mJumpSubFsm.Transition(SUB_STATE_JUMP_ENTER);
    })
    .AddOnUpdate(() =>
    {
        //更新子状态机
        mJumpSubFsm.Tick(true);
    })
    .AddOnExit((newState) =>
    {
        //当跳跃状态退出后,通知子状态机重置
        mJumpSubFsm.Transition(SUB_STATE_JUMP_NONE);
    });
}
```

（3）处理 JumpSubFsmInit 跳跃子状态机初始化函数，该函数包含跳跃各阶段的转换，相较常规跳跃逻辑会稍微复杂一些。

```
void JumpSubFsmInit(Fsm jumpSubFsm)
{
    //配置空状态至进入跳跃状态的转换
    jumpSubFsm[SUB_STATE_JUMP_NONE, SUB_STATE_JUMP_ENTER]
        .SetTransition(arg => true);
    //跳跃进入状态逻辑
    jumpSubFsm[SUB_STATE_JUMP_ENTER]
        .AddOnEnter((lastState, arg) =>
        {
            //触发状态机跳跃动画
            animator.SetTrigger("Jump");
            animator.Update(0f);
            //跳跃状态保护
            AirborneProtect();
            //处理纵向力
            SetVerticalForce(jumpForce);
            var upAxis = Vector3.up;                              //up 轴向
            var moveDir = CameraDirectionProcess(GetInputVector(), upAxis);
            mCacheJumpMove = moveDir * jumpMoveForce;    //配置横向力

            mJumpConsume = 1;                     //设置当前跳跃段数为1
        });
    //进入跳跃状态至跳跃逗留状态过渡的检查逻辑
    jumpSubFsm[SUB_STATE_JUMP_ENTER, SUB_STATE_JUMP_STAY]
        .SetTransition(arg => CheckAnimTag("JumpStay"), true);
    //跳跃逗留状态逻辑
    jumpSubFsm[SUB_STATE_JUMP_STAY]
        .AddOnUpdate(() =>
        {
            AddMovementForce(mCacheJumpMove);
        });
    //跳跃逗留状态至空中再次跳跃状态的检查逻辑
    jumpSubFsm[SUB_STATE_JUMP_STAY, SUB_STATE_JUMP_MIDAIR_ENTER]
        .SetTransition(arg =>
        {
            //若跳跃段数未达到最大值且按下跳跃按键则返回True
            return mJumpConsume < jumpCount && Input.GetButton("Jump");
        }, true);
    //进入空中再次跳跃状态的动画逻辑
    jumpSubFsm[SUB_STATE_JUMP_MIDAIR_ENTER]
        .AddOnEnter((lastState, arg) =>
        {
            //处理纵向力
            SetVerticalForce(jumpForce);
            var upAxis = Vector3.up;                              //up 轴向
            var moveDir = CameraDirectionProcess(GetInputVector(), upAxis);
            mCacheJumpMove = moveDir * jumpMoveForce;    //配置横向力
            ++mJumpConsume;                               //增加跳跃段数
            //角色在空中再次跳跃的动画逻辑
            animator.SetTrigger("JumpMidair");
            animator.Update(0f);
        });
```

```
//空中再次跳跃状态至空中跳跃逗留状态切换逻辑
jumpSubFsm[SUB_STATE_JUMP_MIDAIR_ENTER, SUB_STATE_JUMP_MIDAIR_STAY]
    .SetTransition(arg => CheckAnimTag("JumpMidair"), true);
//空中跳跃逗留状态至跳跃逗留状态切换逻辑
jumpSubFsm[SUB_STATE_JUMP_MIDAIR_STAY, SUB_STATE_JUMP_STAY]
    .SetTransition(arg => CheckAnimTag("JumpStay"), true);
//跳跃逗留状态至跳跃落地状态切换逻辑
jumpSubFsm[SUB_STATE_JUMP_STAY, SUB_STATE_JUMP_FALLEN]
    .SetTransition(arg => IsOnGround, true);
//跳跃落地状态逻辑
jumpSubFsm[SUB_STATE_JUMP_FALLEN]
    .AddOnEnter((lastState, arg) =>
    {
        animator.SetTrigger("JumpLand");
    });
//跳跃落地状态至跳跃退出状态切换逻辑
jumpSubFsm[SUB_STATE_JUMP_FALLEN, SUB_STATE_JUMP_EXIT]
    .SetTransition(arg => CheckAnimTag("StandBy"), true);
//跳跃退出状态至空状态切换逻辑
jumpSubFsm[SUB_STATE_JUMP_EXIT, SUB_STATE_JUMP_NONE]
    .SetTransition(arg => true);
}
```

（4）在动画状态机中配置跳跃各动画状态的跳转逻辑，可将跳跃拆成起跳、逗留、空中再次跳跃、下落 4 个状态进行处理，如图 6.6 所示。

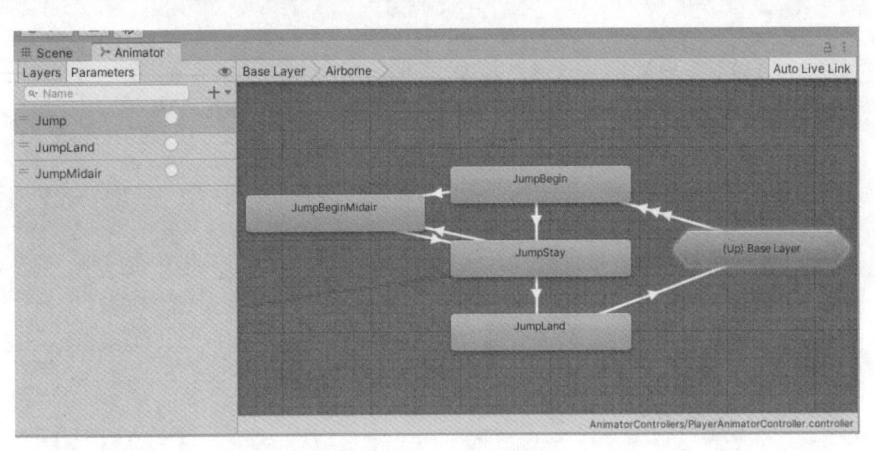

图 6.6　跳跃状态机的配置

至此，多段跳跃功能编写完成。

6.2.6　攻击逻辑的编写

在前面的章节中我们讲解了监听输入帧与混合帧、指令监听功能、技能系统的实现，本节将结合这些功能并将角色攻击行为定义为一种技能，进行角色攻击逻辑的具体讲解。

> 注意：当编写主角攻击逻辑时，请仔细对照 6.1.7 节的内容，并检查相关的变量是否都已创建，否则将导致代码无法通过编译。

1. 技能部分的逻辑实现

(1) 编写 AbilityConstant 常量类储存玩家的技能常量。

```
public static class AbilityConstant
{
    //玩家普通攻击技能常量
    public const int PLAYER_NORM_ATK = 1001;
}
```

(2) 回到脚本文件 PlayerControllerAbility.cs，细化玩家技能部分类，实例化对应技能，创建和初始化所需的字段。

```
//PlayerControllerAbility.cs 技能部分类
public partial class PlayerController
{
    //忽略无关逻辑

    public LayerMask characterLayerMask;        //LayerMask 过滤信息
    public string enemyTag;                      //敌人标签
    IAbilityBase mCurrentAbility;                //当前技能
    List<IAbilityBase> mAbilityList;             //技能列表
    List<Coroutine> mAbilityListenerList;        //技能监听列表
    AbilityContext mAbilityContext;              //技能上下文
    void AbilityPartialInit()
    {
        mAbilityList = new(32);
        mAbilityListenerList = new(32);
        //传递技能所需的上下文信息
        mAbilityContext = new()
        {
            animator = animator,
            battleObject = battleObject,
            characterUnit = this,
            characterLayerMask = characterLayerMask,
            enemyTag = enemyTag
        };
        //创建并储存技能实例
        var normAtkAbility = AbilityManager.Instance
            .InstantiateAbility(mAbilityContext,
                AbilityConstant.PLAYER_NORM_ATK);
        mAbilityList.Add(normAtkAbility);
    }
}
```

(3) 编写状态机传递逻辑与技能监听逻辑，技能监听部分通过函数 AbilityListen 和开启协程循环监听来实现。

```
//PlayerControllerAbility.cs 技能部分类
void AbilityPartialInit()
{
    //忽略无关逻辑
    for (int i = 0; i < mAbilityList.Count; ++i)
    {
        var ability = mAbilityList[i];
        mAbilityListenerList
          .Add(StartCoroutine(AbilityListen(ability, mAbilityContext)));
    }
```

```
        //由空闲状态过渡到技能状态(手动过渡)
        mFsm[STATE_IDLE, STATE_ABILITY]
            .SetTransition(TriggerAbilityTransition);
        //由移动状态过渡到技能状态(手动过渡)
        mFsm[STATE_MOVE, STATE_ABILITY]
            .SetTransition(TriggerAbilityTransition);
        //由技能状态过渡到空闲状态(手动过渡)
        mFsm[STATE_ABILITY, STATE_IDLE]
            .SetTransition((arg) => true);
        //处理技能状态的进入和退出逻辑
        mFsm[STATE_ABILITY]
            .AddOnEnter((lastState, arg) =>
            {
                mCurrentAbility.Execute(() =>
                {
                    mCurrentAbility = null;
                    //将当前状态跳转至空闲状态
                    mFsm.Transition(STATE_IDLE, null, false);
                });
            });
}
//监听技能
IEnumerator AbilityListen(IAbilityBase ability, AbilityContext context)
{
    var abilityListener = ability.GetListener();
    while (true)
    {
        //获得技能监听指令
        var waitForComboInput = abilityListener.ListenLogic(context);
        waitForComboInput.Reset();
        yield return waitForComboInput;
        //技能监听成功，触发技能状态过渡
        mFsm.Transition(STATE_ABILITY, ability.Id);
        yield return null;
    }
}
```

（4）编写技能状态过渡逻辑 TriggerAbilityTransition 的具体实现。

```
//PlayerControllerAbility.cs 技能部分类
bool TriggerAbilityTransition(object arg)
{
    var result = false;
    if (arg == null) return result;
    //传入需要触发的技能 ID
    var abilityId = (int)arg;
    //在技能列表中检索对应 ID 的技能
    IAbilityBase dstAbility = null;
    for (int i = 0, iMax = mAbilityList.Count; i < iMax; ++i)
    {
        var item = mAbilityList[i];
        if (item.Id == abilityId)
        {
            dstAbility = item;
            break;
        }
    }
    //若对应 ID 的技能存在则进入逻辑
    if (dstAbility != null)
    {
```

```csharp
        //若当前技能未结束，则尝试执行打断逻辑
        if (mCurrentAbility != null)
        {
            if (InterruptCurrentAbility(null, false))
            {
                //打断成功，替换新技能
                mCurrentAbility = dstAbility;
                result = true;
            }
        }
        else
        {
            //当前没有释放技能，直接替换新技能
            mCurrentAbility = dstAbility;
            result = true;
        }
    }
    return result;
}
//打断当前技能
bool InterruptCurrentAbility(object interruptArg
        , bool isForceInterrupt = false)
{
    var isInterrupt = mCurrentAbility
            .Interrupt(interruptArg, isForceInterrupt);
    if (isInterrupt)
    {
        mCurrentAbility = null;
    }
    else
    {
        //若为强制中断技能，则抛出异常
        if (isForceInterrupt)
            throw new NotSupportedException("强制中断技能必须允许中断！");
    }
    return isInterrupt;
}
```

2．攻击逻辑实现

（1）基于技能系统编写普通攻击技能。创建技能类文件 PlayerNormAtkAbility.cs 并编写逻辑代码如下：

```csharp
//技能类 PlayerNormAtkAbility.cs
public class PlayerNormAtkAbility
        : AbstractAbility<PlayerNormAtkAbility>
{
    const float ENEMY_FIX_RADIUS = 1f;           //攻击矫正半径
    const float DOT_LIMIT = 0.7f;                //攻击矫正扇形区域
    Collider[] mCacheColliderArray;              //用于投射的缓存数组

    public override int Id => AbilityConstant.PLAYER_NORM_ATK;
    //重写初始化函数
    protected override void OnInitialize()
    {
        base.OnInitialize();
        mCacheColliderArray = new Collider[32];
    }
```

```csharp
//重写执行技能函数
public override void Execute(Action onFinished)
{
    mAbilityContext.CoroutineContainer
        .StartCoroutine(ExecuteCoroutine(mAbilityContext
            , onFinished));
}
//重写打断技能函数
public override bool Interrupt(object interruptArg
    , bool isForceInterrupt)
{
    return true;
}
//重写获取技能监听函数
protected override IAbilityListener GetListener()
{
    return new PlayerNormAtkListener();
}
//执行攻击协程
IEnumerator ExecuteCoroutine(AbilityContext abilityContext
    , Action onFinished)
{
    
}
}
```

（2）编写技能监听类 PlayerNormAtkListener，该类实例为技能监听函数 GetListener 的返回值。

```csharp
//技能监听类可直接编写在 PlayerNormAtkAbility.cs 文件中
public class PlayerNormAtkListener : IAbilityListener
{
    //技能监听逻辑
    public WaitForComboInput ListenLogic(AbilityContext context)
    {
        //配置监听输入信息
        var waitForComboInput = new WaitForComboInput(new[]
        {
            new ComboCmd()
            {
                Conditional = () => Input.GetButton("Fire2"),
                DeltaTime = ()=> Time.deltaTime,
                HoldTime = -1,
                LimitTime = 0.2f
            },
        });

        return waitForComboInput;
    }
}
```

（3）回到玩家技能类 PlayerNormAtkAbility，编写攻击方向矫正函数 GetClosestEnemy，该函数可以在角色指定半径和角度的扇形区域内选取最近的敌人并自动面朝敌人，以便辅助玩家攻击。

```csharp
//技能类 PlayerNormAtkAbility.cs
Transform GetClosestEnemy(Transform playerTransform, float radius
    , float dotLimit, LayerMask characterLayerMask, string enemyTag)
{
    var playerPos = playerTransform.position;
```

```csharp
        var count = Physics.OverlapSphereNonAlloc(playerPos
            , radius
            , mCacheColliderArray
            , characterLayerMask);                    //返回半径范围内的碰撞器
        var maxDotValue = 1f;
        var maxDotTransform = default(Transform);
        for (int i = 0; i < count; ++i)               //变量所覆盖的碰撞器
        {
            var collider = mCacheColliderArray[i];

            if (collider.transform == playerTransform) continue;  //跳过自身
            if (!collider.CompareTag(enemyTag)) continue;         //确保标签一致

            var colliderPos = collider.transform.position;
            var dot = Vector3.Dot((colliderPos - playerPos).normalized
                    , playerTransform.forward);

            if (dot > dotLimit && dot > maxDotValue)  //取最大点乘结果的敌人
            {
                maxDotValue = dot;
                maxDotTransform = collider.transform;
            }
        }
        return maxDotTransform;                       //返回最接近的敌人
    }
```

GetClosestEnemy 函数中，第二个参数为半径，第三个参数为点乘约束值。调用 GetClosestEnemy 函数后将通过 Layer 与标签过滤得到需要矫正的敌人并返回。

（4）编写攻击协程函数 ExecuteCoroutine，该协程函数用于实现攻击技能的具体逻辑。

```csharp
    IEnumerator ExecuteCoroutine(AbilityContext context
        , Action onFinished)
    {
        var closestEnemy = GetClosestEnemy(context.Transform
                        , ENEMY_FIX_RADIUS
                        , DOT_LIMIT
                        , context.characterLayerMask
                        , context.enemyTag);
        if (closestEnemy)                             //获得矫正敌人
        {
            var transform = context.Transform;
            var dir = closestEnemy.position - transform.position;
            dir = Vector3.ProjectOnPlane(dir, Vector3.up);
            transform.forward = dir;                  //方向矫正处理
        }
        var animator = context.animator;
        //通知 Animator 播放攻击动画
        animator.SetTrigger("Ability1");
        //攻击延迟时间
        yield return new WaitForSeconds(1f);
        onFinished();
    }
```

（5）技能已编写完成，接下来需要在游戏启动时进行技能模板的注册操作，我们以测试脚本 SceneInitialize 为例，将其挂载于游戏初始场景内进行注册。

```csharp
    [DefaultExecutionOrder(-1)]
    public class SceneInitialize : MonoBehaviour
    {
```

```
void Awake()
{
    //注册技能
    AbilityManager.Instance.RegisterTemplate(
        new PlayerNormAtkAbility());
}
```

将 AbilityPartialInit 函数置于主类的 CommonInit 函数中调用。至此，即完成攻击逻辑的编写，当玩家触发 Fire2 绑定的按键时，技能监听逻辑会从状态机进行跳转从而触发对应技能。对于动作游戏中的派生技、取消技能等，都可以编写对应的打断与监听逻辑进行实现。

6.2.7　连招逻辑的编写

当玩家连续触发特定指令时，角色可以按照玩家输入指令的顺序，打出以当前招式为基础的一系列招式，并且玩家可以在此基础上衍生出不同的招式组合，这样的设计丰富了游戏的可玩性。本节将以常见的普通攻击的四段连招为例，对攻击逻辑加以修改，实现连招功能。

（1）对动画状态机进行配置，以普通攻击技能 NormalAtk 为例，增加子状态机 NormalAtk 并配置 4 个连招状态 Atk1 至 Atk4，如图 6.7 所示。

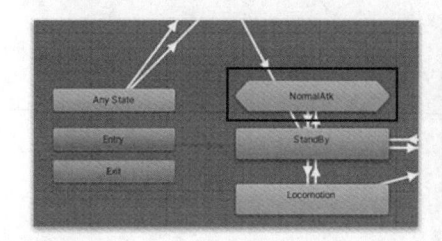

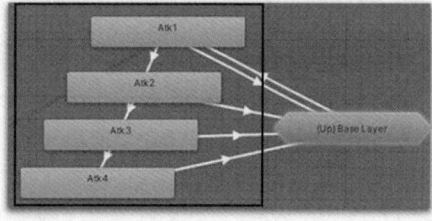

图 6.7　连招状态机配置示意

（2）以状态 Atk1 为例，增加状态脚本对多标签功能、连招检测时间等进行标记，如图 6.8 所示。

图 6.8　状态机脚本添加示意

（3）当最后一个状态 Atk4 返回 StandBy 待机状态时，需要在 StandBy 状态上添加标签 AbilityExit，以标记当前状态为技能退出状态。

（4）添加状态机触发类型变量 ChainState 和 NormalAtk。使用 NormalAtk 触发从外部状态到第一个攻击子状态 Atk1 的过渡，使用 ChainState 触发 Atk1 至 Atk3 的状态过渡。

（5）扩展攻击逻辑中的函数 ExecuteCoroutine，编写连招逻辑，代码如下：

```
IEnumerator ExecuteCoroutine(AbilityContext context
                , Action onFinished)
{
    //省略方向矫正逻辑
    //创建状态机脚本对应的外部链接脚本
    AttachTagsSmbMediator.GetOrCreateMediator(context.GameObject
            , ref mTagsMediator);
    ComboListenerSmbMediator.GetOrCreateMediator(context.GameObject
            , ref mComboListenerMediator);
    var animator = context.animator;
    //通知动画状态机进入攻击状态
    animator.SetTrigger("Attack");
    animator.Update(0f);
    yield return null;
    //创建初始变量
    var isInput = false;
    var mIsEnterFirstChain = false;
    var lastStateHash = 0;
    //进入主要连招逻辑的协程循环
    while (true)
    {
        var flag = false;
        var fullPathHash = animator
                .GetCurrentAnimatorStateInfo(0).fullPathHash;
        if (mTagsMediator.Valid(fullPathHash))
        {
            //当前是否为技能状态
            if (mTagsMediator.ContainTag("Ability"))
            {
                //是否进入下一个技能状态
                if (lastStateHash != fullPathHash)
                {
                    lastStateHash = fullPathHash;
                    isInput = false;
                    mIsEnterFirstChain = true;
                }
                flag = true;
            }
            else if (mTagsMediator.ContainTag("AbilityExit") &&
                    mIsEnterFirstChain)                 //是否退出连招
            {
                break;                                  //结束协程循环
            }
        }
        if (flag)                                       //当前是否处于技能状态
        {
            if (mComboListenerMediator.Valid(fullPathHash))
            {
                var stateTime01 = animator
                        .GetCurrentAnimatorStateInfo(0).normalizedTime;
                var isInTimeRange = mComboListenerMediator
```

```
                    .IsTimeInRange(stateTime01);
                var isOverBlendPoint = mComboListenerMediator
                    .IsOverBlendPoint(stateTime01);
                //检测是否在输入帧时间内输入指令
                if (isInTimeRange && Input.GetButton("Fire2"))
                    isInput = true;
                //检测是否到达混合帧并且成功输入指令
                if (isOverBlendPoint && isInput)
                    animator.SetTrigger("ChainState");
            }
            yield return null;
        }
        animator.ResetTrigger("ChainState");          //重置触发类型变量
        animator.Update(0f);
        onFinished?.Invoke();                         //通知技能结束
}
```

至此，连招逻辑部分的逻辑编写完成。

6.2.8 受击与死亡逻辑的编写

1. 受击逻辑的编写

受击非常能表现打击效果，受击的动画一般分为三个处理部分，即"受击前—受击—受击结束"。但这样常规的剪辑动画不一定能满足动作游戏快节奏的需求，可尝试将动画拆解为"受击—受击结束"两个得理部分，如图 6.9 所示。

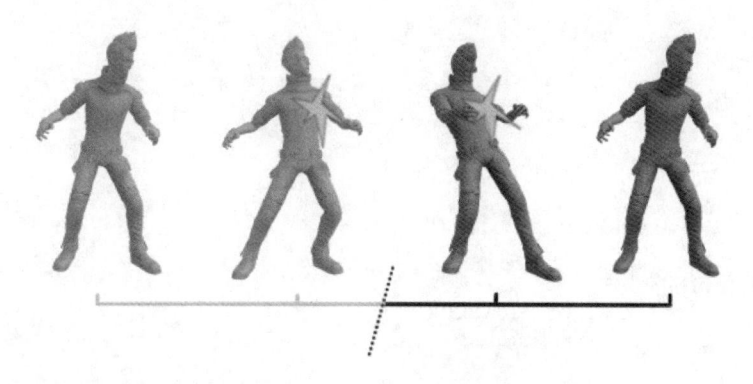

图 6.9 受击动画裁剪示意

基于前面章节讲解的 HitStun 功能，本节可实现僵直逻辑的处理，对于顿帧逻辑玩家，可在 HitStun 的基础上增加时间缩放逻辑，这个可以自行拓展。接下来回到脚本文件 PlayerControllerBattle.cs 中开始编写受击逻辑。

（1）编写受击（Hurt）相关的状态机过渡逻辑。

```
//PlayerControllerBattle.cs 战斗部分类
void BattlePartialInit()
{
    //由空闲状态过渡到受击状态(手动过渡)
```

```
mFsm[STATE_IDLE, STATE_HURT]
    .SetTransition((arg) => true);
//由移动状态过渡到受击状态(手动过渡)
mFsm[STATE_MOVE, STATE_HURT]
    .SetTransition((arg) => true);
//由技能状态过渡到受击状态(手动过渡)
mFsm[STATE_ABILITY, STATE_HURT]
    .SetTransition((arg) =>
    {
        var isHurt = true;
        //尝试打断当前技能
        return InterruptCurrentAbility(isHurt);
    });
//由受击状态过渡到空闲状态(自动过渡)
mFsm[STATE_HURT,STATE_IDLE]
    .SetTransition((arg) =>
    {
        var result = false;
        var currentStateInfo = animator.GetCurrentAnimatorStateInfo(0);
        if (mTagsMediator.Valid(currentStateInfo.fullPathHash))
        {
            if (mTagsMediator.ContainTag("Standby"))
                result = true;
        }
        return result;
    }, true);
}
```

上面这段代码为其他状态到受击状态的过渡处理，其中，对于技能状态过渡会对当前技能进行打断处理，若不能打断则过渡失败。

（2）绑定受击事件函数，处理受击状态进入逻辑。

```
//PlayerControllerBattle.cs 战斗部分类
//省略部分逻辑
void BattlePartialInit()
{
    mFsm[STATE_HURT]
        .SetOnEnter((lastState, arg) =>
        {
            animator.SetTrigger("Hit");
        });
    //绑定受击相关事件
    battleObject.OnHurt += OnHurt;
    battleObject.OnHitStunEnd += OnHitStunEnd;
}
//当进入受击状态时
void OnHurt(BattleObject other)
{
    //若玩家死亡则跳出
    if (battleObject.IsDied) return;
    mFsm.Transition(STATE_HURT);
}
//当受击状态结束时
void OnHitStunEnd()
{
    //若玩家死亡则跳出
    if (battleObject.IsDied) return;
    mFsm.Transition(STATE_IDLE);
}
```

将 BattlePartialInit 函数置于主类的 CommonInit 函数中调用即可，目前受击的部分已经编写完成。

2．死亡逻辑的编写

回到脚本文件 PlayerControllerBattle.cs 中增加状态机的角色死亡处理逻辑：

```
//PlayerControllerBattle.cs 战斗部分类
void BattlePartialInit()
{
    //省略部分逻辑

    //配置各状态至死亡状态的跳转
    mFsm[STATE_HURT, STATE_DIED].SetTransition(arg => true);
    mFsm[STATE_IDLE, STATE_DIED].SetTransition(arg => true);
    mFsm[STATE_MOVE, STATE_DIED].SetTransition(arg => true);
    mFsm[STATE_JUMP, STATE_DIED].SetTransition(arg => true);
    mFsm[STATE_DIED]
        .SetOnEnter((lastState, arg) =>
        {
            //通知状态机播放死亡动画
            var isSilentExecute = (bool)arg;
            if (!isSilentExecute)
                animator.SetTrigger("IsDied");
        });
    //绑定死亡事件
    battleObject.OnDied += OnDied;
}
void OnDied(BattleObject sender, bool isSilentExecute)
{
    //当触发死亡事件时，通知玩家状态机执行状态过渡
    mFsm.Transition(STATE_DIED, isSilentExecute);
}
```

上述代码首先配置了各状态至死亡状态的状态机跳转，随后绑定战斗对象 BattleObject 的死亡事件并在事件中触发状态机过渡。

至此，角色受击与死亡部分的逻辑编写完成。

6.2.9 空中攻击与受击逻辑的编写

当角色处于浮空状态时，我们需要处理其在空中攻击与受击的情况，并且需要将主动跳跃浮空与角色受击被动浮空纳入考虑范围。

> 注意：因为空中受击的触发函数（OnPhysicsEffect）在受击函数（OnHurt）之前，因此并不会与受击函数的触发产生冲突。

1．空中受击逻辑的编写

空中受击逻辑可运用于常规的人形角色，我们通过 Animator 的 Trigger 变量触发空中受击动画，并通过 SMB 脚本进行上升与下降的动画切换，具体如图 6.10 所示。

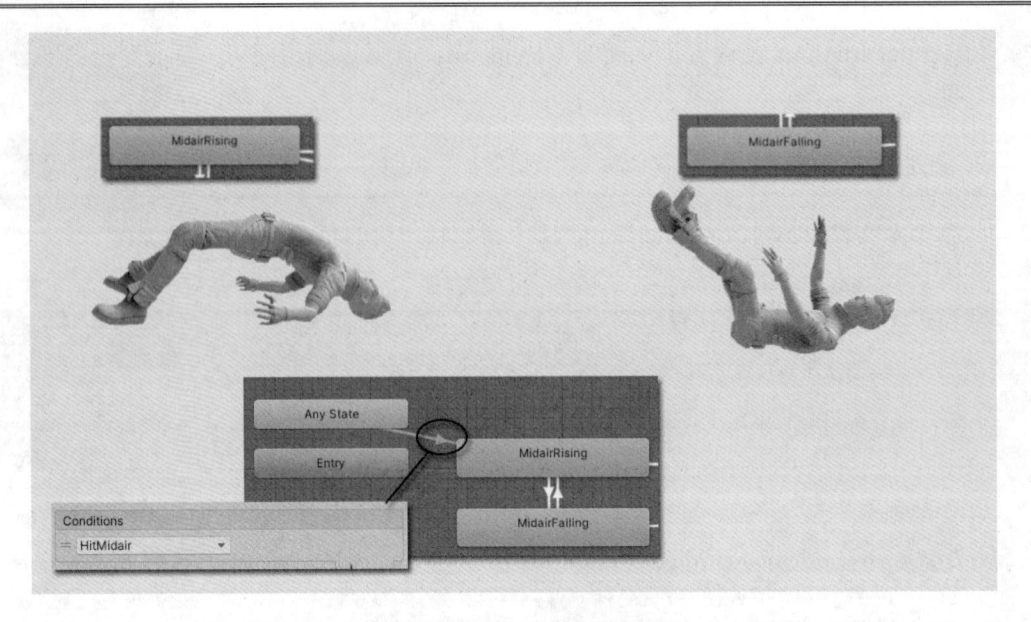

图 6.10 空中受击 Animator 配置

（1）编写用于控制角色空中上升、下降、退出浮空等动画切换逻辑的 SMB 脚本，代码如下：

```csharp
public class MidairHitSmb : StateMachineBehaviour
{
    public string isMidairRisingBool;           //控制上升的动画状态机变量
    public string isExitMidairHitTrigger;       //控制退出浮空的动画状态机变量
    CharacterMotor mCacheMotor;                 //缓存 Motor 脚本

    public override void OnStateUpdate(Animator animator
                , AnimatorStateInfo stateInfo, int layerIndex)
    {
        base.OnStateUpdate(animator, stateInfo, layerIndex);
        //对缓存 Motor 脚本进行赋值
        if (!mCacheMotor)
        {
            var hasComponent = animator.TryGetComponent(out mCacheMotor);
            if (!hasComponent) return;
        }
        //若动画正处于过渡状态则跳出
        if (animator.IsInTransition(0)) return;
        if (mCacheMotor.IsOnGround)             //若角色已落地则退出浮空状态
            animator.SetTrigger(isExitMidairHitTrigger);
        Else                                    //执行角色上升或下降的动画状态机变量赋值
            animator.SetBool(isMidairRisingBool, mCacheMotor.IsRising);
    }
}
```

（2）在玩家控制器部分类 PlayerControllerBattle.cs 中进行扩展，编写接收浮空伤害触发的逻辑，代码如下：

```csharp
//PlayerControllerBattle.cs 战斗部分类
public partial class PlayerController
{
```

```csharp
        const int DEFAULT_HURT = 0;                          //普通受击常量
        const int MIDAIR_HURT = 1;                           //空中受击常量
        //省略部分逻辑

        void BattlePartialInit()
        {
            //省略部分逻辑

            mFsm[STATE_HURT]
                .SetOnEnter((lastState, arg) =>
                {
                    //扩展受击部分逻辑
                    var type = (int)arg;
                    switch (type)
                    {
                        case DEFAULT_HURT:
                            animator.SetTrigger("Hit");
                            break;
                        case MIDAIR_HURT:
                            animator.SetTrigger("HitMidair");
                            break;
                    }
                });
            battleObject.OnPhysicsEffect += OnPhysicsEffect;
        }
        //当触发浮空等物理战斗事件时进入该函数
        void OnPhysicsEffect(BattleObject.EType type)
        {
            if (type == BattleObject.EType.VerticalPush)
                mFsm.Transition(STATE_HURT, MIDAIR_HURT);
            else
                mFsm.Transition(STATE_HURT, DEFAULT_HURT);
        }
        //当进入受击（基于旧的受击函数扩展）时
        void OnHurt(BattleObject other)
        {
            if (battleObject.IsDied) return;
            //增加受击参数
            mFsm.Transition(STATE_HURT, DEFAULT_HURT);
        }
    }
```

2. 空中攻击注意事项

角色在空中攻击与普通攻击的逻辑大致相同，但是角色在空中也会受到重力影响，我们可以编写 SMB 脚本消除根运动位移，使角色不受重力影响，从而得到更好的表现效果，SMB 脚本代码如下：

```csharp
public class IgnoreRootMotionSmb : StateMachineBehaviour
{
    public override void OnStateMove(Animator animator
        , AnimatorStateInfo stateInfo, int layerIndex)
    {
    }
}
```

对 OnStateMove 方法进行重写但不对其实现，可忽略根运动效果。

6.2.10 翻滚逻辑的编写

角色的翻滚逻辑将以技能形式进行制作，在翻滚触发后将开启玩家无敌状态直至翻滚技能结束。

（1）编写 AbilityConstant 常量类储存玩家翻滚的技能常量。

```
public static class AbilityConstant
{
    //忽略无关逻辑

    //玩家翻滚技能常量
    public const int PLAYER_DODGE = 1002;
}
```

（2）创建技能类文件 PlayerDodgeAbility.cs 并编写翻滚技能基础逻辑。

```
// PlayerDodgeAbility.cs 翻滚技能类
public class PlayerDodgeAbility : AbstractAbility<PlayerDodgeAbility>
{
    AttachTagsSmbMediator mTagsMediator;
    public override int Id => AbilityConstant.PLAYER_DODGE;
    //技能初始化函数
    protected override void OnInitialize()
    {
        base.OnInitialize();
        AttachTagsSmbMediator
            .GetOrCreateMediator(mAbilityContext.GameObject
                , ref mTagsMediator);
    }
    //技能执行函数
    public override void Execute(Action onFinished)
    {
        mAbilityContext.CoroutineContainer
            .StartCoroutine(ExecuteCoroutine(onFinished));
    }
    //技能打断函数
    public override bool Interrupt(object interruptArg
            , bool isForceInterrupt)
    {
        return isForceInterrupt;
    }
    //获取技能监听类
    protected override IAbilityListener GetListener()
    {
        return new PlayerDodgeAbilityListener();
    }
}
```

（3）编写技能监听类 PlayerDodgeAbilityListener 的具体逻辑。

```
//技能监听类可直接编写在 PlayerDodgeAbility.cs 文件中
public class PlayerDodgeAbilityListener : IAbilityListener
{
    //技能监听逻辑
    public WaitForComboInput ListenLogic(AbilityContext context)
    {
```

```
        //配置监听输入信息
        WaitForComboInput waitForComboInput = new WaitForComboInput(new[]
        {
            new ComboCmd()
            {
                Conditional = () => Input.GetButton("Dodge"),
                DeltaTime = ()=> Time.deltaTime,
                HoldTime = -1,
                LimitTime = 0.2f
            },
        });
        return waitForComboInput;
    }
}
```

(4) 编写翻滚协程部分的具体实现。

```
// PlayerDodgeAbility.cs 翻滚技能类
IEnumerator ExecuteCoroutine(Action onFinished)
{
    var cacheAnimator = mAbilityContext.animator;
    //将角色切换至无敌状态
    mAbilityContext.battleObject.PushGodMode();
    //若当前存在预警信息则触发完美躲避
    var recvHintInfo = mAbilityContext.battleObject.recvHintInfo;
    if (recvHintInfo == BattleObject.EHintType.Dodge)
    {
        //省略触发完美躲避的具体逻辑
    }
    //通知 Animator 触发躲避动画
    cacheAnimator.SetTrigger("BackDodge");
    cacheAnimator.Update(0f);
    //等待躲避动画播放结束
    yield return new WaitUntil(() =>
    {
        var result = false;
        var stateInfo = cacheAnimator.GetCurrentAnimatorStateInfo(0);
        var fullPathHash = stateInfo.fullPathHash;
        if (mTagsMediator.Valid(fullPathHash))
        {
            //检查角色 Animator 是否回到待机状态
            if (mTagsMediator.ContainTag("Standby"))
                result = true;
        }
        return result;
    });
    //角色退出无敌状态
    mAbilityContext.battleObject.PopGodMode();
    //技能退出
    onFinished?.Invoke();
}
```

(5) 在测试脚本 SceneInitialize 中注册翻滚技能。

```
[DefaultExecutionOrder(-1)]
public class SceneInitialize : MonoBehaviour
{
    void Awake()
    {
        //忽略无关逻辑
        AbilityManager.Instance.RegisterTemplate(
```

```
            new PlayerDodgeAbility());
    }
}
```

（6）在 Ability 部分类中实例化对应技能。

```
//对应文件 PlayerControllerAbility.cs
public partial class PlayerController
{
    //忽略无关逻辑
    void AbilityPartialInit()
    {
        //忽略无关逻辑
        var dodgeAbility = AbilityManager.Instance
            .InstantiateAbility(mAbilityContext,
                AbilityConstant.PLAYER_DODGE);
        mAbilityList.Add(dodgeAbility);
    }
}
```

最后配置动画状态机由基础状态跳转至翻滚状态的过渡，以及返回基础状态的过渡。至此即完成了角色翻滚功能逻辑的编写，默认情况下，当角色处于翻滚时将维持全程无敌状态，读者可根据需要自行拓展与修改。

6.2.11 格挡逻辑的编写

角色格挡逻辑仍封装为技能形式，在编写格挡技能之前，我们需要扩展 BattleObject 脚本，以增加格挡部分的逻辑。

1. 扩展BattleObject组件

（1）创建 BattleObject 新的部分类 BattleObjectParry.cs，增加格挡初始字段与基本函数。需要注意，在格挡功能中完美格挡的触发是基于 BattleObject 的预警功能实现的。

```
//BattleObjectParry.cs 战斗对象格挡部分类
public partial class BattleObject
{
    //格挡状态是否激活
    [Header("---Parry---"), HideInInspector]
    public bool isParryActive;
    //是否攻击到格挡者
    [HideInInspector]
    public bool isAttackToParry;
    //格挡受击者对象缓存
    [HideInInspector]
    public BattleObject attackToParryHurter;
    //格挡攻击者对象缓存
    [HideInInspector]
    public BattleObject attackToParryAttacker;
    //是否为完美格挡
    public bool IsPerfectParry => isParryActive && recvHintBattleObject;

    //激活格挡函数
    public void ActiveParry(bool isActive)
```

```csharp
    {
        if (!isParryActive && isActive)
        {
            isParryActive = true;
            PushIgnoreHitStun();
        }
        else if (isParryActive && !isActive)
        {
            isParryActive = false;
            PopIgnoreHitStun();
        }
    }
}
```

（2）为格挡逻辑增加战斗事件，用于处理格挡伤害记录和格挡信息等。

```csharp
//BattleObjectParry.cs 战斗对象格挡部分类
public partial class BattleObject
{
    //忽略无关逻辑
    void ParryPartialDamageHealthPointsChangeProcess(
        BattleObject attacker
        , BattleObject hurter
        , int healthPoints
        , ref int damage)
    {
        if (hurter.isParryActive)                    //若格挡时遭受攻击，则伤害归零
        {
            damage = 0;
        }
    }
    void ParryPartialOnAttackBefore(BattleObject attacker
        , BattleObject hurter)
    {
        if (hurter && hurter.isParryActive)
        {
            //攻击到格挡者状态更新
            var concreteAttacker = attacker.Instigator
                        ? attacker.Instigator : attacker;
            concreteAttacker.isAttackToParry = true;
            concreteAttacker.attackToParryHurter = hurter;
            concreteAttacker.attackToParryAttacker = attacker;
        }
    }
    void ParryPartialOnAttackAfter(BattleObject attacker
        , BattleObject hurter)
    {
        //重置攻击到格挡者状态
        var concreteAttacker = attacker.Instigator
                        ? attacker.Instigator : attacker;
        concreteAttacker.isAttackToParry = false;
        concreteAttacker.attackToParryHurter = null;
        concreteAttacker.attackToParryAttacker = null;
    }
}
```

（3）函数绑定，步骤如下：

① 将函数 ParryPartialDamageHealthPointsChangeProcess 置于 BattleObjectDamage.cs 脚本中的 DamageHealthPointsChangeProcess 函数内调用。

② 将函数 ParryPartialOnAttackBefore 置于 BattleObject 主类的 OnAttackBefore 函数内调用。

③ 将函数 ParryPartialOnAttackAfter 置于 BattleObject 主类的 OnAttackAfter 函数内调用。

2. 编写格挡技能逻辑

我们以技能的形式编写格挡的具体逻辑。

（1）编写 AbilityConstant 常量类储存玩家格挡的技能常量。

```
public static class AbilityConstant
{
    //忽略无关逻辑

    //玩家翻滚技能常量
    public const int PLAYER_PARRY = 1003;
}
```

（2）创建技能类文件 PlayerParryAbility.cs 并编写格挡技能基础逻辑。

```
// PlayerParryAbility.cs 格挡技能类
public class PlayerParryAbility : AbstractAbility<PlayerParryAbility>
{
    AttachTagsSmbMediator mTagsMediator;
    Coroutine mCurrentAbilityCoroutine;
    public override int Id => AbilityConstant.PLAYER_PARRY;
    //技能初始化函数
    protected override void OnInitialize()
    {
        base.OnInitialize();

        AttachTagsSmbMediator.GetOrCreateMediator(mAbilityContext.GameObject
            , ref mTagsMediator);
    }
    protected override void OnRelease()
    {
        base.OnRelease();
    }
    //技能执行函数
    public override void Execute(Action onFinished)
    {
        mCurrentAbilityCoroutine = mAbilityContext.CoroutineContainer
            .StartCoroutine(ExecuteCoroutine(mAbilityContext
                , onFinished));
    }
    //技能打断函数
    public override bool Interrupt(object interruptArg
        , bool isForceInterrupt)
    {
    }
    //获取技能监听
    protected override IAbilityListener GetListener()
    {
        return new PlayerParryAbilityListener();
    }
}
```

（3）编写技能监听类 PlayerParryAbilityListener 的具体逻辑。

```csharp
//技能监听类可直接编写在 PlayerParryAbility.cs 文件中
public class PlayerParryAbilityListener : IAbilityListener
{
    //技能监听逻辑
    public WaitForComboInput ListenLogic(AbilityContext context)
    {
        //配置监听输入信息
        var waitForComboInput = new WaitForComboInput(new[]
        {
            new ComboCmd()
            {
                Conditional = () => Input.GetButton("Parry"),
                DeltaTime = ()=> Time.deltaTime,
                HoldTime = -1,
                LimitTime = 0.2f
            },
        });
        return waitForComboInput;
    }
}
```

（4）当格挡技能触发时，将开启协程以保持格挡动作的持续并监听打断函数；若打断函数触发则执行格挡成功的处理逻辑。接下来编写格挡协程、打断函数的具体实现逻辑。

```csharp
// PlayerParryAbility.cs 格挡技能类
public class PlayerParryAbility : AbstractAbility<PlayerParryAbility>
{
    //忽略无关逻辑
    public override void Execute(Action onFinished)
    {
        //技能触发，开启格挡协程
        mCurrentAbilityCoroutine = mAbilityContext.CoroutineContainer
            .StartCoroutine(ExecuteCoroutine(mAbilityContext
            , onFinished));
    }
    public override bool Interrupt(object interruptArg
            , bool isForceInterrupt)
    {
        //格挡成功处理逻辑
        if (interruptArg is bool isHurt
            && mAbilityContext.battleObject.isParryActive)
        {
            if (isHurt)
            {
                if (mAbilityContext.battleObject.IsPerfectParry)
                {
                    //处理完美格挡相关逻辑
                }
                else
                {
                    //处理常规格挡相关逻辑
                }
                return false;
            }
        }
        //格挡失败处理逻辑
        mAbilityContext.animator.SetBool("IsBlock", false);
```

```csharp
        if (mCurrentAbilityCoroutine != null)
        {
            mAbilityContext
                .CoroutineContainer
                .StopCoroutine(mCurrentAbilityCoroutine);
            mCurrentAbilityCoroutine = null;
        }
        return true;
    }
    //格挡状态协程
    IEnumerator ExecuteCoroutine(AbilityContext abilityContext
        , Action onFinished)
    {
        var cacheAnimator = mAbilityContext.animator;
        //通知 Animator 进入格挡动画
        cacheAnimator.SetBool("IsBlock", true);
        cacheAnimator.Update(0f);
        //等待 Animator 确认进入格挡状态
        while (true)
        {
            var fullPathHash =
            cacheAnimator.GetNextAnimatorStateInfo(0).fullPathHash;
            if (mTagsMediator.Valid(fullPathHash))
            {
                if (mTagsMediator.ContainTag("Parry"))
                    break;
            }
            yield return null;
        }
        mAbilityContext.battleObject.ActiveParry(true);
        //若格挡按键按下则循环该协程序
        while (Input.GetButton("Parry"))
            yield return null;
        //若格挡按键松开则格挡结束
        mAbilityContext.battleObject.ActiveParry(false);
        cacheAnimator.SetBool("IsBlock", false);
        cacheAnimator.Update(0f);
        mCurrentAbilityCoroutine = null;
        //技能结束
        onFinished?.Invoke();
    }
}
```

（5）在测试脚本 SceneInitialize 中注册格挡技能。

```csharp
[DefaultExecutionOrder(-1)]
public class SceneInitialize : MonoBehaviour
{
    void Awake()
    {
        //忽略无关逻辑
        AbilityManager.Instance.RegisterTemplate(
            new PlayerParryAbility());
    }
}
```

最后配置动画状态机由基础状态跳转至格挡状态的过渡以及返回基础状态的过渡即可。至此，即完成了格挡逻辑的制作。

6.3 效果与表现

在动作游戏开发中除了格挡、翻滚这类常见功能外，我们还需要针对效果表现额外进行功能开发，如制作刀光拖尾效果、为关节挂载物理组件制作布娃娃效果等。本节就来讲解并实现它们。

6.3.1 增加 Twist 骨骼

在播放角色动画时，肩、腕关节进行大幅度扭转运动，会导致角色出现较大的顶点拉伸、关节变形问题。通常，动画师会增加一根副骨骼进行修正，绑定在这些关节处的副骨骼称为 Twist 骨骼。通过对 Twist 骨骼进行约束或增加关键帧处理，可对这些扭曲关节进行修正，提升动画的整体质量，如图 6.11 所示。

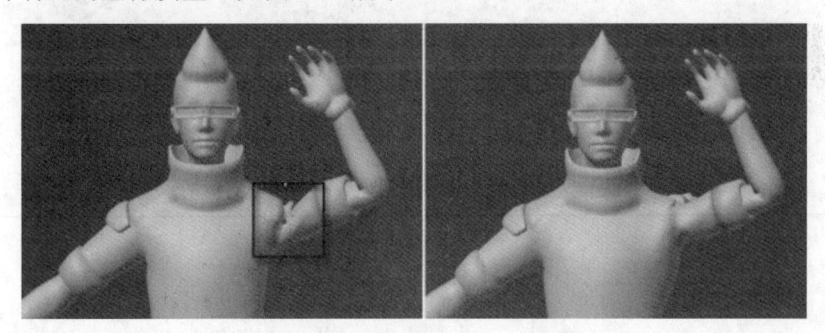

图 6.11　使用 Twist 骨骼修正关节扭曲问题

在角色绑定阶段，若绑定时采用 3ds Max、Maya 等软件的内置骨架则无须考虑 Twist 骨骼问题。若采用自定义骨架，则需要确保创建了 Twist 骨骼并拥有一定的关节权重。Twist 骨骼的层级可与子关节一致，如处理肩关节与臂关节的扭曲问题，Twist 骨骼应与臂关节在同一层级下，如图 6.12 所示。

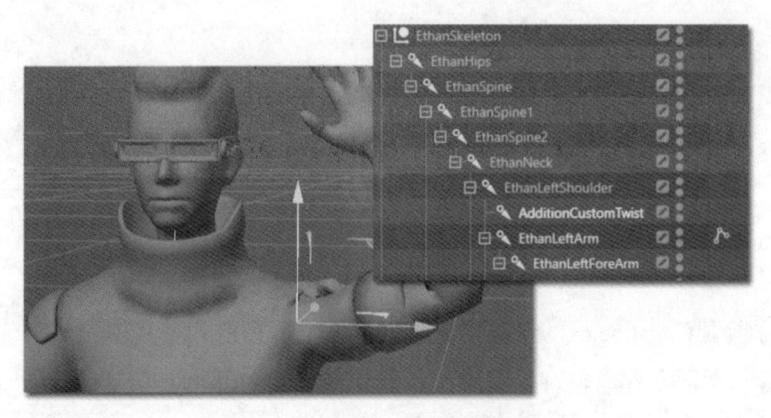

图 6.12　Twist 骨骼放置层级示意

当带有 Twist 骨骼的人形动画导入 Unity3D 引擎时，引擎将自动识别如肩、腕关节的 Twist 骨骼节点。而对于额外增加的特殊 Twist 骨骼，可以通过人形动画的 Mask 功能进行添加。

6.3.2 刀光拖尾效果制作

当游戏中手持冷兵器的主角快速挥动武器时，为了增强其速度感，通常会对武器增加额外的刀光拖尾效果。制作刀光拖尾有多种形式，本节将以程序化生成的拖尾形式为例，参考 Unity3D 商城的 X-WeaponTrail 插件的思路进行制作，其效果如图 6.13 所示。

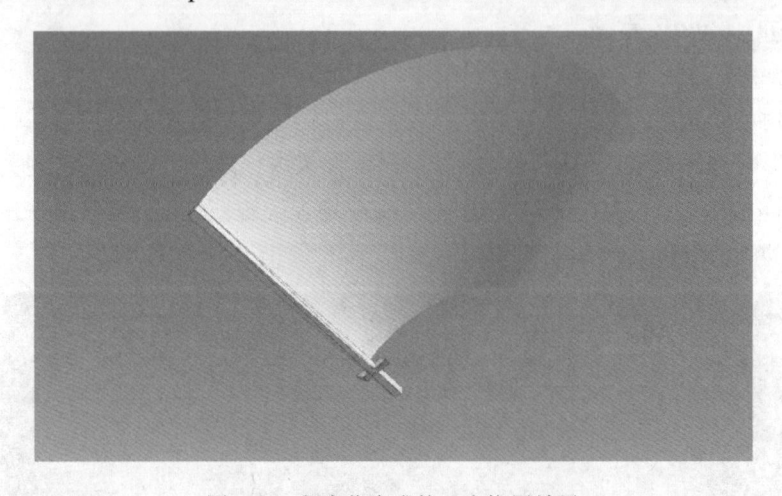

图 6.13 程序化生成的刀光拖尾效果

为了实现更平滑的刀光拖尾效果，我们将在采样一次刀光位置信息后，通过距离数据重新采样出位置更均匀的刀光点，并使用 CatmulRom 插值方法对采样点进行平滑输出，具体流程如图 6.14 所示。

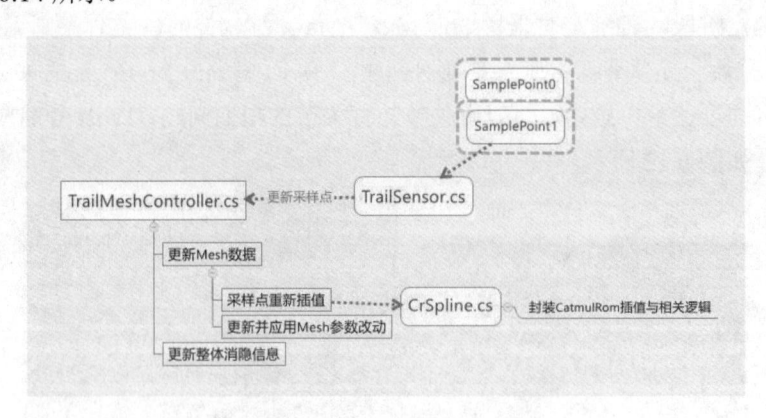

图 6.14 制作刀光拖尾效果流程

开始编写脚本 CrSpline.cs，该脚本封装平滑插值所需的相关逻辑。

（1）编写基本的采样点结构、常规方法接口和 CatmullRom 等。

```
public class CrSpline
{
```

```csharp
//采样点结构
public struct SamplePoint
{
    public Vector3 p;
    public Vector3 upAxis;
    public float dist;
    public int cacheIndex;
    public bool Valid => upAxis.sqrMagnitude > 0.1f;
}
List<SamplePoint> mSamplePointList;
public int PointCount => mSamplePointList.Count;

public CrSpline()
{
    mSamplePointList = new(32);
}
//添加采样点
public void AddSamplePoint(Vector3 p, Vector3 upAxis, int maxPointCount)
{
    //若新增采样点大于最大点数,则移除旧的采样点
    if (mSamplePointList.Count > maxPointCount)
        mSamplePointList.RemoveAt(0);
    //添加采样点
    mSamplePointList.Add(new SamplePoint()
    {
        p = p,
        upAxis = upAxis
    });
}
//CatmullRom 插值算法
Vector3 CatmullRom(Vector3 p0, Vector3 p1, Vector3 p2
    , Vector3 p3, float u)
{
    var r = p0 * (-0.5f * u * u * u + u * u - 0.5f * u) +
        p1 * (1.5f * u * u * u + -2.5f * u * u + 1f) +
        p2 * (-1.5f * u * u * u + 2f * u * u + 0.5f * u) +
        p3 * (0.5f * u * u * u - 0.5f * u * u);
    return r;
}
//清除采样点信息
public void Cleanup()
{
    mSamplePointList.Clear();
}
```

(2) 因为使用 CatmullRom 插值需要先通过距离信息得到最近的几个采样点,所以我们需要编写函数将每个采样点的直线距离信息预先缓存起来。

```csharp
public class CrSpline
{
    //忽略无关逻辑
    public void RefreshDistance()
    {
        if (mSamplePointList.Count < 1) return;
        var item0 = mSamplePointList[0];
        item0.dist = 0f;
        mSamplePointList[0] = item0;
        //相对于第 0 个采样点执行距离信息更新
        for (int i = 1; i < mSamplePointList.Count; ++i)
```

```csharp
        {
            var item = mSamplePointList[i];
            var prevItem = mSamplePointList[i - 1];
            var prevDist = Vector3.Distance(item.p, prevItem.p);
            item.dist = prevItem.dist + prevDist;
            item.cacheIndex = i;
            mSamplePointList[i] = item;
        }
    }
}
```

（3）编写插值所需的剩余相关函数。

```csharp
public class CrSpline
{
    //忽略无关逻辑

    //根据传入的长度信息得到最近的采样点
    public SamplePoint LenToPoint(float t, out float localT)
    {
        localT = 0f;
        SamplePoint item = default;
        if (mSamplePointList.Count == 0) return item;
        var len = t * mSamplePointList[mSamplePointList.Count - 1].dist;
        for (int i = 0; i < mSamplePointList.Count; ++i)
        {
            if (mSamplePointList[i].dist >= len)
            {
                item = mSamplePointList[i];
                break;
            }
        }
        var prevIdx = item.cacheIndex - 1;
        if (prevIdx <= 0) return item;
        var prevItem = mSamplePointList[prevIdx];
        var prevLen = item.dist - prevItem.dist;
        localT = (len - prevItem.dist) / prevLen;
        return prevItem;
    }
    //根据t01执行CatmulRom插值并返回插值点与up轴
    public void InterpolateByT01(float t01, out Vector3 p, out Vector3 upAxis)
    {
        var point = LenToPoint(t01, out float localT);
        if (point.Valid)
        {
            var prevPoint = PreviousPoint(point);
            var nextPoint = NextPoint(point);
            var next2Point = nextPoint.Valid
                        ? NextPoint(nextPoint) : default;

            var prevUpAxis = prevPoint.Valid
                        ? prevPoint.upAxis : point.upAxis;
            var nextUpAxis = nextPoint.Valid
                        ? nextPoint.upAxis : point.upAxis;
            var next2UpAxis = next2Point.Valid
                        ? next2Point.upAxis : point.upAxis;
            upAxis = CatmullRom(prevUpAxis
                    , point.upAxis
                    , nextUpAxis
                    , next2UpAxis
```

```
            , localT);
        var prevP = prevPoint.Valid ? prevPoint.p : point.p;
        var nextP = nextPoint.Valid ? nextPoint.p : point.p;
        var next2P = next2Point.Valid ? next2Point.p : point.p;
        p = CatmullRom(prevP, point.p, nextP, next2P, localT);
    }
    else
    {
        p = upAxis = Vector3.zero;
    }
}
//根据当前采样点获取下一个采样点
public SamplePoint NextPoint(SamplePoint currentPoint)
{
    if (mSamplePointList.Count == 0) return default;
    int i = currentPoint.cacheIndex + 1;
    return i >= mSamplePointList.Count ? default : mSamplePointList[i];
}
//根据当前采样点获取上一个采样点
public SamplePoint PreviousPoint(SamplePoint currentPoint)
{
    if (mSamplePointList.Count == 0) return default;
    int i = currentPoint.cacheIndex - 1;
    return i < 0 ? default : mSamplePointList[i];
}
}
```

接下来编写 TrailMeshController.cs 脚本，该脚本需要与 MeshRenderer、MeshFilter 等组件一起挂载，并负责在每帧中更新网格信息。

（1）编写 TrailMeshController 脚本的基础结构。

```
[RequireComponent(typeof(MeshFilter))]
[RequireComponent(typeof(MeshRenderer))]
[DefaultExecutionOrder(10)]
public class TrailMeshController : MonoBehaviour
{
    const int MESH_DATA_CAPACITY = 512;
    public int granularity = 20;              //采样颗粒度，其决定网格密度
    public int maxPointCount = 14;            //采样最大点数，其决定拖尾长度
    public float fadeSpeed = 20f;             //拖尾渐隐速度
    //缓存网格与拖尾材质球
    Mesh mCacheMesh;
    Material mCacheMaterial;
    //缓存顶点相关信息
    List<Vector3> mCacheVertexList;
    List<Vector2> mCacheUvList;
    List<int> mCacheTriangleList;
    //当前渐隐值
    float mFade;
    //当前渐隐开关
    bool mFadeToggle;
    //拖尾宽度
    float? mWidth;
    CrSpline mCrSpline;

    public void ClearTrail()
    {
        if (mCacheMesh)
            mCacheMesh.Clear();
```

```csharp
        mCrSpline.Cleanup();
        mWidth = null;
    }
    void Awake()
    {
        //初始化相关字段
        mCrSpline = new CrSpline();
        mCacheVertexList = new(MESH_DATA_CAPACITY);
        mCacheUvList = new(MESH_DATA_CAPACITY);
        mCacheTriangleList = new(MESH_DATA_CAPACITY);
        mCacheMesh = GetComponent<MeshFilter>().mesh;
        mCacheMaterial = GetComponent<MeshRenderer>().sharedMaterial;
    }
}
```

（2）增加采样最新拖尾点相关函数。

```csharp
public class TrailMeshController : MonoBehaviour
{
    //忽略无关逻辑

    //进行一次拖尾点采样,从而得到最新的拖尾点
    public void Sample(Vector3 p0, Vector3 p1)
    {
        var relative = p1 - p0;
        var length = relative.magnitude;
        var norm = relative / length;
        mWidth = mWidth ?? length;
        mCrSpline.AddSamplePoint((p0 + p1) * 0.5f, norm, maxPointCount);
    }
}
```

（3）编写网格数据更新的相关函数,该函数将采样插值后的拖尾点,并将对应信息更新至网格。

```csharp
public class TrailMeshController : MonoBehaviour
{
    //忽略无关逻辑

    //更新拖尾并将参数应用至网格
    public void UpdateTrail()
    {
        //采样点数必须大于 4 才可以更新拖尾
        if (mCrSpline.PointCount < 4) return;
        //刷新采样点之间的距离
        mCrSpline.RefreshDistance();
        //清空网格参数
        mCacheMesh.Clear();
        mCacheVertexList.Clear();
        mCacheUvList.Clear();
        mCacheTriangleList.Clear();
        var matrix = transform.worldToLocalMatrix;
        for (int i = 0; i <= granularity; ++i)
        {
            var t01 = (float)i / granularity;
            mCrSpline.InterpolateByT01(t01, out var p, out var up);
            var offset = up.normalized * mWidth.Value * 0.5f;
            Vector3 p0 = p + offset, p1= p - offset;
            //添加顶点与 UV（材质纹理坐标）信息
```

```csharp
        mCacheVertexList.Add(matrix.MultiplyPoint3x4(p0));
        mCacheVertexList.Add(matrix.MultiplyPoint3x4(p1));
        mCacheUvList.Add(new Vector2(t01, 0f));
        mCacheUvList.Add(new Vector2(t01, 1f));
    }
    //添加三角形索引信息
    for (int i = 0; i + 3 < mCacheVertexList.Count; i += 2)
    {
        int p0 = i, p1 = i + 1;
        int p2 = i + 2, p3 = i + 3;
        mCacheTriangleList.Add(p0);
        mCacheTriangleList.Add(p2);
        mCacheTriangleList.Add(p1);
        mCacheTriangleList.Add(p2);
        mCacheTriangleList.Add(p3);
        mCacheTriangleList.Add(p1);
    }
    //更新网格参数
    mCacheMesh.SetVertices(mCacheVertexList);
    mCacheMesh.SetUVs(0, mCacheUvList);
    mCacheMesh.SetTriangles(mCacheTriangleList, 0);
}
void LateUpdate()
{
    UpdateTrail();                                     //在每帧中更新拖尾
}
```

（4）完成了网格数据的更新后，我们还需要制作拖尾消隐，这样才能在动作收招时让拖尾逐渐消失，拖尾消隐通过 mFade 变量的更新来实现，并将参数_TrailFade 最终传入 Shader，在 Shader 中处理拖尾消隐的显示逻辑。

```csharp
public class TrailMeshController : MonoBehaviour
{
    //忽略无关逻辑

    //更新拖尾激活状态,该函数由 TrailSensor 调用
    public void UpdateActiveState(bool toggle)
    {
        if (mFadeToggle && toggle)
        {
            ClearTrail();
            mFade = 1f;
        }
        mFadeToggle = !toggle;
    }
    //更新拖尾消隐
    public void UpdateFade()
    {
        if (!mFadeToggle)
        {
            mCacheMaterial.SetFloat("_TrailFade", 0f);
            return;
        }
        mFade = Mathf.Max(mFade - fadeSpeed * Time.deltaTime, 0f);
        mCacheMaterial.SetFloat("_TrailFade", 1f - mFade);
        bool clearTrailFlag = mWidth != null;
        if (clearTrailFlag && Mathf.Approximately(mFade, 0f)) ClearTrail();
    }
```

```
    void LateUpdate()
    {
        //忽略无关逻辑

        UpdateFade();
    }
}
```

最后,还需要编写 TrailSensor.cs 脚本,用于在每帧中传递拖尾采样点给 TrailMeshController.cs 脚本。

```
public class TrailSensor : MonoBehaviour
{
    public TrailMeshController trailMeshController;
    //开关,用于每个招式的开始和结束
    public bool toggle = true;
    //刀光拖尾的刀柄、刀身两个采样点
    public Transform samplePoint0;
    public Transform samplePoint1;

    void LateUpdate()
    {
        //更新拖尾采样点
        trailMeshController.Sample(samplePoint0.position
            , samplePoint1.position);
        //更新拖尾激活状态
        trailMeshController.UpdateActiveState(toggle);
    }
}
```

至此,刀光拖尾效果就制作完成了。在使用时挂载 TrailMeshController 脚本至角色对象层级中,并挂载 TrailSensor 脚本至角色武器层级中,并且填入所需参数即可使用。

6.3.3 顿帧效果处理

"顿帧"通常指为体现打击力量感,将动画播放时间减缓或暂停所达到的效果。它经常被玩家称为"帧冻结""卡肉"效果。

实现顿帧效果需要注意多个触发者的情况,例如,A 技能的顿帧过程中触发了 B 技能的顿帧,导致原先应该是播放慢动作的时间被提前恢复了。为了解决这样的问题,我们在代码实现时将顿帧脚本拆分为 FreezeFrameManager 与 FreezeFrame,用于整合时间缩放信息并统一更新。

首先编写 FreezeFrameManager.cs 脚本,该脚本负责统一更新时间缩放信息并且为单例类,需要将脚本预先挂载于场景对象中,代码如下:

```
public class FreezeFrameManager : MonoBehaviour
{
    //单例实例
    static FreezeFrameManager mInstance;
    public static FreezeFrameManager Instance => mInstance;
    //顿帧请求 Handler
    public class FreezeHandler
    {
```

```csharp
        public float expectSlomo;              //期望慢动作缩放系数(0～1)
        public float weight;                   //权重
    }
    List<FreezeHandler> mHandlerList;

    //注册 Handler
    public FreezeHandler Register()
    {
        var handler = new FreezeHandler();
        mHandlerList.Add(handler);
        return handler;
    }
    //反注册 Handler
    public void Unregister(FreezeHandler handler)
    {
        mHandlerList.Remove(handler);
    }
    void Awake()
    {
        mInstance = this;
        mHandlerList = new(32);
    }
    //更新操作,将遍历并获取时间缩放最小的 Handler
    void Update()
    {
        var t = Time.timeScale;
        for (int i = 0; i < mHandlerList.Count; ++i)
        {
            var item = mHandlerList[i];
            var et = item.expectSlomo;
            t = Mathf.Lerp(t, et, item.weight);
            t = Mathf.Min(t, et);
        }
        Time.timeScale = t;                    //更新时间缩放值
    }
}
```

FreezeFrameManager.cs 脚本将混合所有的时间修改请求并统一赋值。接下来更新单个时间修改的脚本 FreezeFrame.cs,该脚本通常挂载于伤害事件上,代码如下:

```csharp
public class FreezeFrame : MonoBehaviour
{
    //期望时间缩放
    public float expectSlomo;
    //时间缩放曲线
    public AnimationCurve curve;
    float mElapsedTime;
    FreezeFrameManager.FreezeHandler mFrezHandler;

    void OnEnable()
    {
        //获得顿帧所使用的时间缩放 Handler
        mFrezHandler = FreezeFrameManager.Instance.Register();
        mFrezHandler.expectSlomo = expectSlomo;
    }
    void OnDisable()
    {
        //释放 Handler
        FreezeFrameManager.Instance.Unregister(mFrezHandler);
```

```
    }
    void Update()
    {
        //更新时间缩放权重
        mFrezHandler.weight = curve.Evaluate(mElapsedTime);
        mElapsedTime += Time.deltaTime;
    }
}
```

至此，修改时间缩放信息的顿帧效果就制作完成了，读者可基于此效果继续进行扩展。

6.3.4 布娃娃效果制作

布娃娃效果通常指在角色死亡时，身体各个关节以任意物理姿势倒地的效果，如图 6.15 所示。

图 6.15 布娃娃效果示意

实现布娃娃效果通常使用 Unity3D 提供的 CharacterJoint 物理关节功能，在引擎中，选择菜单 GameObject | 3D Object | Ragdoll，可打开布娃娃创建向导，该向导可轻松为角色关节添加物理组件，以实现布娃娃效果。

打开布娃娃创建向导后，需要将不同关节对应的 GameObject 对象拖曳至面板中，不同关节对应的角色部位如表 6.2 所示。

表 6.2 布娃娃系统角色各部位对应关系

英 文 名	中 文 名
Pelvis	骨盆
Left Hips	左侧臀部
Left Knee	左侧膝盖
Left Foot	左脚
Right Hips	右侧臀部

续表

英 文 名	中 文 名
Right Knee	右侧膝盖
Right Foot	右脚
Left Arm	左侧上臂
Left Elbow	左侧胳膊
Right Arm	右侧上臂
Right Elbow	右侧胳膊
Middle Spine	中脊柱
Head	头部

完成绑定后，还需要手动编写布娃娃组件的逻辑控制脚本，防止与 Animator 动画系统发生冲突。该脚本通过组件挂载并在角色死亡时打开该脚本来开启布娃娃效果，代码如下。

```csharp
public class RagdollFx : MonoBehaviour
{
    public Rigidbody[] rigidbodys;
    public Collider[] colliders;

    // Rest 函数将在脚本挂载时自动触发
    void Reset()
    {
        var tmpRigidbodys = new List<Rigidbody>();
        var tmpColliders = new List<Collider>();
        var ragdollJoints = GetComponentsInChildren<CharacterJoint>(true);
        foreach (var item in ragdollJoints)
        {
            item.TryGetComponent(out Rigidbody rigidbody);
            item.TryGetComponent(out Collider collider);
            //让所有布娃娃关节的物理效果暂时关闭
            rigidbody.isKinematic = true;
            //将布娃娃关节添加到数组中
            tmpRigidbodys.Add(rigidbody);
            tmpColliders.Add(collider);
        }
        rigidbodys = tmpRigidbodys.ToArray();
        colliders = tmpColliders.ToArray();
        //关闭组件
        enabled = false;
    }
    void OnEnable()
    {
        //当组件打开时，布娃娃关节物理效果开启
        for (int i = 0; i < rigidbodys.Length; ++i)
            rigidbodys[i].isKinematic = false;
    }
}
```

至此，布娃娃效果就制作完成了。

第 7 章 关卡设计详解

如果从技术角度来看关卡设计,那么它是一个复合性的概念,是多个不同职能的角色参与其中一起协作的过程。本章主要从技术角度出发,梳理这个过程中遇到的种种问题,也会讲解一些设计上的思路。

本章的前半部分将从 Graybox 阶段入手,对视距、规模及不同内容的调度安排进行讲解;后半部分将会对一些具体操作进行讲解,如对象池处理、存档序列化等。

7.1 关卡设计的前期考量

本节主要介绍关卡设计在最初阶段的工作,我们基于一个被称为 Graybox(灰盒,也称作白盒)的原型构建方式对前期关卡进行调试。在此基础上再进行视距、关卡流程和事件等内容的处理与细化。

7.1.1 从 Graybox 说起

在关卡设计的最初阶段,我们需要一些能够快速成型的体块结构,用来测试设计思路。通常,关卡设计师会用灰模或体块去构建大型场景进行测试,这个阶段一般称为 Graybox,如图 7.1 所示。

图 7.1 某独立游戏的 Graybox 场景

在 Graybox 阶段也就是关卡设计前期,一般会关注几个方面,对于技术部分列举如下:
- 技术特性:在设计之前需要讨论加入一些技术特性的可能性。例如,该场景是否可以表现体积光、熔岩环境、下雨等技术特性所表达的内容。如果只以设计先行,则会制约后期场景的丰富性。
- 场景物件模块化:一般在灰盒阶段结束后,美术人员就会开始制作模块化资源并根据灰盒的指示放入场景中。因此在灰盒制作阶段,需要考虑美术的模块化物件如何设计,如何按照一定规则在场景中复用拼装,如长和宽各 1 米的地块、可修改装饰件的筋木屋等。模块化资源不仅便于美术制作,还有助于提升运行性能,便于 GPU 进行批次合并操作。
- 视距阻断:在游戏场景中,过远的视距会导致大量的模型渲染。我们需要注意到这一点,并在前期刻意设计一些弯路或墙壁,以阻断视距让场景正常运行。
- 预留相机空间:在一些固定视角的游戏中,设计者需要考虑相机运镜的处理,这里建议多使用半开放式的场景,如崖壁、庭院等。

在关卡设计层面的注意事项,根据笔者的一些经验,建议如下:
- 善于调度积极性:一个有趣的关卡制游戏需要不断地出现不重复的关卡元素来提高玩家的积极性,或是突然破墙而出的巨兽,或是一些敌人内部矛盾的镜头等,设计者应当用新颖的方式去避免传统的"解谜刷怪"这些元素。
- 合理地控制关卡节奏:常见的关卡制游戏可以通过怪物组合、补给点、存档点分配等控制关卡的整体节奏。对于一些挑战性较高的怪物组合,开发者可以适当地将其留在中后期的关卡中,或者将前期的 BOSS 怪物作为后期杂兵出现。这样的策略可以适当降低玩家的疲劳感,也可以降低成本。
- 倾向于直觉的谜题:如火焰可以燃烧藤蔓、油罐可以被爆破等,设计者应考虑一些更为直观的关卡谜题,而不是类似于传统的找钥匙那样的生硬处理。

7.1.2 规划层级结构

合理的层级结构可以加速关卡的迭代过程,图 7.2 列举了常规的层级分类,供读者参考。

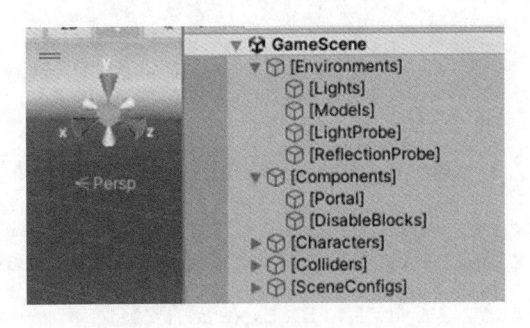

图 7.2 场景层级参考

对于更复杂的多人开发，可以考虑将其拆分成不同的 Unity3D 场景来加载。关卡的层级结构如表 7.1 所示。

表 7.1 关卡层级结构参考

层 级 名	说 明
Environments	存放无交互性的美术资源。可建立子层级分类 Lights（灯光）、Models（模型）、LightProbe（光照探针）、ReflectionProbe（反射探针）等
Components	关卡组件，如传送门、事件触发框等。可依据关卡之间有共性的部分建立子层级分类
Characters	角色，由于需要频繁调试，这个分类一定要单独列出来
Colliders	碰撞器，存放关卡场景的静态碰撞
SceneConfigs	场景配置，存放关卡加载后的初始化脚本

开发者还可以进行一些优化，这些分类目录并不需要 Transform 组件，我们可以编写编辑器工具脚本，将其拆分为平级结构而非带有层级的嵌套结构。

7.1.3 模型的导出与调试

在编辑怪物破墙而出、前路塌陷等关卡事件时，往往需要频繁地在模型编辑软件与 Unity3D 之间来回切换，而在不同软件之间核对场景坐标是件比较头疼的事情。在 Unity3D 2018 版之后内置了 FBX 模型导出的功能，开发者可以很方便地将 Unity3D 当前场景导出到其他软件中继续操作。

这里以 Unity3D 2022.2 版本为例对模型导出功能进行演示。首先选择 Window | Package Manager 命令，在左上角单击 Packages 下拉菜单，单击 Unity Registry 选项，刷新后选择 FBX Exporter 并单击 Install 按钮即可，如图 7.3 所示。

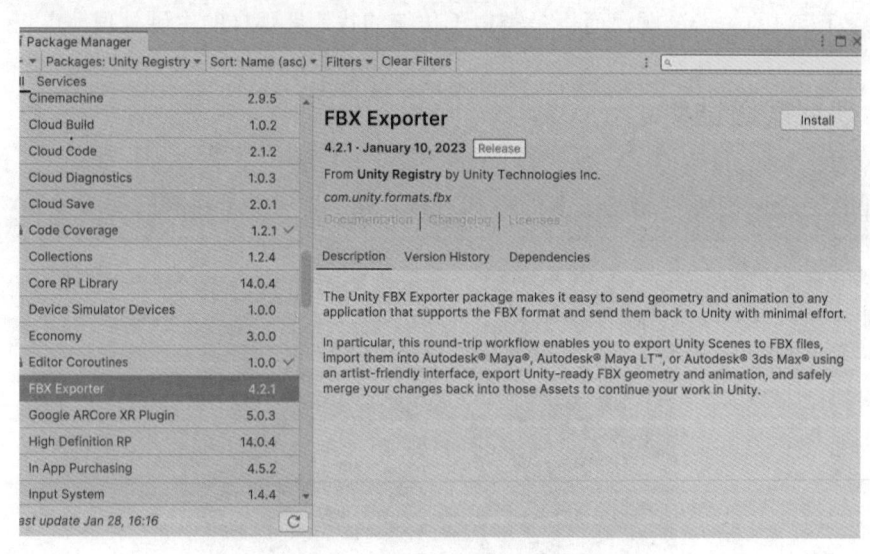

图 7.3 FBX Exporter 的安装

安装好后会在层级面板的右键菜单中出现 Export to FBX 命令，其支持 Shift 键多选和动画导出，单击后弹出导出设置对话框，如图 7.4 所示。

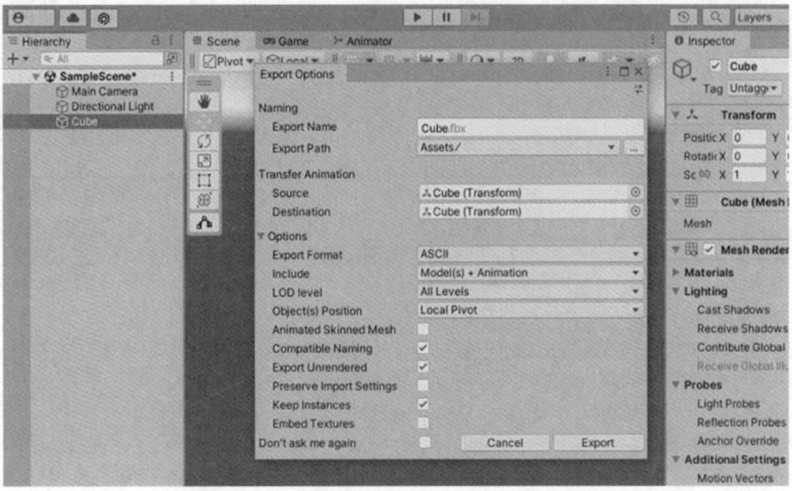

图 7.4　FBX Exporter 导出设置对话框

导出后的模型默认在项目的根目录下。接下来就可以将其导入其他软件中进行操作了。

7.2　深入解析开发阶段

本节主要讲解关卡在开发阶段中用到的一些模块脚本，其中包括存档和读档的序列化实现、消息处理、对象池的使用等。

7.2.1　SpawnPoint 的使用

在关卡编辑时，我们通常不会将敌人或 NPC 的预制体文件直接置入场景中，为了循环使用和管理角色对象，可以使用 SpawnPoint 作为创建点来动态地创建它们，并且宝箱、相机等可以动态加载的内容也都可以由 SpawnPoint 进行创建。

在编写之前需要思考下面 3 个问题：
- 实例化源：从 Resources 还是 Addressable 中创建？
- 时序：在脚本 OnEnable 阶段创建还是 Start 阶段创建？是否会影响序列化？
- 场景依赖：例如，创建出的怪物需要得到静态配置在场景里的巡逻路径等。

实例化源问题可以提供一个枚举字段进行选择；时序问题也可以提供一个字段来选择，但主角的 SpawnPoint 应当优先创建；场景依赖问题可以给 SpawnPoint 提供一个获取创建对象的接口，这样场景中的脚本就可以通过它来获取已创建完成的对象。

根据上述几点，我们开始编写 SpawnPoint 脚本。下面来看一下 SpawnPoint 中一些字段的定义。

```csharp
public class SpawnPoint : MonoBehaviour
{
    public enum EHierarchyMode { Child, EqulsParent, Outest }    //层级模式
    //实例源位置枚举
    public enum EResourcesLocation { Addressable, Resources }
    //时序枚举
    public enum ESpawnOrder { Manual, OnEnabled, Start, Message }
    public string resourcePath;                                   //Resource 路径
    public ESpawnOrder spawnOrder;                                //实例化时序
    public EResourcesLocation resourceLocation;                   //实例化源
    public EHierarchyMode createHierMode;                         //层级模式
    GameObject mSpawnedGO;                                        //已创建的对象缓存
    //已创建的对象实例
    public GameObject SpawnedGO => mSpawnedGO;
    //是否已创建
    public bool IsSpawned => SpawnedGO;
    public event Action<GameObject> OnSpawned;                    //创建回调
}
```

针对前几个问题都提供了可配置的字段，其中，SpawnOrder 的枚举除了基本的类型外还考虑到了消息驱动创建（Message）以及脚本自行创建（Manual）的情况。接下来是 Spawn 函数的逻辑，代码如下：

```csharp
protected virtual void Spawn()
{
    var instancedGO = default(GameObject);
    switch (resourceLocation)                                     //从特定源实例化数据
    {
        //该部分需要自行实现动态加载的相关逻辑
        case EResourcesLocation.Addressable:
            //省略加载的具体执行代码
            break;
        case EResourcesLocation.Resources:
            var resHandle = Resources.Load<GameObject>(resourcePath);
            instancedGO = Instantiate(resHandle);                 //实例化
            var len = instancedGO.name.Length - "(Clone)".Length;
            instancedGO.name = instancedGO.name
                .Substring(0, len);                               //删除 Clone 后缀
            break;
    }
    if (!instancedGO)              //检测创建失败的情况，多数为面板路径填错
        Debug.LogError("实例化失败！请检查面板填写是否正确!");
    switch (createHierMode)                                       //层级模式
    {
        case EHierarchyMode.Child:                    //创建为 SpawnPoint 的子对象
            instancedGO.transform.SetParent(transform, false);
            break;
        case EHierarchyMode.EqulsParent:              //与 SpawnPoint 一致的父级
            instancedGO.transform.parent = transform.parent;
            instancedGO.transform
                .SetPositionAndRotation(transform.position
                                , transform.rotation);
            break;
        case EHierarchyMode.Outest:                                //最外层
            instancedGO.transform.parent = null;
```

```
                instancedGO.transform
                    .SetPositionAndRotation(transform.position
                                    , transform.rotation);
                break;
        }
        mSpawnedGO = instancedGO;                           //赋值到内部字段
        OnSpawned?.Invoke(mSpawnedGO);                      //触发回调
    }
```

在上面的代码中，功能函数统一标记为虚函数实现，这是为了后续使用时方便继承扩展。此外，需要注意实例化源的部分写了两种类型，即 Resources 和 Addressable。读者还可以根据需要加入对象池（Object Pool）作为实例化源。在实际项目中，选择对象池作为实例化源也是较为常见的。

这里还需要补充两个函数，即处理回收与供脚本调用创建的接口，代码如下：

```
//尝试创建，若已创建则跳出
public virtual bool TrySpawn()
{
    if (IsSpawned) return false;                            //跳出逻辑
    Spawn();                                                //创建
    return true;
}
//处理回收的逻辑
//若未来加入池，那么这里还要增加一些内容
public virtual void Recycle()
{
    mSpawnedGO = null;
}
```

同样考虑到未来池的情况，在回收部分会增加一些逻辑。最后我们将生成与回收的函数写进 Unity3D 的事件里，代码如下：

```
protected virtual void OnEnable()                           //OnEnable 事件
{
    if (spawnOrder != ESpawnOrder.OnEnabled) return;        //时序检测
    TrySpawn();                                             //创建
}
protected virtual void Start()                              //Start 事件
{
    if (spawnOrder != ESpawnOrder.Start) return;            //时序检测
    TrySpawn();                                             //创建
}
protected virtual void OnDestroy()                          //OnDestroy 事件
{
    Recycle();                                              //执行回收
}
```

7.2.2　扩展 SpawnPoint

7.2.1 节介绍了 SpawnPoint 的创建，本节继续对它进行扩展，主要进行编辑器的预览调试，以便于在引擎地形系统上创建怪物的 SpawnPointBrush 功能，如图 7.5 所示。

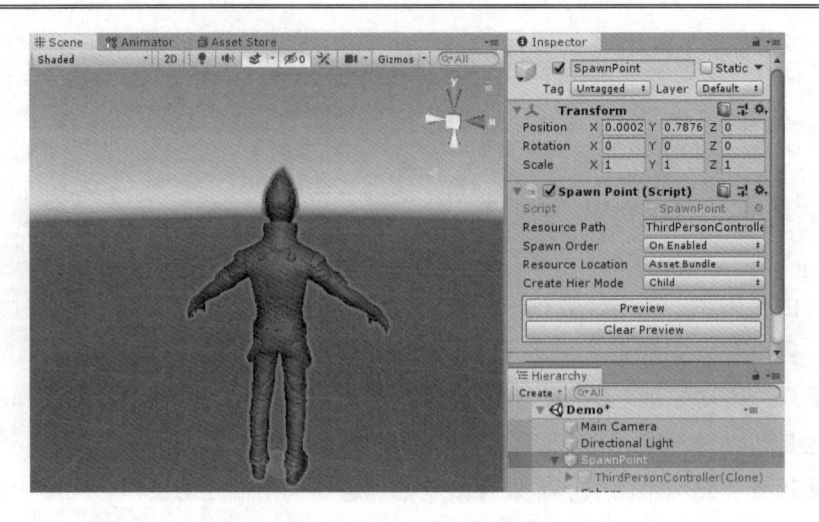

图 7.5　SpawnPoint 的编辑器扩展

1. SpawnPoint的编辑器扩展

首先创建编辑器扩展类并编写一些基础的 UI 布局逻辑，代码如下：

```
[CustomEditor(typeof(SpawnPoint))]                    //连接到 SpawnPoint
[CanEditMultipleObjects]                              //允许多个目标编辑
public class SpawnPointInspector : Editor
{
    public override void OnInspectorGUI()             //重写检视面板逻辑
    {
        base.OnInspectorGUI();
        if (targets.Length > 0)                       //当多目标编辑时不显示按钮
        {
            GUILayout.BeginVertical(GUI.skin.box);                //开始纵向布局组
            if (GUILayout.Button("Preview")) { }                  //预览按钮
            if (GUILayout.Button("Clear Preview")) { }            //清除预览按钮
            GUILayout.EndVertical();                              //结束纵向布局组
        }
    }
}
```

以上脚本属于编辑器脚本，需要放置于 Editor 文件夹内，它支持多目标编辑，但会隐藏预览按钮。接下来编写进行预览的具体逻辑，代码如下：

```
var spawnPoint = base.target as SpawnPoint;           //得到 SpawnPoint 的具体对象
//只支持调试 Resources 目标对象
var cacheResourceLocation = spawnPoint.resourceLocation;
//也可以将调试路径填入 Resources 字段供编辑器调试使用
spawnPoint.resourceLocation = SpawnPoint.EResourcesLocation.Resources;
spawnPoint.GetType().GetMethod("Spawn", BindingFlags.Instance | BindingFlags.NonPublic).Invoke(spawnPoint, null);
//通过反射调用 Spawn 方法
if (spawnPoint.SpawnedGO != null)
    spawnPoint.SpawnedGO.hideFlags = HideFlags.DontSaveInEditor | HideFlags.NotEditable;
//创建出来的对象标记为不可保存、不可编辑的状态
spawnPoint.resourceLocation = cacheResourceLocation;  //恢复实例源
```

这里首先获得具体的目标对象，然后将创建对象的实例源位置暂时修改为 Resources 目录，并通过反射调用 Spawn 接口进行创建，创建后将其 GameObject 的标记设置为不可保存且不可编辑。

接下来对 ClearPreview 的逻辑进行处理，只需要对已创建的对象进行销毁即可。

```
var spawnPoint = base.target as SpawnPoint;         //得到 SpawnPoint 的具体对象
if (spawnPoint.SpawnedGO != null)                   //是否已经创建了对象
    DestroyImmediate(spawnPoint.SpawnedGO);         //直接将已创建的对象销毁
```

这样 SpawnPoint 的编辑器扩展功能就完成了。

2. SpawnPointBrush功能编写

在进行关卡编辑时，有时会遇到一些开放式的关卡，而这类关卡一般涉及地形，我们需要一个类似于地形笔刷的功能进行 SpawnPoint（物体）的批量创建，如图 7.6 所示。

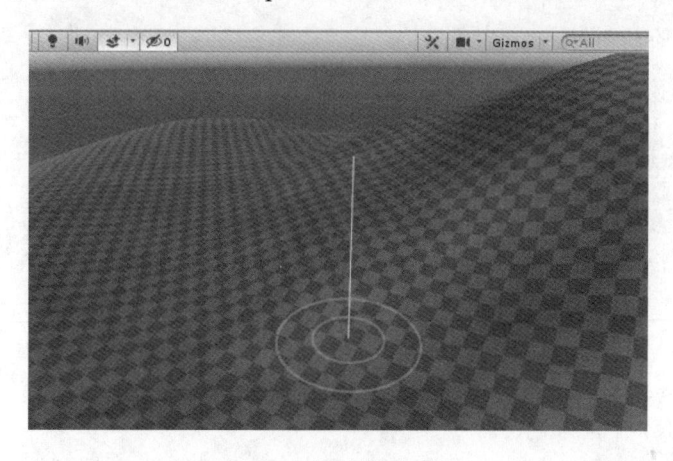

图 7.6　笔刷指示图案

由于 SpawnPointBrush 脚本的主要功能都在编辑器下，所以只需要为其声明一个字段即可，我们先创建该脚本。

```
public class SpawnPointBrush : MonoBehaviour
{
    [HideInInspector]                               //在检视面板内隐藏
    public string templateCachePath;                //缓存模板路径
}
```

接下来创建 Editor 类自定义检视面板，开始编写一些基础逻辑。

```
[CustomEditor(typeof(SpawnPointBrush))]             //标记自定义编辑器目标类
public class SpawnPointBrushInspector : Editor
{
    bool mMouseClickMark;                           //缓存鼠标按下标记，以便 GUI 处理
    SpawnPoint mSpawnPointTemplate;                 //模板实例
    List<SpawnPoint> mCreatedList;                  //已创建的内容列表
    SpawnPointBrush mSpawnPointBrush;               //连接的 Target 对象
    void Awake()
    {
        mSpawnPointBrush = target as SpawnPointBrush;   //缓存目标
        SceneView.duringSceneGui += OnDuringSceneGui;   //绑定场景视图事件
```

```csharp
    }
    void OnDestroy()
    {
        SceneView.duringSceneGui -= OnDuringSceneGui; //取消绑定场景视图事件
    }
}
```

mMouseClickMark 这个变量用于缓存,以区分鼠标是按下还是处于单击的状态;mSpawnPointTemplate 用于存放模板实例;mCreatedList 为已创建内容的缓存列表。在这段代码中注册了场景视图事件,因为需要在编辑器场景视窗中绘制一些标记,所以这些内容将会在后面讲解。

下面开始 OnInspectorGUI 函数的编写,该函数可以扩展检视面板,这里是为了便于用户拖曳模板对象。

```csharp
public override void OnInspectorGUI()
{
    base.OnInspectorGUI();
    //已创建的 SpawnPoint 对象数
    GUILayout.Box("Created SpawnPoint: " + mCreatedList.Count);
    mSpawnPointTemplate = EditorGUILayout.ObjectField("SpawnPoint Template", mSpawnPointTemplate, typeof(SpawnPoint), true) as SpawnPoint;
    //通过 ObjectField 控件设置 SpawnPoint 模板
    if (mSpawnPointTemplate != null)
        mSpawnPointBrush.templateCachePath = AssetDatabase.GetAssetPath(mSpawnPointTemplate);
    //将模板转换为缓存路径存储进字段中,这样当下次打开时就不需要重新设置了
}
```

这里一共有 3 步操作,首先显示已创建的 SpawnPoint 数量便于进行统计;接下来加载缓存的路径,若没有模板字段则为空;最后执行 OnDuringSceneGui 的函数体部分,也是笔刷部分的核心内容,代码如下:

```csharp
void OnDuringSceneGui(SceneView sceneview)
{
    var mousePosition = Event.current.mousePosition;
    //得到鼠标屏幕空间坐标,反转后减去头部 GUI 高度
    mousePosition.y = Screen.height - mousePosition.y - 40;
    var cam = SceneView.lastActiveSceneView.camera;//得到当前编辑器内的相机
    if (cam == null) return;                       //若当前面板无相机则跳出
    var aimRay = cam.ScreenPointToRay(mousePosition);
    var hit = default(RaycastHit);
    //射线检测任意目标碰撞
    if (!Physics.Raycast(aimRay, out hit, Mathf.Infinity)) return;
    Vector3 brushPos = hit.point;                  //笔刷中心点
    //绘制白色提示线
    Handles.DrawAAPolyLine(brushPos, brushPos + new Vector3(0, 10, 0));
    DrawBrush(brushPos, 2f, Color.blue);           //绘制蓝色内提示圈
    DrawBrush(brushPos, 4f, Color.blue);           //绘制蓝色外提示圈
    //确定是按住 Alt 键并右击鼠标
    if (Event.current.button == 1 && Event.current.alt && !mMouseClickMark)
    {
        if (mSpawnPointTemplate != null)
        {
            //实例化 GameObject
            var go = Instantiate(mSpawnPointTemplate.gameObject) as GameObject;
            //加入 Undo 列表
```

```
            Undo.RegisterCreatedObjectUndo(go, "SpawnPointBrush");
            go.name = mSpawnPointTemplate.name;          //修改名称
            go.transform.parent = mSpawnPointBrush.transform; //设置父级变量
            go.transform.position = brushPos;
            mCreatedList.Add(go.GetComponent<SpawnPoint>());  //加入创建列表
        }
        mMouseClickMark = true;                          //鼠标单击标记设置
    }
    if (Event.current.type == EventType.MouseUp)         //鼠标单击标记重置
        mMouseClickMark = false;
    SceneView.RepaintAll();           //执行重绘，保证SceneView视图始终处于更新状态
}
```

这里在每次渲染场景视图时，获取鼠标当前视窗坐标，并以此位置投射射线。当与任意碰撞器相交时，在相交位置创建指示图案并检测创建按键是否被按下。这里的创建指令是 Alt+鼠标右键，输入后会在指定位置创建 SpawnPoint。

在图像绘制的函数中有一个 DrawBrush 函数，该函数负责绘制环形笔刷的外观，它的函数体部分如下：

```
void DrawBrush(Vector3 pos, float radius, Color color, float thickness = 3f, int numCorners = 32)
{
    Handles.color = color;                               //设置颜色
    var corners = new Vector3[numCorners + 1];           //创建转角点
    float step = 360f / numCorners;                      //计算每个转角点的步幅
    for (int i = 0; i <= corners.Length - 1; i++)        //计算转角点的坐标
        corners[i] = new Vector3(Mathf.Sin(step * i * Mathf.Deg2Rad), 0,
    Mathf.Cos(step * i * Mathf.Deg2Rad)) * radius + pos;
    Handles.DrawAAPolyLine(thickness, corners);          //执行绘制
}
```

DrawBrush 函数使用通过多根线段进行圆环绘制，这样笔刷部分的绘制就完成了。

7.2.3 对象池的编写

对象池（Object Pool）常用于缓存一定数量的实例对象，并进行简单的隐藏操作，当需要使用它时显示即可，它可以避免频繁地创建销毁对象。相信大多数开发者对其都不陌生，由于它涉及对象的创建逻辑，所以会与其他模块产生相当程度的耦合与交集，在后面的章节中也会涉及。接下来就实现一个简单的对象池功能。

单个池可以管理对象的取出及取回状态，不同类型的对象需要不同类型的池，但它们的共有逻辑是可以提炼的。我们可以给池赋予 ID 号并在池管理器中注册和获取它们，如图 7.7 所示。

当进入关卡后，首先会进行脚本配置，配置当前关卡中对不同池的缓存数量及不同策略，这样的脚本配置在每

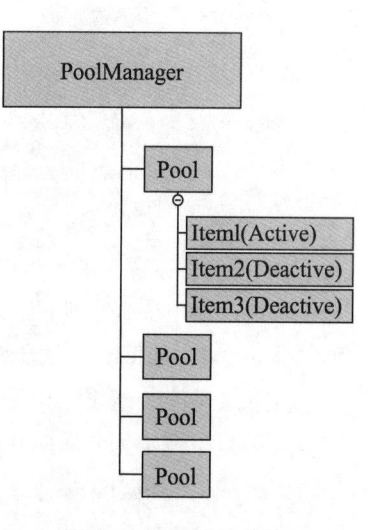

图 7.7 池的设计结构

个关卡中都会出现。

存放在池中的对象在放回和取出时,需要得到对应的消息通知,较为简单的做法是借助 Unity3D 自身消息模块进行广播,或自行查找接口来分发。

接下来进入脚本的编写部分,先来看看池管理器的逻辑。

```csharp
public class PoolManager
{
    static PoolManager mInstance;
    public static PoolManager Instance { get { return mInstance ?? (mInstance = new PoolManager()); } }                          //单例
    List<DefaultPool> mPoolList;                                        //池 List
    public PoolManager()
    {
        mPoolList = new List<DefaultPool>();
    }
    public void RegistPool(DefaultPool pool)                            //注册池
    {
        mPoolList.Add(pool);
    }
    public void UnregistPool(DefaultPool pool)                          //反注册池
    {
        mPoolList.Remove(pool);
    }
    public DefaultPool GetPool(int id)                                  //通过 ID 获取池
    {
        var result = default(DefaultPool);
        for (int i = 0, iMax = mPoolList.Count; i < iMax; ++i)
        {
            var item = mPoolList[i];
            if (item.ID == id)
            {
                result = item;
                break;
            }
        }
        return result;
    }
    public void Prepare(int poolID, int poolSize)                       //重定义池缓存大小
    {
        GetPool(poolID).Prepare(poolSize);
    }
    public void ClearAll()              //退出关卡时调用该函数,清空所有池内的对象
    {
        for (int i = 0, iMax = mPoolList.Count; i < iMax; ++i)
            mPoolList[i].Clear();       //执行池对象的清空函数
    }
}
```

池管理器主要提供池的注册、反注册和获取等操作。Prepare 接口用于进入关卡后进行池大小的重置,ClearAll 用于当退出关卡时清空池对象。

接下来是池的逻辑,由于多数资源可以视作 GameObject 进行处理,所以统一将模板与实例化类型设定为 GameObject。默认池的定义如下:

```csharp
public class DefaultPool
{
    const string MSG_POOL_TAKE = "OnPoolTake";                          //池取出消息
```

```csharp
    const string MSG_POOL_TAKE_BACK = "OnPoolTakeBack";        //池放回消息
    bool mSendPoolMessage;                                      //是否发送消息
    GameObject mTemplate;                                       //模板
    protected Queue<GameObject> mMemberQueue;
    public int ID { get; private set; }                         //ID
    public int PoolSize { get; private set; }                   //池的大小
}
```

构造函数赋值操作：

```csharp
public DefaultPool(int id, GameObject template, bool sendPoolMessage = true)
{
    ID = id;
    mTemplate = template;
    mSendPoolMessage = sendPoolMessage;
    //初始化队列，缓存大小为16个对象数
    mMemberQueue = new Queue<GameObject>(16);
}
```

取出与放回物品时只需要对队列进行操作即可，设置激活状态并使用Unity3D的消息广播通知当前对象。

```csharp
public virtual GameObject TakeItem()                            //取出物品
{
    if (mMemberQueue.Count == 0) return null;                   //默认为非增量逻辑
    var instanceGO = mMemberQueue.Dequeue();
    instanceGO.SetActive(true);
    if (mSendPoolMessage)
        instanceGO.BroadcastMessage(MSG_POOL_TAKE);
    return instanceGO;
}
public virtual void TakeBackItem(GameObject go)                 //放回物品
{
    go.SetActive(false);
    if (mSendPoolMessage)
        go.BroadcastMessage(MSG_POOL_TAKE_BACK);
    mMemberQueue.Enqueue(go);
}
```

清空与准备操作主要用于关卡初始化与退出时的重置。

```csharp
public virtual void Prepare(int poolSize)                       //重置池的大小
{
    PoolSize = poolSize;
    Clear();                                                    //清空队列
    for (int i = 0; i < poolSize; ++i)
    {
        var instancedGO = UnityEngine.Object.Instantiate(mTemplate, Vector3.zero, Quaternion.identity);
        instancedGO.SetActive(false);
        mMemberQueue.Enqueue(instancedGO);
    }//重新添加
}
public virtual void Clear()                                     //清空池中的所有对象
{
    while (mMemberQueue.Count > 0)
        UnityEngine.Object.Destroy(mMemberQueue.Dequeue());
}
```

至此,一个简单的对象池功能就实现了。如果真正使用,还需要增加一些 ScriptableObject 配置等。

7.2.4 关卡模块的序列化

对关卡内容进行序列化是一项很有必要的操作。关卡中的检查点重置、存档等功能都依赖于序列化接口。在游戏中可通过外部模块主动调用关卡模块的序列化、反序列化接口,以实现关卡部分存档和读档功能。关卡序列化的主要问题是如何去控制场景内不同组件的序列化顺序,因为有些游戏对象会在编辑器内被不断删改,而另一些游戏对象则会被动态创建。

解决方式是为每个组件分配一个 GUID,在反序列化时可按照 GUID 来查找当前场景内存在的组件,如图 7.8 所示。

关卡组件需要实现 IMissionArchiveItem 接口,它提供了基础的序列化、反序列化事件函数。需要注意,由于关卡的特殊性,角色检查点重置或者读档进入关卡都需要进行反序列化,所以这里将反序列化理解为关卡的状态初始化,从而间接合并初始化与反序列化操作。

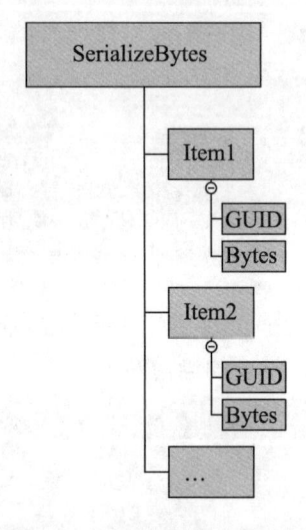

图 7.8 关卡序列化方式示意

```
public interface IMissionArchiveItem : IGuidObject
{
    void OnSerialize(BinaryWriter writer);                  //序列化
    void OnMissionArchiveInitialization                     //关卡初始化
(BinaryReader reader, bool hasSerializeData);
}
```

这是关卡组件的基础接口,而它又继承于 IGuidObject,也就是上面所说的 GUID 分配。这个接口只有一个 GUID 字段。

```
public interface IGuidObject
{
    long Guid { get; }
}
```

使用 C#自带的方法即可创建 GUID。

```
long CreateLongGUID()
{
    var buffer = System.Guid.NewGuid().ToByteArray();       //创建 GUID 字节数组
    return System.BitConverter.ToInt64(buffer, 0);          //转换为 long 类型
}
```

方便起见,接下来实现一个 GuidObject 类,挂载在场景中会自动分配 GUID 字段。

```
public class GuidObject : MonoBehaviour, IGuidObject
{
    //动态对象的 GUID 计数变量
    static long mRuntimeGuidCounter = long.MinValue;
    public long guid;
#if UNITY_EDITOR
```

```csharp
    public bool lockedGuid;                              //锁定 GUID 值
#endif
    long IGuidObject.Guid { get { return guid; } }       //接口实现
    public void ArrangeRuntimeGuid()                     //动态对象初始化 GUID
    {
        ++mRuntimeGuidCounter;
        guid = mRuntimeGuidCounter;
    }
#if UNITY_EDITOR
    protected virtual void OnValidate()
    {
        if (!lockedGuid)
            guid = CreateLongGUID();
    }
#endif
}
```

考虑到动态创建的组件,由于静态 GUID 通常是大于 0 的值,所以动态 GUID 一般不会与其冲突。当组件有所改变时会触发 OnValidate,如要防止误修改,也可以勾选 lockedGuid 选项以锁定当前值。

接下来编写 MissionArchiveManager 脚本,先不涉及序列化逻辑,仅提供组件注册与反注册的接口。

```csharp
public class MissionArchiveManager
{
    static MissionArchiveManager mInstance;              //这里使用非 mono 单例
    public static MissionArchiveManager Instance { get { return mInstance ?? (mInstance = new MissionArchiveManager()); } }
    List<IMissionArchiveItem> mMissionArchiveItemList;
    public MissionArchiveManager()
    {
        mMissionArchiveItemList = new List<IMissionArchiveItem>();
    }
    public void RegistMissionArchiveItem(IMissionArchiveItem archiveItem)
    {
        mMissionArchiveItemList.Add(archiveItem);        //注册组件
    }
    public void UnregistMissionArchiveItem(IMissionArchiveItem archiveItem)
    {
        mMissionArchiveItemList.Remove(archiveItem);     //反注册组件
    }
}
```

结构已经逐渐清晰,下面来看看场景组件要如何编写。

```csharp
public class Foo : GuidObject, IMissionArchiveItem
{
    public int HP { get; private set; }                  //生命值
    void Awake()
    {
        //注册关卡组件
        MissionArchiveManager.Instance.RegistMissionArchiveItem(this);
    }
    void OnDestroy()
    {
        //反注册关卡组件
        MissionArchiveManager.Instance.UnregistMissionArchiveItem(this);
    }
```

```csharp
    void IMissionArchiveItem.OnMissionArchiveInitialization(BinaryReader
deserialize, bool hasSerializeData)                              //反序列化处理
    {
        if (hasSerializeData)                                    //是否存在序列化数据
            HP = deserialize.ReadInt32();
    }
    void IMissionArchiveItem.OnSerialize(BinaryWriter writer)    //序列化处理
    {
        writer.Write(HP);
    }
}
```

上面是一个只有生命值字段的场景组件,它将在 Awake 阶段注册,在 OnDestroy 阶段反注册。在触发存档时会触发接口的序列化与反序列化函数,以存储或恢复生命值字段。

最后是 MissionArchiveManager 序列化与反序列化的实现部分,它将为每个注册的组件临时创建一个 MemoryStream,并将写入的字节数组整合到外部流中。

```csharp
public void MissionInitialization()                     //进入关卡后调用函数进行初始化
{
    for (int i = 0, iMax = mMissionArchiveItemList.Count; i < iMax; ++i)
    {
        var item = mMissionArchiveItemList[i];
        item.OnMissionArchiveInitialization(null, false);
    }
}
public void MissionInitialization(Stream stream) //读档或检查点调用该函数初始化
{
    using (var binaryReader = new BinaryReader(stream))
    {
        var serializeCount = binaryReader.ReadInt32();   //获取之前组件的数量
        for (int i = 0; i < serializeCount; ++i)
        {
            var guid = binaryReader.ReadInt64();                       //读到 ID
            var bytes_length = binaryReader.ReadInt32();
            var bytes = binaryReader.ReadBytes(bytes_length);     //读到字节
            for (int archiveIndex = 0, archiveIndex_Max = mMission
ArchiveItemList.Count; archiveIndex < archiveIndex_Max; ++archiveIndex)
            {
                var item = mMissionArchiveItemList[archiveIndex];
                if (item.Guid != guid) continue;             //如果不匹配则跳出
                using (var archiveItemStream = new MemoryStream(bytes))
                using (var archiveItemStreamReader = new BinaryReader
(archiveItemStream))
                    item.OnMissionArchiveInitialization(archiveItem
StreamReader, true);                                   //反序列化操作
            }
        }
    }
}
public void MissionSerialize(Stream stream)               //关卡序列化
{
    using (var binaryWriter = new BinaryWriter(stream))
    {
        binaryWriter.Write(mMissionArchiveItemList.Count); //当前组件数
        for (int i = 0, iMax = mMissionArchiveItemList.Count; i < iMax; ++i)
        {
            var item = mMissionArchiveItemList[i];
            using (var archiveItemStream = new MemoryStream())//组件的内存流
```

```
            {
                using (var archiveItemStreamWriter = new BinaryWriter
(archiveItemStream))
                {
                    item.OnSerialize(archiveItemStreamWriter);    //序列化事件
                    var bytes = archiveItemStream.ToArray();
                    binaryWriter.Write(item.Guid);                //写入 ID
                    binaryWriter.Write(bytes.Length);
                    binaryWriter.Write(bytes);                    //写入字节
                }
            }
        }
    }
}
```

至此，一个基本的关卡序列化就完成了。如果在项目中使用则会有一些问题，因为一些组件在默认状态下是隐藏的，不会触发 Awake 事件，这就导致无法在场景初始化后注册到管理器中。不过我们可以编写一个收集器来解决这个问题。

收集器可通过 List 字段存储所有静态置于场景内的组件，由于在编辑器下绑定了场景存储的回调事件，所以在操作中会自动进行收集。

```
[UnityEditor.InitializeOnLoad]                            //设置在启动时自动运行
public class MissionArchiveCollector_Initialization
{
    static MissionArchiveCollector_Initialization()
    {
        UnityEditor.SceneManagement.EditorSceneManager.sceneSaving += Scene
SavingCallback;                                           //场景存储回调
    }
    //场景存储回调函数
    public static void SceneSavingCallback(Scene scene, string scenePath)
    {
        var rootGameObjects = scene.GetRootGameObjects();
        var archiveCollectorGO = rootGameObjects.FirstOrDefault(m => m.
GetComponentInChildren<MissionArchiveCollector>());
        if (archiveCollectorGO == null) return;           //没有找到收集器，跳出
        var archiveItemArray = rootGameObjects
            .SelectMany(m => m.GetComponentsInChildren<IMissionArchiveItem>
(true)).ToArray();
        var archiveCollector = archiveCollectorGO.GetComponentInChildren
<MissionArchiveCollector>();                              //得到收集器组件
        for (int i = 0; i < archiveItemArray.Length; ++i)
        {
            var currentArchiveItem = archiveItemArray[i];
            var currentArchiveItemMono = currentArchiveItem as MonoBehaviour;
            if(!archiveCollector.missionArchiveItemsList.Contains
(currentArchiveItemMono))
//收集到列表
archiveCollector.missionArchiveItemsList.Add(currentArchiveItemMono);
        }
    }
}
public class MissionArchiveCollector : MonoBehaviour    //收集器 Mono 类
{
    public List<MonoBehaviour> missionArchiveItemsList = new List<MonoBehaviour>();
    void Awake()
    {
        for (int i = 0, iMax = missionArchiveItemsList.Count; i < iMax; ++i)
```

```
            {
                var item = missionArchiveItemsList[i] as IMissionArchiveItem;
                //注册组件
                MissionArchiveManager.Instance.RegistMissionArchiveItem(item);
            }
        }
        void OnDestroy()
        {
            for (int i = 0, iMax = missionArchiveItemsList.Count; i < iMax; ++i)
            {
                var item = missionArchiveItemsList[i] as IMissionArchiveItem;
                //反注册组件
                MissionArchiveManager.Instance.UnregistMissionArchiveItem(item);
            }
        }
    }
```

这样，只需要在不同场景内放置一个收集器组件，然后将静态对象的管理器注册操作交给收集器即可。

注意，这里的实现方式并不包含关卡的场景名称或者加载逻辑等内容，但包含关卡序列化的必要步骤。读者可以进一步加以扩展并整合到自己的项目中。

7.2.5 战斗壁障的实现

在动作游戏的战斗中，为了防止玩家跑到战斗以外的区域，常使用空气墙来阻挡玩家，如图 7.9 所示。这里借助 7.2.2 节中的 SpawnPoint 来实现一个战斗壁障的功能。

图 7.9 游戏中的战斗壁障效果

战斗壁障常常带有一些动画效果，类似于动漫中经常出现的结界特效。由于设置壁障的墙壁范围并不一致，就会导致壁障的贴图过宽被拉伸从而影响画面效果。

对于拉伸的问题有两种方法可以解决，一是在 C#脚本部分根据壁障模型的面片宽度动态地缩放 UV，使其达到自适应；二是在 Shader 里直接获取世界坐标进行处理。这里以第一种方法为例进行编写。

做法是首先获取 MeshFilter 的 Mesh 数据,缓存初始 UV,然后按照缩放值与预设的最大值计算出一个比值,在每帧中给 UV 乘以比值进行更新,这部分逻辑可以写入单独的脚本中,代码如下:

```csharp
public class MeshUVAdjuster : MonoBehaviour
{
    public MeshFilter meshFilter;
    Mesh mCacheMesh;
    Vector2[] mCacheUvArray;
    void OnEnable()
    {
        MeshScaleCache();
    }
    void Update()
    {
        MeshScaleUpdate();
    }
    void MeshScaleCache()                              //缓存初始 UV
    {
        mCacheMesh = meshFilter.mesh;
        var meshUv = mCacheMesh.uv;
        mCacheUvArray = new Vector2[meshUv.Length];
        for (int i = 0; i < meshUv.Length; i++)
            mCacheUvArray[i] = meshUv[i];
    }
    void MeshScaleUpdate()                             //将 UV 按照缩放值赋予相应比例
    {
        const float MAX_X_SCALE = 5f;
        var scaleRatio = transform.lossyScale.x / MAX_X_SCALE;
        var uv = mCacheMesh.uv;
        for (int i = 0; i < uv.Length; i++)
            uv[i].x = mCacheUvArray[i].x * scaleRatio;
        mCacheMesh.uv = uv;
    }
}
```

将脚本挂载于战斗壁障所使用的面片上即可进行自适应的 UV 缩放,测试效果如图 7.10 所示。

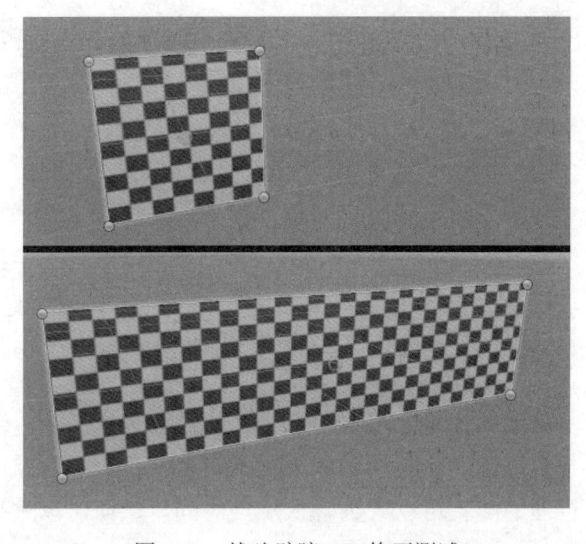

图 7.10　战斗壁障 UV 修正测试

这样可对不同宽度的区域设置壁障，且不会造成壁障贴图扭曲。接下来要开始对敌人的 SpawnPoint（出生点）进行监听，确认所有敌人死亡后再让壁障消失。

对于壁障淡入淡出的逻辑，则划分到另一个脚本中。

```
public class BattleBarrierPlane : MonoBehaviour
{
    public void Show(){//...}
    public void Fade(){//...}
}
```

接下来是壁障自身的脚本逻辑。

```
public class BattleBarrier : MonoBehaviour
{
    public SpawnPoint[] listenSpawnPoints;                      //监听的 SpawnPoint
    public BattleBarrierPlane[] barrierPlanes;                  //战斗壁障平面
    bool mIsTrigger;                                            //触发状态标记
    void Update()
    {
        if (!mIsTrigger) return;
        var flag = true;
        for (int i = 0; i < listenSpawnPoints.Length; ++i)
        {
            if (listenSpawnPoints[i].SpawnedGO != null)
            {
                flag = false;
                break;
            }
        }//检测敌人是否全部死亡
        if (flag)
        {
            for (int i = 0; i < barrierPlanes.Length; ++i)
                barrierPlanes[i].Fade();                        //壁障平面淡出
            enabled = false;                                    //关闭脚本自身
        }
    }
    void OnTriggerEnter(Collider other)
    {
        if (!other.CompareTag("Player")) return;                //非玩家触发则跳出
        if (mIsTrigger) return;
        for (int i = 0; i < barrierPlanes.Length; ++i)          //触发壁障显示
            barrierPlanes[i].Show();
        mIsTrigger = true;
    }
}
```

使用碰撞框检测玩家是否已进入，如果已进入则遍历监听的 SpawnPoint 来检测怪物是否全部被消灭，并在消灭后执行淡出逻辑。

7.3 光照与烘焙

在前面的章节中我们对关卡的常用功能进行了讲解。在关卡开发中有一项较为耗时的工作就是光照烘焙，合理的配置可以大大降低烘焙时间，从而可以进行主要工作的开发。本节将会对光照与烘焙进行概括性的介绍。

7.3.1 不同 GI 类型的选择

GI（Global Illumination，全局光照明）通常指在真实环境中的光线照射效果。光源被发射出后，经过无数次的反射与弹射，最后演绎为真实的自然光。

在游戏引擎中，有多种解决方案可以间接地达到 GI 效果。例如，常见的 Lightmap 烘焙光照，或存储间接光照信息的预计算全局光照 PRGI（Precompute Realtime GI），如图 7.11 所示。它们在达到逼真光线效果的同时又存在各种不足，如无法适应昼夜切换或者需要区分静态物体等。

图 7.11　传统虚拟灯光（左）与预计算全局光照（右）

在较新版本的 Unity3D 中，光照烘焙被分为两大类，即 Realtime Lighting（实时光照）与 Mixed Lighting（混合光照）。对于需要动态光照并且是非移动平台的游戏，如有昼夜切换之类的效果，建议使用实时光照烘焙方案，也就是使用 Enlighten 的预计算光照。而对于传统手机端游戏或没有动态光照需求的游戏，则可以使用混合光照，并且在混合光照下可以融入一定程度的实时阴影等。虽然 Unity3D 也提供了同时勾选两种光照模式的选项，但是在一般情况下不建议两个选项都开启。

7.3.2 预计算光照的使用

预计算全局光照是较为常见的烘焙模式，下面介绍一下它的用法。首先选择 Window | Rendering | Lighting 命令，弹出光照烘焙面板，在 Realtime Lighting 选项中勾选 Realtime Global Illumination 复选框，如图 7.12 所示。

然后在 Lightmapping Settings 选项中对其进行参数设置，将需要烘焙的物体标记为静态，最后单击 Generate Lighting 按钮。对于间接光照的烘焙总结如下：

- 间接光强度调节：可以直接修改 Indirect Intensity 和 Albedo Boost 属性。
- 光照参数设置：在光照面板中可以修改 Lightmap Parameters 进行整体调节，在场景视图中可以打开 Clustering 通道进行查看，也可以给特殊物体设置指定的参数。对于一些非常大的静态物体，在烘焙时需要进行隐藏处理。
- 性能影响：过于密集的 Clustering 会对运行时的性能造成影响。此外，设置 Directional Mode 为非方向性在失去一些表现效果的同时，可以提高性能并且节省内存占用。
- 自发光：Emission 自发光虽然被标记为实时性，只能针对静态物体，但是允许动态修改自发光强度与颜色。

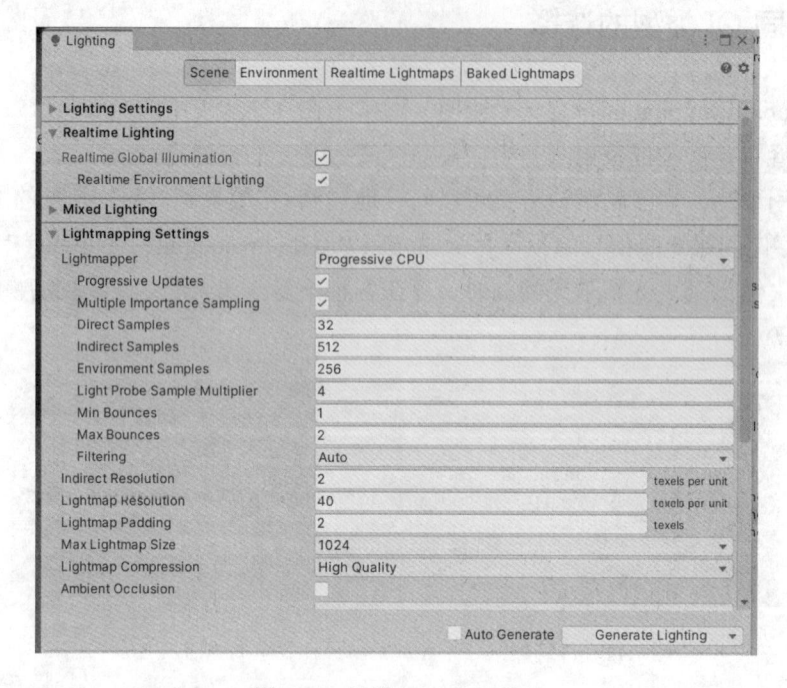

图 7.12　设置 Lighting 面板

7.3.3　光照探针的使用

在不同烘焙方案中，光照探针（Light Probe）存储的信息也不一样。在预计算光照中，光照探针用于存储间接光照与预计算光照信息。

通过分布光照探针，动态对象也可以获得预计算光照信息，但这只能达到一定程度的还原。除了如角色类的常规动态对象之外，还可以将一些静态的小物件标记为动态并受探针影响，这样以提高烘焙效率。

使用光照探针，需要添加光照探针组（Light Probe Group）组件，它可以用来在场景中创建与编辑光照探针，如图 7.13 所示。

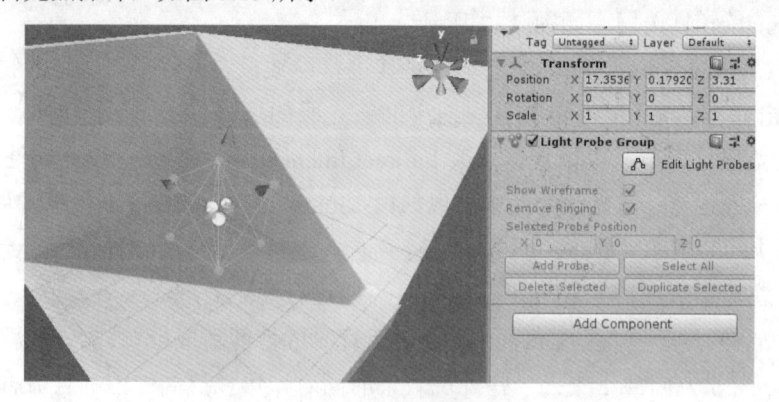

图 7.13　光照探针

光照探针编辑好之后再进行烘焙即可。对于光照探针的编辑，可以自行编写工具脚本，只需要将位置信息传入 Light Probe Group 的位置数组即可。

```
var customLightProbePositions = new Vector3[n];
//...
lightProbeGroup.probePositions = customLightProbePositions;
```

一般建议将光照探针放置于光线变化处，对于开阔区域，可以放置较少的光照探针。

7.3.4 反射探针简介

除了光照探针，对于反射内容较多的场景，还需要放置一些反射探针。在脚本上挂载 Reflection Probe 组件即可添加反射探针，如图 7.14 所示。

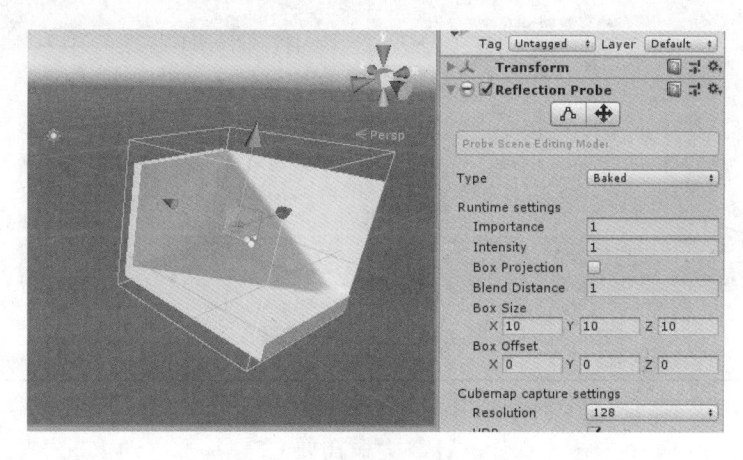

图 7.14 反射探针的创建

对于反射探针的总结如下：

- 探针类型：通常将探针设置为烘焙类型。实时类型的探针开销非常高，可考虑屏幕空间反射等。如果一定有需求，可以参照平面反射的做法，在渲染前临时替换一些反射材质。
- Box Projection：开启 Box Projection（盒装反射）可以更好地模拟物体倒影，若不开启反射，则更接近反射环境。如果需要精准的倒影反射，则可以使用平面反射。
- 多反射混合：当多个反射探针（Reflection Probe）同时作用于一个区域时往往会得到混合结果，若想准确地使用某个反射探针的内容，可以修改 MeshRenderer 的锚点位置。

7.3.5 借助 LPPV 优化烘焙

在使用光照探针给动态物体传递光照信息时，一些较大的物体无法达到很好的表现效果。Unity3D 提供了 LPPV（Light Probe Proxy Volume）工具脚本来处理这类问题。如图 7.15 所示，左侧为光照探针，右侧为添加 LPPV 的效果。

图 7.15　LPPV 在电影《重建核心》中的表现

使用 LPPV 需要给创建的对象挂载该组件，并对 Renderer 进行指定，如图 7.16 所示。

图 7.16　LPPV 的设置

一般而言，较大的动态物体可以使用 LPPV，但过多地使用 LPPV 会增加性能开销。根据官方测试，每 64 个内插光探针的计算大概需要 CPU 运算（i7-4Ghz）0.15 毫秒。

第 8 章　敌人 AI 设计详解

本章将讲解游戏中敌人 AI（Artificial Intelligence）设计的相关内容。在本章的前半部分将会介绍常见 AI 的类型及设计思路；后半部分将会对 AI 在战斗中的实际问题如共享字段、随机行为等进行讲解，并针对插件或脚本的开发优劣进行分析。

8.1　开发基础

本节将讲述敌人 AI 设计的基础概念与开发工具，这可能涉及一些游戏设计的相关知识，但对于开发完整的 AI 逻辑来说，掌握这些知识是必不可少的。

8.1.1　敌人 AI 设计简介

敌人 AI 的编写是战斗环节中重要的一部分。与角色扮演类游戏不同，动作游戏的敌人 AI 类型更丰富，逻辑更复杂。在开始正式讲解之前，需要先了解以下几点：

- 人形还是非人形敌人：人形敌人具备被浮空、格挡等行为，易给玩家带来紧张、刺激、有策略性的战斗体验。非人形敌人多以四足动物、巨兽居多，这类敌人天然的无法浮空，玩家往往只能进行翻滚躲避，这样容易导致战斗枯燥并且美术制作成本也比较高。
- 在战斗中的角色定位：怪物作为精英敌人还是常规敌人出现？对玩家的威胁性如何？是偏战斗还是偏敏捷类的敌人？不同的类型定位会影响到后期在关卡中的组合搭配。
- 特殊行为：特殊能力可以使战斗不会显得千篇一律，设计一些只是外观不同而行为相似的敌人是不可取的。我们可以给敌人添加一些特殊能力。例如，敌人出现一定时间后就会进入高频攻击的战斗模式，或者出现有护甲与战斗两种类型的敌人等。特殊行为可改变玩家的作战策略，以提升不同怪物组合的新鲜感，并且使游戏更精良。

当确立了 AI 的设计方向时，就可以着手 AI 逻辑的编写工作。对于常规敌人的 AI 设计，这里有一个针对 Hack&Slash 类动作游戏的常用模板可以参照，如图 8.1 所示。

在图 8.1 中，首先将怪物 AI 分为主动状态与被动状态，在行为树中，这些状态间存在打断处理。被动状态（Passive）的行为触发后，可直接打断主动状态（Active）的运行；

当主动状态的激活（Activate）节点进入时，怪物会在攻击（Attack）与游走（Wander）节点之间来回切换；当进入攻击或游走状态时会进行共享字段的判断，检测同类型怪物有几个攻击者，或当前位置有哪些游走点可以进行移动。除非目标死亡或者离开激活范围，否则仍将持续当前行为。

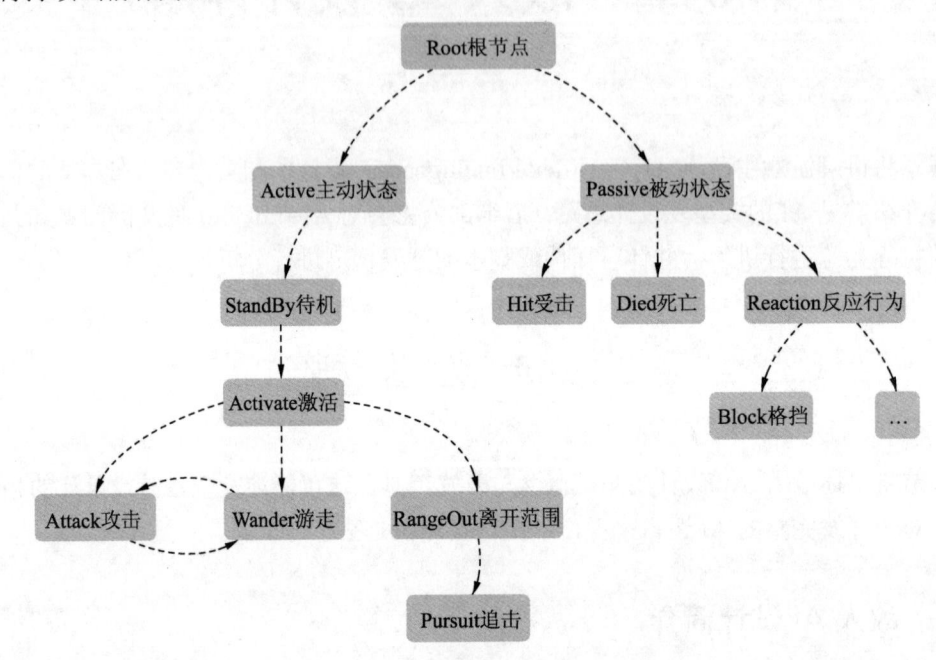

图 8.1 动作游戏的敌人 AI 常用模板

基于图 8.1 所示的模板配置，进一步将敌人归为以下几类。

- 战士型敌人：攻击部分的行为相对复杂，在被动状态中可对玩家血量变化或特定技能触发进行响应。
- 敏捷型敌人：游走部分的行为相对复杂，通常会出现前扑或冲锋类技能促使玩家主动闪避。
- 辅助型敌人：逻辑相对简单，弓箭手或法师都属于此类。一般拥有较高伤害，属于战斗中需要首先消灭的类别，可在攻击部分再进行扩展，多增加几种不同的远程攻击类型。

将敌人进行分类，可以在关卡编辑时更好地对不同怪物进行搭配筛选，也对其方向有一个更准确的拿捏。

接下来介绍一下 BOSS 类型的敌人的 AI 设计。除了普通敌人的设计需要注意的以上几点之外，BOSS 敌人的 AI 设计需要注意以下几点。

- 不违背游戏整体的流程体验：前期的 BOSS 应控制 AI 难度，提供更多的技能硬直时间；后期则相反，并且应符合其在后期阶段的美术形象，AI 行为更复杂，其拥有更多的战斗场景等。
- 与场景、Cutscene 相结合：可以出现场景被破坏或掺杂着不同战斗阶段的剧情等。但要考虑制作成本，一旦弃用，会带来大量的损失。

❑ 让玩家印象深刻：每个环节都不能，在美术上要与众不同，而故事背景及设定也需要能足够地吸引人。

上述几点也包含一些非 AI 方面的内容，但对于一款动作游戏的 BOSS 设计，这些是必不可少的。

工欲善其事，必先利其器。前期明确了 AI 的设计方向以及行为树的大体配置之后，接下来开始实际编写操作。

8.1.2 导航网格功能简介

在进入正式内容的讲解之前，还需要介绍一个重要的概念——导航网格（NavMesh）。导航网格是 Unity3D 中寻路的解决方案，这套方案除了提供传统的路径查找外，还自带动态避障、传送点等关键功能。

使用导航网格功能，需要在 Package Manager 的 Unity Registry 分类中搜索 AI Navigation 进行安装，如图 8.2 所示。

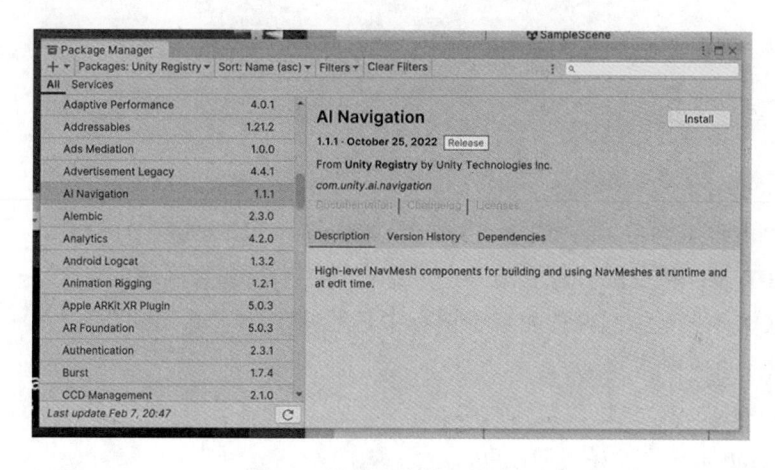

图 8.2 导航网格模块的安装

在场景中添加 GameObject 对象，并挂载脚本 NavMeshSurface，该脚本包含寻路网格信息。挂载脚本后单击 Bake 按钮即可烘焙寻路网格。

NavMeshSurface 脚本参数面板如图 8.3 所示。

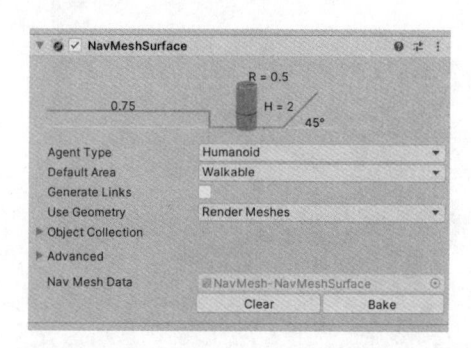

图 8.3 NavMeshSurface 参数

主要参数说明如下：
- Agent Type：以什么样的代理对象为例烘焙寻路表面。
- Default Area：默认区域状态，如设置为可走动。
- Generate Links：生成链接，该功能需要与 NavMeshModifier 脚本配合使用。
- Use Geometry：选择用于烘焙的几何体，使用网格或物理碰撞。

单击 Bake 按钮后即完成导航网格烘焙。要让游戏中的角色使用导航网格的数据，需为每个角色挂载 NavMeshAgent 组件，该组件除了提供寻路有关的接口外，还可以让角色移动时自动绕开其他角色，该组件参数如图 8.4 所示。

图 8.4　NavMeshAgent 参数

主要参数说明如下：
- Agent Type：当前的代理类型，用于描述角色半径和身高等信息。
- Base Offset：碰撞圆柱体相对于锚点中心的偏移。
- Speed：角色寻路速度。
- Angular Speed：角色旋转角速度。
- Acceleration：角色寻路加速度。
- Stopping Distance：当距离目标多近时寻路将停止。
- Auto Braking：角色将在快要到达目标时减慢速度，而对于巡逻及类似行为，角色需要在多个点之间平滑移动，应关闭此选项。

在完成寻路网格烘焙与挂载角色的 NavMeshAgent 组件后，我们编写脚本以测试寻路功能：

```
public class TestNavMesh:MonoBehaviour
{
    NavMeshAgent mAgent;

    void Start()
    {
        //获得挂载的 NavMeshAgent 组件
        mAgent = GetComponent<NavMeshAgent>();
    }
    void Update()
    {
        //当玩家单击鼠标时
```

```
        if (Input.GetMouseButtonDown(0))
        {
            //发出射线并通知寻路组件移动至目标处
            var ray = Camera.main.ScreenPointToRay(Input.mousePosition);
            if (Physics.Raycast(ray.origin, ray.direction, out var hitInfo))
                mAgent.destination = hitInfo.point;
        }
    }
}
```

8.1.3　Behavior Designer 插件简介

Behavior Designer 是一款相当流行的行为树插件，它适用于编写较复杂的 AI 行为，是一款收费插件，可在资源商店中购买并下载。

将 Behavior Designer 插件导入项目中后，在 Tools | Behavior Designer 选项中可以找到该插件。其中，Editor 页签可打开行为树编辑器；Global variables 可打开全局变量面板，类似于虚幻引擎的黑板（Black board）功能，可用于同类 AI 间的数据交换。

使用行为树需要在 GameObject 上挂载行为树组件，并单击 Open 按钮（如图 8.5 所示），即可弹出行为树编辑对话框，如图 8.6 所示。

图 8.5　行为树组件面板

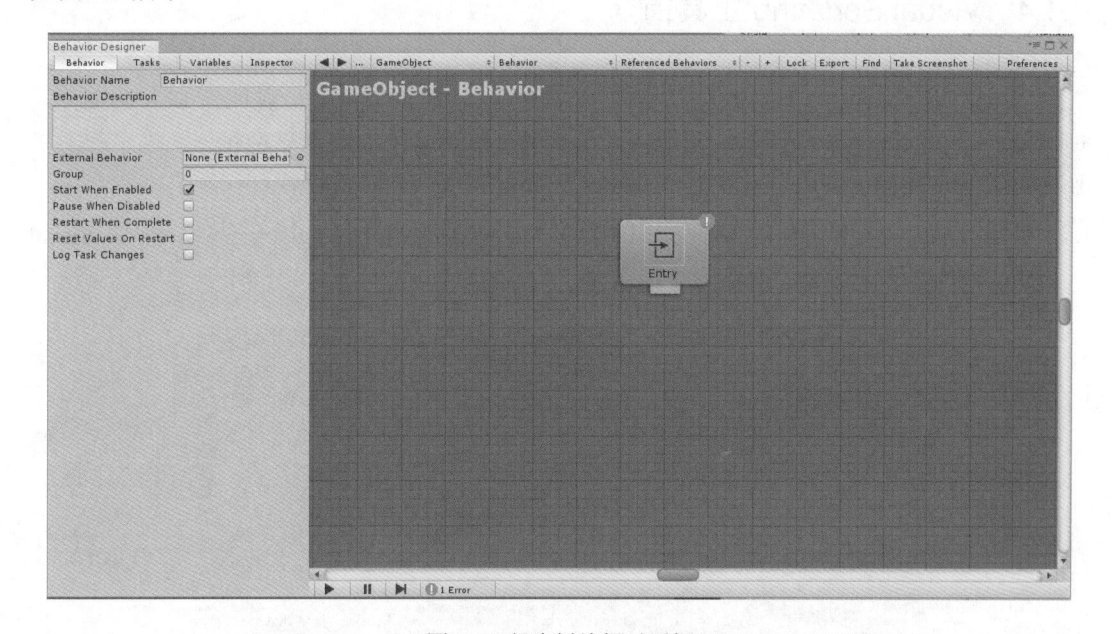

图 8.6　行为树编辑对话框

在行为树编辑对话框的左上角有 4 个页签，分别是 Behavior（行为）、Tasks（任务）、Variables（变量）和 Inspector（检视面板）。Behavior 页签通常配置行为树的组件参数；Tasks

页签可以拖动行为节点到行为树内，里面有 Selector 和 Sequence 之类的常见节点等；Variables 页签可以创建成员变量供外部修改及内部使用；Inspector 页签可以配置行为树节点的参数。

这里列举一下 Behavior Designer 行为树的常见节点并进行简要介绍。

- Sequence：序列节点，从左往右依次执行，当内部所有节点完成 Success 时，该节点才会完成 Success。
- Selector：选择器节点，当内部任意子节点返回 Success 完成状态时，不会继续执行后面的节点，类似于"或"的状态。
- Paraller：并行节点，会在同一时间并行执行所有子节点。注意，它只是行为树意义上的并行。
- Interrupt：打断节点，用于打断当前状态，如 B 事件突然触发打断 A 节点的执行等。
- Repeater：循环节点，用于循环子行为并持续一定次数。
- Has Receive Event：是否接收自定义事件，受行为树内部的事件系统管理，多用于外部通知，如怪物受击、死亡等被动事件。

在 Behavior Designer 插件的使用中，我们还可以将行为树内容独立存放于 ScriptableObject 中，以便进行内容的复制。在 Project 面板上的空白处右击，在快捷菜单中选择 Create | Behavior Designer | External Behavior Tree 命令，即可创建扩展行为树。

本节仅介绍 Behavior Designer 插件的常规使用，更多内容可访问其官方网站。

8.1.4 Visual Scripting 工具简介

Visual Scripting 是一款可视化节点式的编程工具，它的前身是一款叫作 Bolt 的插件，现已被 Unity3D 收购并整合至引擎中。该工具的优势是易于编写异步逻辑、自带了状态机功能，本节中我们尝试通过该工具的状态机功能进行 AI 逻辑的编写。

使用 Visual Scripting 工具需要在 PackageManager 的 UnityRegistry 分类中搜索 Visual Scripting 检查是否已安装，如图 8.7 所示。

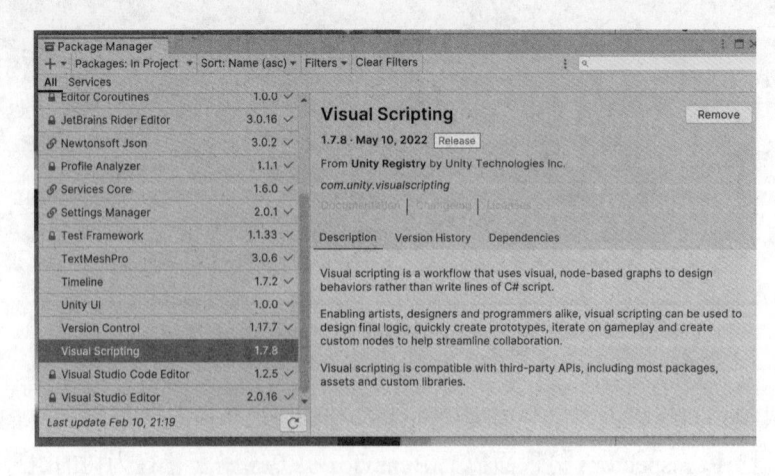

图 8.7 Visual Scripting 模块安装检查

成功导入 Visual Scripting 后，可打开 Project Settings | Visual Scripting | Type Options，进行自定义类的设置，设置后单击 Regenerate Nodes 按钮进行重新生成，如图 8.8 所示。

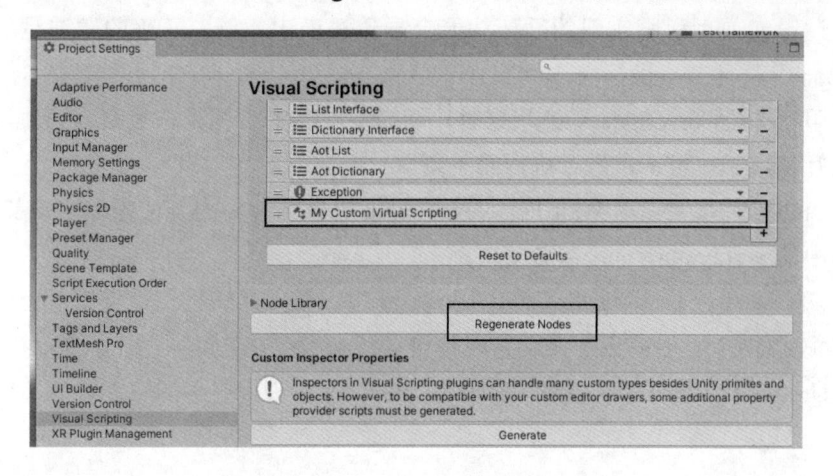

图 8.8　导入自定义类并重新生成节点

接下来演示如何使用 Visual Scripting 的状态机功能，首先创建 GameObject 并挂载 State Machine 状态机组件，在组件面板 Graph 右侧单击 New 可以创建对应的状态机文件，然后单击 Edit Graph 可以打开状态机编辑面板，如图 8.9 所示。

图 8.9　Visual Scripting 状态机面板

状态机编辑面板的左上角 Graph Inspector 表示当前选中节点的参数内容，左下角 Blackboard 表示不同级别的变量信息，右侧为状态机窗口，可进行状态的创建等操作。

双击状态即可进入该状态，右键状态可对其进行操作及设置过渡（Transition），已创建的过渡可双击进入进行编辑。

笔者根据以往的项目经验，对 Visual Scripting 状态机操作中的常见问题与使用技巧进行了整理，大致如下：

❑ 外部 C#脚本向状态机发送消息可用 CustomEvent.Trigger 接口，状态机接收消息可使用 CustomEvent 节点。

- 在使用状态机过渡节点时，需要放置 Update Event 或类似更新节点保证持续更新，或通过 CustomEvent 事件触发过渡。
- 通过链接前后引脚实现的循环功能会导致栈溢出问题，正确的做法是使用 While Loop 等循环节点进行操作。
- 使用状态机 Any State 切换状态时，切换后状态的协程无法关闭，必须是状态之间相互切换时才可正常进行协程的关闭。
- 使用协程时需要使用 Wait For Next Frame 进行当前帧的等待操作，该节点与 C#脚本中的 yield return null 功能相同。

至此，对 Visual Scripting 工具的介绍已经结束。该工具的优点是支持节点嵌套且对功能逻辑编写较为友好，但缺点是该工具现阶段的资料较少，遇到问题时需要自行研究解决。不过相信 Unity3D 引擎在未来会对 Visual Scripting 工具进行更多的完善。

8.2　开发进阶

本节介绍进行敌人 AI 开发的各类技巧与常见问题，如敌人半径问题、可控制的随机数等，相信掌握了这些知识，一定能对 AI 逻辑的开发有所帮助。

8.2.1　使用协程开发 AI 程序

使用插件需要考虑节点的时序、事件接收和打断等内容，需要一定的学习成本。对于独立游戏或一些小体量的动作游戏而言，可以用更简单的脚本与协程来编写敌人的 AI 逻辑。

这是一个较为简单的敌人 AI，当检测到玩家靠近时会追踪并持续攻击。

（1）创建 EnemyTargets 类，用于管理所有敌人的攻击目标。

```
public struct EnemyTargetInfo                                    //目标信息结构
{
    public GameObject GameObject { get; set; }                   //目标
    public float Hatred { get; set; }                            //仇恨值
}
public class EnemyTargets
{
    static EnemyTargets mInstance;
    public static EnemyTargets Instance { get { return mInstance ?? (mInstance = new EnemyTargets()); } }
    readonly List<EnemyTargetInfo> mTargetList = new List<EnemyTargetInfo>();
    public IReadOnlyList<EnemyTargetInfo> TargetList { get { return mTargetList; } }                                 //目标列表
    public void RegisterTarget(GameObject target, float hatred)  //注册目标
    {
        mTargetList.Add(new EnemyTargetInfo() { GameObject = target, Hatred = hatred });
    }
```

```csharp
    public void UnregisterTarget(GameObject target)          //反注册目标
    {
        mTargetList.RemoveAll(m => m.GameObject == target);
    }
}
```

EnemyTargets 类内部包含简单的注册与反注册操作。在目标结构体里存放仇恨值信息，AI 可以自由选择不同仇恨值的敌人进行攻击。

（2）在玩家类中进行注册，在前面的章节中编写过玩家类的脚本，这里不再赘述。

```csharp
EnemyTargets.Instance.RegistTarget(gameObject, 1f);          //注册敌人目标
```

（3）编写敌人 AI，首先定义变量并进行初始化逻辑。

```csharp
public class EasyEnemy : MonoBehaviour
{
    public Animator animator;
    public float activeRange = 8f;                           //激活范围
    public float attackRange = 2f;                           //攻击范围
    public float speed = 20f;                                //移动速度
    Coroutine mBehaviourCoroutine;                           //主协程
    GameObject mCurrentTarget;                               //当前目标
    void Start()
    {
        mBehaviourCoroutine = StartCoroutine(StandByBehaviour());
    }
}
```

主协程供攻击、待机这些基础行为的关闭与切换使用。在 Start 里会开启 StandBy 行为协程，但这里暂不深入讲解。

（4）编写一些工具类函数，用于检测激活与攻击范围等。

```csharp
void UpdateTarget()                                          //更新当前目标
{
    var maxHatred = -1f;
    for (int i = 0, iMax = EnemyTargets.Instance.TargetList.Count; i < iMax; ++i)
    {
        var currentTarget = EnemyTargets.Instance.TargetList[i];
        if (currentTarget.Hatred > maxHatred)                //筛选最大仇恨值的目标
        {
            //是否在激活范围
            if (IsInActiveRange(currentTarget.GameObject.transform))
            {
                mCurrentTarget = currentTarget.GameObject;
                maxHatred = currentTarget.Hatred;            //更新目标
            }
        }
    }
}
bool IsInActiveRange(Transform target)                       //是否在激活范围内
{
    return Vector3.Distance(transform.position, target.position) <= activeRange;
}
bool IsInAttackRange(Transform target)                       //是否在攻击范围内
{
    return Vector3.Distance(transform.position, target.position) <= attackRange;
}
```

（5）编写行为协程的具体逻辑，默认情况下会进入 StandBy 行为协程。来看一下它的逻辑：

```csharp
IEnumerator StandByBehaviour()
{
    var whileFlag = true;
    while (whileFlag)
    {
        for (int i = 0, iMax = EnemyTargets.Instance.TargetList.Count; i < iMax; ++i)
        {
            var target = EnemyTargets.Instance.TargetList[i];
            //目标进入激活范围
            if (IsInActiveRange(target.GameObject.transform))
            {
                StopCoroutine(mBehaviourCoroutine);    //关闭当前协程
                //进行激活行为
                mBehaviourCoroutine = StartCoroutine(ActiveBehaviour());
                whileFlag = false;
                break;
            }
        }
        yield return null;
    }
}
```

（6）在待机状态下，如果有目标进入激活范围，则跳转到激活行为。

```csharp
IEnumerator ActiveBehaviour()
{
    UpdateTarget();                                     //更新目标，筛选仇恨值
    //确保目标没有离开
    while (mCurrentTarget != null && IsInActiveRange(mCurrentTarget.transform))
    {
        yield return AttackBehaviour(mCurrentTarget.transform);    //攻击
        yield return null;
    }
    StartCoroutine(StandByBehaviour());                 //结束后回到待机行为
}
```

激活行为由待机行为跳转，首先会按照仇恨值筛选进入激活范围的目标，然后确保目标未离开的同时开始攻击目标。

（7）编写攻击行为代码。

```csharp
IEnumerator AttackBehaviour(Transform target)
{
    var flag = true;                                    //确认攻击的flag
    while (!IsInAttackRange(target))
    {//如果不在攻击范围则追踪
        if (!IsInActiveRange(target))                   //若逃离则跳出
        {
            flag = false;
            break;
        }
        var to = (target.position - transform.position);
        to = Vector3.ProjectOnPlane(to, Physics.gravity.normalized).normalized;
        transform.position += to * speed * Time.deltaTime;    //执行移动
```

```
            transform.forward = to;                          //更新方向
            animator.SetBool("Locomotion", true);            //更新动画
            yield return null;
        }
        animator.SetBool("Locomotion", false);
        if (flag)
        {
            animator.SetTrigger("Attack");                   //执行攻击
            yield return new WaitUntil(() => animator.GetCurrentAnimator
StateInfo(0).IsTag("Idle"));
            //如果动画回到有空闲标签的状态，则退出攻击行为
        }
    }
```

若目标不在攻击范围内则进行追踪，这里设置了一个 Flag 变量用于检测追踪成功还是失败，追踪结束后播放攻击动画并触发动画事件进行一系列的攻击逻辑。动画播放结束后跳出攻击逻辑。

最后，读者需要自行配置敌人的 Animator 状态机，在本节的案例中，Locomotion 变量负责角色移动，Attack 变量触发角色攻击，空闲状态需要设置标签 Idle。

这样一个由协程控制的 AI 逻辑就完成了，使用脚本编写 AI 的好处是足够灵活，但编辑复杂行为时比较吃力。

8.2.2 处理敌人体积过大的问题

在获取玩家与敌人之间的距离时，通常取两者原点位置的坐标差进行计算。但这样获取的距离未包含角色自身的体积信息，因此当角色的体积过大时，使用该方法得到的距离极不准确。所以应将角色碰撞半径纳入计算，返回从半径边缘计算的距离，如图 8.10 所示。

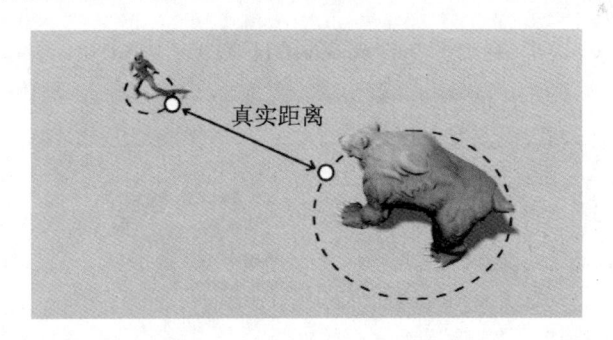

图 8.10 敌人体积过大示意

我们通过角色控制器组件可得到碰撞器半径，接下来编写正确处理距离信息的代码，并通过 Gizmo 线条绘制进行测试。

```
public class EnemyRadiusTest : MonoBehaviour
{
    public CharacterController selfCc;
    public CharacterController enemyCc;

    void OnDrawGizmos()
    {
```

```csharp
        //获得玩家中心位置的世界坐标
        var selfCenter = selfCc.transform
                .TransformPoint(selfCc.center);
        //获得敌人中心位置的世界坐标
        var enemyCenter = enemyCc.transform
                .TransformPoint(enemyCc.center);
        //获得玩家朝向的敌人向量
        var vec = enemyCenter - selfCenter;
        vec = vec.normalized;
        //获得包含玩家碰撞半径的起始点
        var p0 = selfCenter + vec * selfCc.radius;
        //获得包含敌人碰撞半径的起始点
        var p1 = enemyCenter + -vec * enemyCc.radius;
        //绘制线段，以便在编辑期内验证
        Gizmos.DrawLine(p0, p1);
    }
}
```

将上面的代码置于场景内，并挂载对应的测试角色与敌人即可看见包含角色碰撞器半径信息的调试线段。

8.2.3 处理移动逻辑

角色朝目标点移动的逻辑在 AI 编写中运用广泛，这可能会运用于封装好的节点中或是某段行为逻辑上。处理移动逻辑需要注意 3 件事：
- 距离判断：角色与目标点的距离是否小于阈值。
- 点乘判断：使用点乘辅助判断角色是否已超过目标点。
- 降低移动速度：为避免出现角色绕目标点圆周运动，在接近目标点时可降低移动速度。

接下来编写一段代码脚本来演示移动逻辑的执行。

```csharp
public class MoveTest : MonoBehaviour
{
    //减速距离常量
    const float DIST_EPS1 = 1f;
    //目标点到达距离常量
    const float DIST_EPS2 = 0.1f;
    //点乘最小值判定常量
    const float DOT_EPS = 0.01f;
    //测试用目标点
    public Transform targetPoint;
    //移动速度
    public float moveSpeed;
    Vector3? mCacheDir;

    void Update()
    {
        var p0 = transform.position;
        var p1 = targetPoint.position;

        //缓存第一次移动的方向
        if (mCacheDir == null)
```

```
            mCacheDir = (p1 - p0).normalized;
        //当前方向
        var currentDir = (p1 - p0).normalized;

        var finalMoveSpeed = moveSpeed;
        //减速判断
        var dist = Vector3.Distance(p1, p0);
        if (dist < DIST_EPS1)
        {
            finalMoveSpeed *= 0.5f;
        }
        //使用点乘法判断当前方向与第一次移动方向是否有变化
        var flag1 = Vector3.Dot(mCacheDir.Value, currentDir) < DOT_EPS;
        //通过距离判断是否到达目标点
        var flag2 = dist < DIST_EPS2;

        if (flag1 || flag2)
        {
            //已到达目标点
            Debug.Log("Arrived!");
        }
        else
        {
            //未到达目标点,继续移动
            Move(targetPoint, finalMoveSpeed * Time.deltaTime);
        }
    }
    //移动函数,实际运用时需要修改为寻路接口
    void Move(Transform target, float speed)
    {
        //设置位置
        transform.position = Vector3
          .MoveTowards(transform.position, targetPoint.position, speed);
        var dir = target.position - transform.position;
        dir.y = 0f;
        dir.Normalize();
        //设置朝向
        transform.forward = dir;
    }
}
```

上述代码通过点乘、距离、减速三种方式确保角色移动到目标点。至此,移动逻辑的处理已编写完成。

8.2.4 可控制随机行为

在 AI 的编写过程中会用到随机行为。如果无法做到可控随机,则敌人的行为将达不到预期的效果。

1. 权重倾斜二次随机

通过二次随机可以控制第一次随机结果的整体范围,使结果样本始终集中在值较低的区间或较高的区间,这里以 0~1 之间的随机数进行示范。

```
float Random01_Fall()    //样本始终集中在值较高的区间，如[0,0.7,0.8,0.7,0.9...]
{
    var r1 = Random.value;    //生成 0～1 之间的浮点型随机结果
    return Random.Range(1 - r1, 1);
}
float Random01_Rise()    //样本始终集中在值较低的区间，如[0.2,0.3,0.1,0.3...]
{
    var r1 = Random.value;    //生成 0～1 之间的浮点型随机结果
    return Random.Range(0, 1 - r1);
}
```

2．类正态分布随机

通过模拟抛物线，可以做到类似于正态分布的随机效果，使结果样本集中分布在中间区域。

```
public float Random01_Arc(float averageOffset = 0, float alpha = 2f)
{
    var r1 = Random.value;                      //生成 0～1 之间的浮点型随机结果
    var t1 = Mathf.Lerp(0, 1, r1);
    var t2 = Mathf.Lerp(1, 0, r1);
    //得到弧线的点并乘以系数，系数越高则越陡峭
    var tFinal = Mathf.Lerp(t1, t2, r1) * alpha;
    var r2 = Mathf.Lerp(r1, 0.5f, tFinal) + averageOffset; //平均位置偏移
    return r2;
}
```

这里的 averageOffset 参数模拟了弧线中心位置的偏移，alpha 参数模拟了弧线的陡峭程度。

3．无重复随机

随机敌人发生攻击行为时，往往会出现前后两次使用了相同攻击的行为。为了避免这种情况，我们可以使用一种前后两次不会重复的随机数生成逻辑，让敌人 AI 攻击行为变得更自然。

```
//生成不重复的随机数
public int EliminateRepeatRandom(int last, int min, int max)
{
    //生成结果在 min～max 之间的浮点型随机结果
    var current = Random.Range(min, max);
    if (last == current)                  //若当前随机值与上一次一致，则进行偏移
        return (current + (int)Mathf.Sign(Random.value) * Random.Range(min + 1, max - 1)) % max;
    else
        return current;                   //否则直接输出
}
```

上面的方式需要一个参数 last 以获取上一次的随机值结果，若当次的随机结果与上一次一致，就执行偏移逻辑以得到新的值并返回。

4．带权重随机

随机敌人进行下一步行为时，我们需要对所有行为进行加权，从而控制出现频率的高

低。下面的代码可以实现带权重的随机功能。

```csharp
public struct WeightItem
{
    public float weight;                         //权重填写0~1之间的值
    public int value;                            //随机值
}
public int WeightRandom(WeightItem[] weightItems)
{
    const float EPS = 0.00001f;

    float sumWeight = 0;                         //权重总和
    for (int i = 0; i < weightItems.Length; ++i)
        sumWeight += weightItems[i].weight;
    //通过权重总和计算一次内部随机数
    var randomValue = Random.Range(0f, sumWeight);
    //遍历WeightItems列表，返回随机目标
    var atte = 0f;
    for (int i = 0; i < weightItems.Length; ++i)
    {
        var min = atte;
        atte += weightItems[i].weight;
        var max = atte;
        if (randomValue > min && randomValue < max + EPS)
        {
            return weightItems[i].value;         //返回随机目标
        }
    }
    return -1;
}
```

使用时传入对应权重与目标行为索引值即可。

5. 保底随机

随机敌人进行下一步行为时，我们期望 N 次随机之内必然出现某个行为，下面的代码将创建结构体来实现保底随机功能：

```csharp
public struct GuaranteedRandom
{
    int mCounter;                                //计数器
    int mN;                                      //期望次数
    int mTarget;                                 //目标值

    //创建一个保底随机结构体，传入次数与期望索引
    public static GuaranteedRandom Create(int n, int target)
    {
        var result = new GuaranteedRandom();
        result.mN = n;
        result.mTarget = target;
        return result;
    }
    //执行随机，传入当前的随机结果，返回修改后的随机结果
    public (int, bool) Roll(int inValue)
    {
        //若已提前出现保底结果，则重置计数
        if (inValue == mTarget) mCounter = 0;
```

```
        else ++mCounter;
        //检测是否到达 N 次，返回保底结果
        return mCounter == mN ? (mTarget, true) : (inValue, false);
    }
}
```

接下来通过示例脚本演示该结构体的使用。

```
var guara = GuaranteedRandom.Create(3, 1);
for (int i = 0; i < 10; ++i)
{
    //执行随机数函数，返回随机值与结果变量，表示是否需要对随机结果进行修改
    var (value, r) = guara.Roll(Random.Range(0, 10));
    //若已对结果进行修改则重置
    if (r) guara = GuaranteedRandom.Create(3, 1);
    Debug.Log(value);                                  //打印随机结果
}
```

上面的脚本创建了一个保底随机结构，并设置至少 3 次出现 1 次保底随机结果并执行 for 循环测试并打印输出信息。

8.2.5 快速获取角色的 8 个方向

通常，在动作游戏的战斗中会遇到敌人绕到玩家侧面攻击，或者玩家从侧前方或侧后方攻击造成伤害加成的情况，这都是通过获取玩家方向信息进行的判断。

使用 Transform 组件的 forward、right、up 方向信息并通过向量相加操作，可以得到角色周围的 8 方向，如图 8.11 所示。

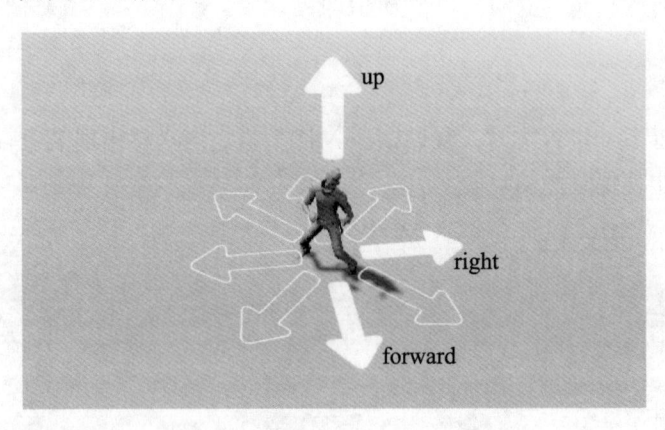

图 8.11　角色周围的 8 个方向的获取

因相加后的向量相当于直角三角形斜边的长度，因此需要除以 $\sqrt{2}$ 以保证向量长度仍为 1，此处乘以其倒数作为演示。代码如下：

```
const float INV_SQ_ROOT2 = 1f / 1.414213f;
var forward = transform.forward;
var backward = -forward;
var right = transform.right;
var left = -right;
```

```
//右前方
var forwardRight1 = (right + forward)* INV_SQ_ROOT2;
//左前方
var forwardLeft = (left + forward) * INV_SQ_ROOT2;
//右后方
var backwardRight = (right + backward) * INV_SQ_ROOT2;
//左后方
var backwardLeft = (left + backward) * INV_SQ_ROOT2;
```

上述做法较常见，但是当拿到的向量不是 Transform 对象时则稍难处理，如敌人的飞镖在右后方击中了玩家等。

下面介绍一种方法，可在只有一个方向信息的情况下得到周围的 8 个方向，方向顺序依引擎左右手坐标系而定，代码如下：

```
const float INV_SQ_ROOT2 = 1f / 1.414213f;
//前方方向
var forward = enemyTransform.position - transform.position;
forward.Normalize();

//右前方
var forwardRight = new Vector3(forward.x - forward.z
        ,0f, forward.x + forward.z) * INV_SQ_ROOT2;
//左前方
var forwardLeft = new Vector3(forward.x + forward.z
        ,0f, -(forward.x - forward.z)) * INV_SQ_ROOT2;
//右侧
var right = new Vector3(forward.z, 0f, -forward.x);
//左侧
var left = new Vector3(-forward.z, 0f, forward.x);
//后方
var backward = -forward;
//右后方
var backwardRight = new Vector3(forward.z - forward.x
        ,0f, -(forward.z + forward.x)) * INV_SQ_ROOT2;
//左后方
var backwardLeft = new Vector3(-(forward.z + forward.x)
        ,0f, -(forward.z - forward.x)) * INV_SQ_ROOT2;
```

上面的方法以 X、Z 轴二维空间作为参考平面，将特定角度简化为向量分量操作，代替四元数角轴或叉乘，从而更高效地获取方向信息。

8.2.6 锁定玩家与攻击逻辑

在动作游戏的战斗中都会出现若干敌人包围玩家的情境。这类情境一般有两个特点：一是敌人大多围绕着玩家进行移动，会随着玩家绕圈，这其实是 AI 锁定玩家的操作；二是无论敌人数量多少，发动攻击的始终是一两名敌人。

> **注意**：处理锁定玩家逻辑时，我们需要事先准备好敌人左右横向移动的动画，而不是常规的向前移动，这样才可以让表现效果更加自然。

1. 锁定玩家逻辑

锁定玩家功能时，只需要在每帧更新时执行一次看向玩家（LookAt）的逻辑，再随着自身左或右侧方向进行移动即可，运行后即表现出随玩家绕圈的效果，无须进行旋转相关操作，代码如下：

```csharp
//测试用敌人类
public class EnemyAI : MonoBehaviour
{
    public Animator animator;
    public Transform target;                //敌人目标
    public float moveSpeed = 3f;            //移动速度
    float mAroundTimer;                     //锁定持续时间计时器
    int mAroundDir;                         //当前绕圈方向

    void OnEnable()
    {
        mAroundTimer = 3f;
        mAroundDir = Random.value > 0.5f ? 1 : 0;
    }
    void Update()
    {
        //重置绕玩家移动方向
        if (mAroundTimer <= 0f)
        {
            mAroundTimer = 3f;
            mAroundDir = Random.value > 0.5f ? 1 : 0;
        }

        float dt = Time.deltaTime;
        //首先看向玩家
        var dir = target.position - transform.position;
        dir.y = transform.position.y;
        dir.Normalize();
        transform.forward = dir;
        //随后向右侧或左侧移动
        if (mAroundDir == 1)
        {
            Move(transform.right * moveSpeed * dt);
            animator.SetBool("RightMove", true);
            animator.SetBool("LeftMove", false);
        }
        else
        {
            Move((-transform.right) * moveSpeed * dt);
            animator.SetBool("LeftMove", true);
            animator.SetBool("RightMove", false);
        }

        mAroundTimer -= dt;
    }
    //移动函数
    void Move(Vector3 delta)
    {
        transform.position += delta;
    }
}
```

上述代码通过计时变量 mAroundTimer 的更新实现每 3 秒更新一次移动方向，基于此我们还可以对该行为做如下扩展：

- 向后方移动：在计时重置时，检查是否与玩家距离变近，若变得更近且目前为非攻击模式，则向后方移动从而远离玩家。
- 锁定移动时触碰墙壁：可以使用碰撞器事件或物理投射检测，若碰到墙壁时需要停止移动并切换行为。
- 切换至攻击模式：重新检查当前有几名同类型敌人攻击角色，若在限制数量以下则切换为攻击模式。

此外，需要注意在 Move 函数中应通过寻路相关接口进行实现，此处仅作为示例。

2. 混战攻击逻辑

编写完敌人锁定玩家的逻辑后，就可以开始处理攻击逻辑了。在动作游戏中，当玩家与多名敌人战斗时，往往会出现只有 1 或 2 名敌人同时发动攻击的情况，并非所有敌人一起发动攻击。实现该逻辑只需要以敌人小队为单位编写静态类进行计数即可，代码如下：

```csharp
public class EnemyType1Squad
{
    static EnemyType1Squad mInstance;                    //单例
    public static EnemyType1Squad Instance { get { return mInstance ?? (mInstance = new EnemyType1Squad()); } }
    int mAttackerCount;
    //当前攻击者计数
    public int AttackerCount { get { return mAttackerCount; } }
    public void NoticeAttack()                           //通知攻击
    {
        ++mAttackerCount;
    }
    public void EndOfAttack()                            //结束攻击
    {
        --mAttackerCount;
    }
}
```

这里统计了同时进行攻击的人数，接下来在 AI 类中加入对该代码的调用即可，下面的代码可作为示例：

```csharp
if (EnemyType1Squad.Instance.AttackCount < 3)            //攻击数量检测
{
    EnemyType1Squad.Instance.NoticeAttack();             //增加攻击者计数
    yield return AttackBehaviour(mCurrentTarget.transform);    //攻击
    EnemyType1Squad.Instance.EndOfAttack();              //减少攻击者计数
}
```

8.2.7 使用导航网格查询接口

一般在编写远程攻击敌人 AI 时，会出现隔一段时间对周围进行选取移动点的操作，敌人将在攻击一段时间后根据选取的移动点位置，移动到目标处继续攻击。

通常我们在取定范围内选取移动点时，场景内无法到达的移动点将被移除，而通过导航网格的接口进行选取，则会将点匹配到最近的位置上，从而获得更多的移动点，如图 8.12 所示。

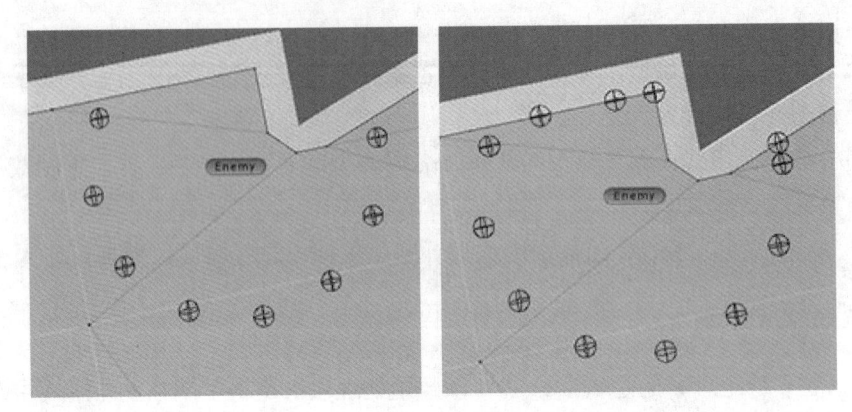

图 8.12　传统方式获取移动点（左）与为导航网格方式获取移动点（右）

由此可见，使用导航网格接口可以获得更多的移动点，也就可以提供更多的信息供后续环节筛选。通过导航网格接口获取移动点的代码如下：

```
//以 30°的间隔对角色周围一圈的移动点进行查询
for (float i = 0; i < 360f; i += 30f)
{
    var quat = Quaternion.AngleAxis(i, Vector3.up);
    var dir = quat * Vector3.forward;
    //得到当前查询点
    var endPoint = transform.position + dir * radius;
    //将查询点与角色位置传入 NavMesh，进行是否可达判断
    var isOutEdge = NavMesh.Raycast(transform.position
                  , endPoint, out _, NavMesh.AllAreas);
    //若不可到达目标点，则在 NavMesh 内采样一个最接近的点
    if (isOutEdge)
    {
        var isHit = NavMesh.SamplePosition(endPoint, out var hit2
                  , radius, NavMesh.AllAreas);
        if (isHit)
            endPoint = hit2.position;
    }
}
```

8.2.8　实现 EQS 功能

在 Unreal 引擎中，EQS（环境查询系统）模块可以为使用者提供场景中的查询点信息，包括战斗移动位置、藏匿点等，储存的点包含权重与坐标信息并作为数组返回。封装对场景信息的查询，除了便于复用之外，还利于后期多线程的优化以提升性能。

无可否认，Unreal 引擎的这项功能为 AI 开发提供了较大便利性，因此本节将通过代码实现较简单的 EQS 功能，如图 8.13 所示。

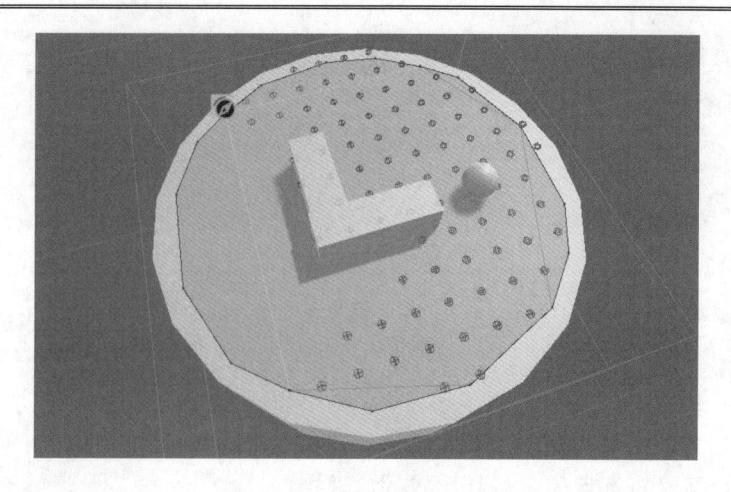

图 8.13 EQS 查询点示意

（1）为了确保配置共用以及逻辑开发的简洁，我们以 ScriptableObject 的形式编写 EQS 功能，首先定义基本逻辑结构，代码如下：

```
[CreateAssetMenu(fileName = "EnvQuery", menuName = "MyProj/EnvQuery")]
public class EnvQuery : ScriptableObject
{
    [Serializable]
    public class Generator                              //生成器
    {
        public bool isCircle = true;                    //是否为环形
        public float minRadius = 4f;                    //最小半径
        public float maxRadius = 6f;                    //最大半径
        public int numOfPoints = 32;                    //生成点数
        public bool isGrid = false;                     //是否为阵列形
        public float gridHalfSize = 3f;                 //阵列尺寸
        public float spaceBetween = 0.5f;               //阵列间隙
    }

    [Serializable]
    public class Filter                                 //过滤器
    {
        public bool useNavMesh;                         //导航网格过滤
        public int areaMask = NavMesh.AllAreas;         //导航网格 Mask 信息
        public bool useTrace;                           //追踪过滤
        public LayerMask traceLayerMask;                //追踪 Mask 信息
        public bool useDistance;                        //距离过滤
        public float minDistance;                       //最小距离
        public float maxDistance;                       //最大距离
    }

    public Generator generator;
    public Filter filter;
}
```

上述代码首先定义了生成器（Generator），生成器设置了环形与阵列两种类型，可以生成不同的查询点方案。随后定义了过滤器（Filter），可通过导航网格、主角可见性、主角距离 3 种参数进行过滤。

(2)增加查询函数与查询点(Point)结构定义,代码如下:

```csharp
//忽略无关逻辑

public struct Point                              //定义查询点结构
{
    public float score;                          //打分
    public Vector3 vec;                          //位置
}
//查询函数,依次传入查询位置、追踪位置、缓存点数组,并返回查询点数量
public int Execute(Vector3 center, Vector3 traceVec, Point[] points)
{
}
```

(3)在开始查询函数的编写之前,还需要定义 Remove 移除函数,用于处理缓存数组的移除逻辑,以及对查询点信息进行比较的实现接口。

```csharp
//忽略无关逻辑

//比较逻辑的接口实现
struct PointComparer : IComparer<Point>
{
    public int Compare(Point x, Point y)
    {
        //定义为降序排序
        return -x.score.CompareTo(y.score);
    }
}
//缓存数组移除逻辑
void Remove(Point[] items, ref int length, int index)
{
    if (index == length - 1)
    {
        items[index] = default;
        --length;
        return;
    }
    items[index] = items[length - 1];
    items[length - 1] = default;
    --length;
}
```

(4)进行 Execute 查询函数内容的编写。

```csharp
public int Execute(Vector3 center, Vector3 traceVec, Point[] points)
{
    int count = 0;
    //处理环形生成
    if (generator.isCircle)
    {
        for (int i = 0; i < generator.numOfPoints; ++i)
        {
            if (count == points.Length) break;
            var radius = Random
                .Range(generator.minRadius, generator.maxRadius);
            var point2D = Random.insideUnitCircle.normalized * radius;
            var point = new Vector3(point2D.x, 0f, point2D.y);
            points[count++] = new Point() { vec = center + point };
        }
    }
```

```csharp
        //处理阵列生成
        if (generator.isGrid)
        {
            var extend = generator.gridHalfSize;
            var space = generator.spaceBetween;
            for (float z = -extend; z < extend; z += space)
            {
                for (float x = -extend; x < extend; x += space)
                {
                    if (count == points.Length) break;
                    var point = new Vector3(x, 0, z);
                    points[count++] = new Point() { vec = center + point };
                }
            }
        }
        //处理过滤逻辑
        for (int i = count - 1; i >= 0; --i)
        {
            ref var point = ref points[i];
            if (filter.useNavMesh)                         //处理导航网格过滤
            {
                var isHit = NavMesh.Raycast(center
                            , point.vec, out _, filter.areaMask);
                if (isHit)
                {
                    Remove(points, ref count, i);
                    continue;
                }
            }
            if (filter.useTrace)                           //处理可见性过滤
            {
                var isHit = Physics.Linecast(point.vec
                            , traceVec, filter.traceLayerMask);
                if (isHit)
                {
                    Remove(points, ref count, i);
                    continue;
                }
            }
            if (filter.useDistance)                        //处理距离过滤
            {
                var d = Vector3.Distance(traceVec, point.vec);
                if (d > filter.maxDistance || d < filter.minDistance)
                {
                    Remove(points, ref count, i);
                    continue;
                }
                var range = filter.maxDistance - filter.minDistance;
                var d01 = (filter.maxDistance - d) / range;
                point.score = d01;
            }
        }
        //最终对得分进行排序
        Array.Sort(points, 0, count, new PointComparer());
        //返回实际查询点数量
        return count;
    }
```

至此，简易 EQS 功能已经实现。读者可自行扩展更多的过滤逻辑以及 Gizmo 调试等内容。

8.2.9 获取场景绑定信息

在进行敌人 AI 的编写时，经常有获取特定场景信息的需求。例如，为巡逻的敌人匹配固定的巡逻路径、为特殊出生点刷新的敌人指定死亡事件等。由于角色都是由 SpawnPoint 创建的，因此通过 SpawnPoint 可以绑定场景内一些指定的配置信息。

这里对前面的 SpawnPoint 进行修改，增加接口 ISpawnPointCallback，并在创建时对有实现该接口的对象发送创建事件。

```
public interface ISpawnPointCallback
{
    void OnSpawn(SpawnPoint sender);                //创建回调
}
```

在 SpawnPoint 的 Spawn 函数末尾增加查找及调用逻辑。

```
protected virtual void Spawn()
{
    //忽略无关逻辑

    var spawnPointCallback = mSpawnedGO.GetComponent<ISpawnPointCallback>();
    if (spawnPointCallback)
        spawnPointCallback.OnSpawn(this);           //执行创建回调
}
```

当 AI 脚本得到场景内创建它的 SpawnPoint 时，即可通过获取挂载在该 GameObject 上的其他组件来得到移动路径或其他绑定信息。

第 9 章　其他模块详解

在前面的章节中我们介绍了战斗、关卡、碰撞等大粒度的模块以及遇到的各种问题。本章将介绍一些较为琐碎的内容，如相机、输入和音频等，并结合在开发中常遇到的实际问题，如通用手柄适配、轨道相机的实现等进行介绍，使读者可以更全面地了解这些知识点。

9.1　相　　机

在游戏中我们通常要为不同的游戏状态匹配不同的相机模式，如在 BOSS 战时会使用以 BOSS 相对位置为焦点的锁旋转相机模式，在常规关卡中则会使用轨道相机模式等。虽然现今已有许多插件可供选择，但是为了在进行细节优化时更得心应手，还是建议手动编写相机部分的逻辑。本节将对这些不同的相机模式进行介绍，并针对滑轨、第三人称相机这两种常用模式进行实现上的讲解。

9.1.1　常见的相机模式分类

下面介绍几种在不同游戏中较常见的相机模式。

- FocusCamera：焦点相机模式，效果类似于《黑暗之魂》类游戏中的敌人锁定状态。取目标敌人与当前主角的方向向量来作为观测点，一般用于 BOSS 战或触发某些特殊操作。技术上需要注意距离过近而导致旋转速度太快的问题，可以加入距离系数进行优化。
- RailCamera：滑轨相机模式或称作 DollyCamera 等。它可以将相机映射到一条路径上，并借此实现一些电影化的镜头效果，如随着主角的远离，相机逐渐看向远方或固定视点相机的实现等。在技术实现上需要注意，角色需要单独投影到另一根曲线上，来作为滑轨进程，而不是直接投影到相机运动的曲线上，否则会导致曲线不同点距离过近时相机颤抖或映射到错误位置。
- ThridPersonCamera：传统第三人称相机模式，是使用较广泛的相机类型，如《尼尔-机械纪元》《黑暗之魂》等。由于动作游戏需要看清战局，所以需要较大的观测视角，建议在标准第三人称相机功能的基础上扩展一些功能，如闲时自动寻找机位等。注意，运用在动作游戏上时必须屏蔽相机的旋转缓动特性，在默认设置里是没有缓动的，否则会导致玩家眩晕。

❑ DepressionAngleCamera：固定俯视角相机模式，被 RPG 类游戏较多地使用，由于视野范围较广，对于这种类 2.5D 风格的相机模式也建议作为主相机进行使用。对于遮挡问题一般用特殊的透显 Shader 进行处理。

9.1.2　第三人称相机的实现

第三人称相机是指相机在玩家身后以一定距离看向玩家，相机位置可受到鼠标移动或手柄摇杆操作的控制而左右上下旋转。

（1）不考虑障碍物遮挡等概念，先实现基础的绕玩家旋转逻辑，它的类与基本变量定义如下：

```
public class ThirdPersonCamera : MonoBehaviour
{
    Vector3 mDefaultDir;                               //默认方向
    Transform mPlayerTransform;                        //玩家的 Transform
    Vector3 mRotateValue;                              //相机存储的旋转值
    Vector3 mPitchRotateAxis;                          //俯仰方向旋转轴
    Vector3 mYawRotateAxis;                            //左右横向方向旋转轴
    public float distance = 4f;                        //相机观测距离
    public float speed = 120f;                         //相机旋转速度
    public Vector3 offset = new Vector3(0f, 1.5f, 0f); //观测目标的偏移值
    void LateUpdate()
    {
        if (!mPlayerTransform)
        {
            var playerGo = GameObject.FindGameObjectWithTag("Player");
            if (!playerGo) return;               //若仍未发现玩家则跳出

            mPlayerTransform = playerGo.transform;
            var upAxis = -Physics.gravity.normalized;   //y方向
            //玩家变换
            var vec = transform.position - mPlayerTransform.position;
            mDefaultDir = Vector3.ProjectOnPlane(vec, upAxis).normalized;
            //初始化俯仰和横向方向的旋转轴
            mYawRotateAxis = upAxis;
            vec = Vector3.ProjectOnPlane(transform.forward, upAxis);
            mPitchRotateAxis = Vector3.Cross(upAxis, vec);
        }
    }
}
```

mDefaultDir 表示初始方向，相机会缓存旋转值并始终基于这个方向进行旋转；mRotateValue 是相机存储的旋转值，存放了左右与上下的旋转信息；mPitchRotateAxis 与 mYawRotateAxis 表示横向的旋转轴与纵向的旋转轴，通过确立初始状态下的玩家正前方方向与 Y 垂直方向叉乘后得到，变量命名的方式是俯仰角与偏航角，它们是一种三维空间中的角度描述方式。

图 9.1 中描述了三种方式的旋转。Yaw 为偏航角旋转，

图 9.1　不同旋转角的描述方式

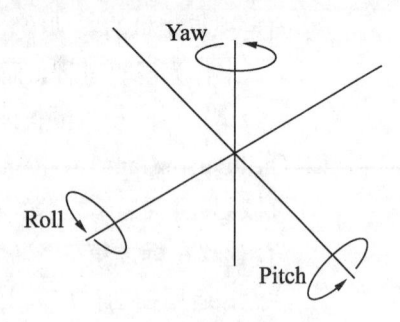

可类比为物体的左右旋转；Pitch 为俯仰角旋转，可类比为物体上下的旋转；Roll 为滚动轴旋转，可以类比为物体相对于左右旋转的横向转动。

（2）在进行 LateUpdate 逻辑编写前，需要编写一个角度转换函数。它可以避免角度的无限递增，让度数在一定范围内不断循环。

```
float AngleCorrection(float value)                    //角度修正函数
{
    if (value > 180f) return mRotateValue.x - 360f;
    else if (value < -180f) return mRotateValue.x + 360f;
    return value;                                    //若角度未超出范围，则返回原值
}
```

（3）编写 Update 函数中的相机逻辑。

```
void LateUpdate()
{
    var inputDelta = new Vector2(Input.GetAxis("Mouse X"), Input.GetAxis("Mouse Y"));                                            //输入值的 delta
    //更新横向旋转值
    mRotateValue.x += inputDelta.x * speed * Time.smoothDeltaTime;
    mRotateValue.x = AngleCorrection(mRotateValue.x);  //角度修正
    //更新纵向旋转值
    mRotateValue.y += inputDelta.y * speed * Time.smoothDeltaTime;
    mRotateValue.y = AngleCorrection(mRotateValue.y);  //角度修正
    //构建角轴四元数
    var horizontalQuat = Quaternion.AngleAxis(mRotateValue.x, mYawRotateAxis);
    //构建角轴四元数
    var verticalQuat = Quaternion.AngleAxis(mRotateValue.y, mPitchRotateAxis);
    var finalDir = horizontalQuat * verticalQuat * mDefaultDir; //最终方向
    //计算偏移后的玩家位置
    var from = mPlayerTransform.localToWorldMatrix.MultiplyPoint3x4(offset);
    var to = from + finalDir * distance;              //相机位置
    transform.position = to;                          //相机位置赋值
    transform.LookAt(from);                           //相机旋转锁定
}
```

inputDelta 是当前帧输入内容的变化量，创建后计算并计入 mRotateValue 中。使用 AngleCorrection 修正旋转值，保证旋转量在一个安全的区间内。随后构建 Yaw 与 Pitch 方向的四元数，并乘以基础方向得到当前的相机观测方向。最后计算 from 和 to，from 是计入偏移后的玩家坐标位置，to 是相机当前位置。设置完后将旋转与位置信息赋值即可完成。

此外还需留意 Time.smoothDeltaTime 是一个加权的 DeltaTime 字段，在相机逻辑中使用可以得到更稳定的时间差结果。

在此基础上我们继续加入垂直方向滑动的约束及反转功能。

```
public bool invertPitch;                              //反转 Pitch 方向的相机滑动
public Vector2 pitchLimit = new Vector2(-40f, 70f);   //Pitch 方向约束
```

在变量声明处加入这两个新的成员变量，以便在编辑器下开关垂直轴向的反转或对纵向旋转角度进行限制。

（4）增加 Update 函数中的障碍物检测逻辑。

```
void LateUpdate()
{
```

```
    //省略部分代码
    //mRotateValue.y+= inputDelta.y * speed * Time.Time.smoothDeltaTime;
    mRotateValue.y+= inputDelta.y * speed * (invertPitch ? -1 : 1) * Time.
Time.smoothDeltaTime;
//更新纵向旋转值
    mRotateValue.y = AngleCorrection(mRotateValue.y);          //角度修正
    //约束 pitch 旋转范围
    mRotateValue.y = Mathf.Clamp(mRotateValue.y, pitchLimit.x, pitchLimit.y);
    //省略部分代码
}
```

由于默认方向已经过 Y 轴向量投影，所以直接对角度做约束即可。而反转则可在更新旋转值的时候进行判断。

将脚本 ThridPersonCamera 挂载至相机上，在场景内放置一个挂载移动脚本以及设有对应标签的玩家对象即可开始运行 Unity3D 引擎进行测试。接下来开始加入障碍物检测逻辑，我们使用 Unity3D 提供的 Physics.SphereCast 接口向外投射一个虚拟球体来检测在哪一点会碰到障碍物。这个虚拟球体的半径应当小于角色胶囊体且大于相机近截面，如图 9.2 所示。按此设置后，可避免相机因环境拥挤而导致的模型局部穿模问题。

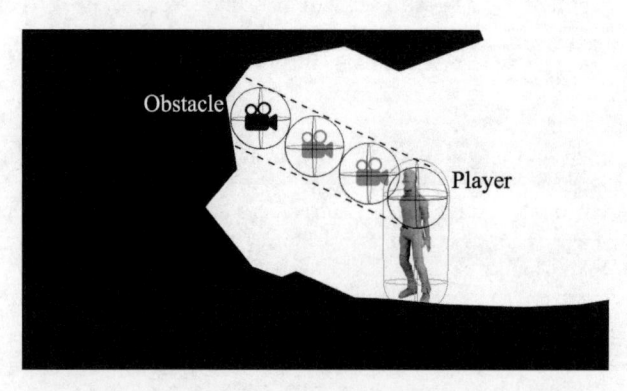

图 9.2　相机障碍物检测示意

首先定义两个新的成员变量，分别是障碍物的 LayerMask 与障碍物检测球的半径。

```
public LayerMask obstacleLayerMask;                    //障碍物的 LayerMask
public float obstacleSphereRadius = 0.3f;              //检测球的半径
```

在之前的代码中预留出了 from 与 to 两个临时变量，它们分别代表相机的最小距离与最大距离，对障碍物的检测函数可以此为参数进行判断。

```
Vector3 ObstacleProcess(Vector3 from, Vector3 to)
{
    var dir = (to - from).normalized;          //到 to 位置的方向
    if (Physics.CheckSphere(from, obstacleSphereRadius, obstacleLayerMask))
        Debug.Log("错误!障碍物检测球体半径应小于角色胶囊。");
    var hit = default(RaycastHit);
    var isHit = Physics.SphereCast(new Ray(from, dir), obstacleSphereRadius,
 out hit, distance, obstacleLayerMask);
    if (isHit)                                 //遇到障碍物
        return hit.point + (-dir * obstacleSphereRadius);
    return to;                                 //没有遇到障碍物，直接返回 to 位置
}
```

由于检测球必须小于角色胶囊体，默认情况下进行一次 CheckSphere 检测的结果应该为 false，如果为 true，则说明角色胶囊体过小。接下来调用 SphereCast 向后方进行投射，若碰到障碍物，则以当前点作为返回方向，否则返回 to 向量。

随后在 LateUpdate 中修改 position 部分的赋值即可。

```
transform.position = ObstacleProcess(from, to);          //相机位置赋值
```

（5）在动作游戏中不仅相机的旋转缓动会影响玩家体验，障碍物过多导致相机频繁地拉近拉远也会给玩家带来不好的体验。由于相机拉近的缓动处理较为复杂，接下来将增加对相机拉远的延迟与插值效果，如图 9.3 所示。

首先加入几个成员变量，缓存当前距离及一些插值细节的调节参数。

```
float mCurrentDistance;    //当前距离
//距离延迟计数（倒计时）
float mDistanceRecoveryDelayCounter;
//距离恢复速度
public float distanceRecoverySpeed = 3f;
//距离恢复延迟
public float distanceRecoveryDelay = 1f;
```

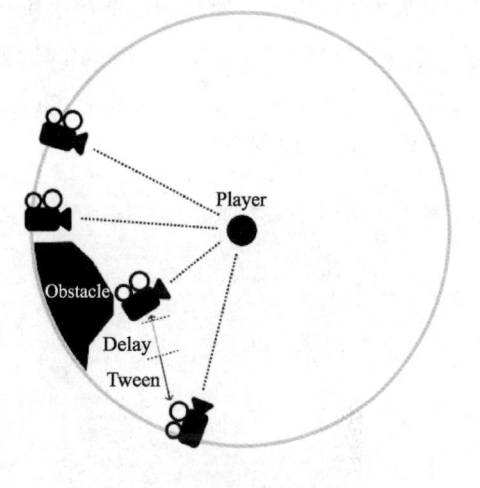

图 9.3 相机距离缓动示意

当触发距离拉近时，mDistanceRecoveryDelayCounter 开始计数，当计数小于 0 时开始拉近插值处理，脚本如下：

```
var exceptTo = ObstacleProcess(from, to);          //障碍物处理
//追加内容
var expectDistance = Vector3.Distance(exceptTo, from);
if (expectDistance < mCurrentDistance)              //和新距离比较，拉近则重置延迟
{
   mCurrentDistance = expectDistance;
   mDistanceRecoveryDelayCounter = distanceRecoveryDelay;     //重置
}
else//拉远的情况
{
   if (mDistanceRecoveryDelayCounter > 0f)         //开始计数
      mDistanceRecoveryDelayCounter -= Time.deltaTime;
   else
      mCurrentDistance = Mathf.Lerp(mCurrentDistance, expectDistance, Time.smoothDeltaTime * distanceRecoverySpeed);
   //插值处理
}
//transform.position = ObstacleProcess(from, to);          //旧的赋值步骤
//使用内部距离变量重新赋值
transform.position = from + finalDir * mCurrentDistance;
//追加内容结束
```

在 LateUpdate 函数的距离处理逻辑之后，再增加一部分距离恢复插值的逻辑。首先与当前障碍物操作后的距离相比较，相机是否被拉近，若拉近则重置；若被拉远，则进行延迟计数的处理并在延迟结束后执行插值恢复。

至此，第三人称相机即编写完成。开发者还可以做一些优化操作，如将距离参数进一步封装以便于拉近等其他特效的使用，以及对玩家跳跃进行相机跟随的稳定性优化等。

9.1.3 滑轨相机的实现

在动作游戏中，往往需要一些电影化的运镜处理。例如，角色向神庙奔跑时镜头逐渐看向远山，角色在攀爬时，镜头转向远处的敌人等。实现这样的效果，需要借助 Unity3D 的贝塞尔曲线工具，该工具需要在 PackageManager 的 UnityRegistry 分类中搜索 Splines 进行安装，如图 9.4 所示。

图 9.4　Splines 贝塞尔曲线工具

（1）将 Splines 工具置入项目后，为 GameObject 挂载 Splines 组件，并在工具栏中选择对应的样条编辑模式即可对曲线进行编辑，如图 9.5 所示。

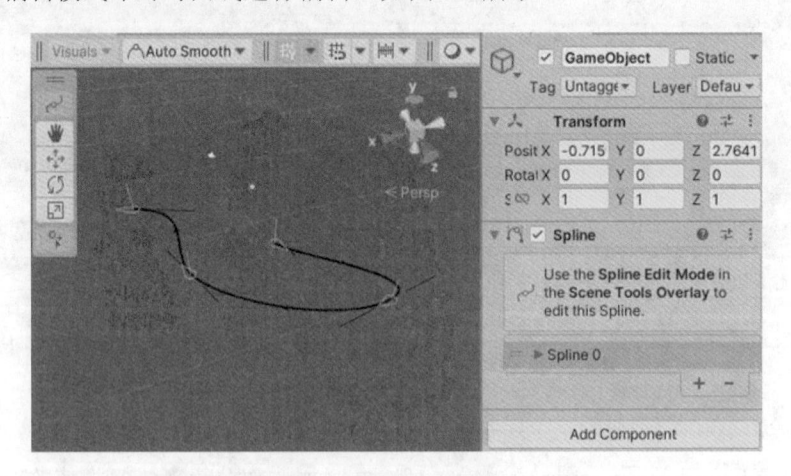

图 9.5　Splines 曲线组件

Splines 工具的调用也较为方便，Splines 组件对应的脚本为 SplineContainer，该脚本通过长度值插值函数 Evaluate 可得到路径点上的信息，而额外的接口则可通过 SplineUtility

类进行获取。如下示例返回了世界空间中最接近样条的点：

```
var firstSpline = splineContainer.Spline;
var pIn = default(Vector3);
//最接近的路径点坐标为pOut，该点对应的路径点长度值为t
SplineUtility.GetNearestPoint(firstSpline, pIn, out var pOut, out var t);
```

接下来开始进行滑轨相机逻辑的编写，先定义一些成员变量与初始化逻辑。

```
public class RailCamera : MonoBehaviour
{
    public Vector3 focusOffset = new Vector3(0, 1.5f, 0);   //玩家点偏移
    public float moveSpeed = 30f;               //相机移动速度
    public float tween = 17f;                   //相机缓动插值
    bool mCutEnter;                             //进入RailCamera是否直接切换镜头
    bool mIsInitialized;                        //是否初始化完毕
    Transform mPlayerTrans;
    SplineContainer mCameraPath;                //相机路径
    SplineContainer mMappingPath;               //映射路径
    public void Setup(SplineContainer cameraPath
        , SplineContainer mappingPath
        , bool cutEnter)
    {
        mCutEnter = cutEnter;
        mCameraPath = cameraPath;
        mMappingPath = mappingPath;
        mPlayerTrans = GameObject.FindGameObjectWithTag("Player").transform;
        mIsInitialized = true;
    }
}
```

滑轨相机一般由相机触发框触发，并调用 Setup 函数传入当前配置区域的路径信息。通常场景内可存在若干触发框，以配置不同局部区域的不同相机路径。

focusOffset 为相机观测目标的偏移信息；mCutEnter 控制相机直接切入新坐标还是通过插值切入新坐标。

通过将玩家坐标映射至贝塞尔曲线路径，可以得到相机当前的位置信息。但直接映射的路径会导致许多问题，例如拐点不平滑、路径区域丢失等，所以可以使用两条路径进行映射，以达到更好的编辑结果。如图 9.6 所示，左图为单一映射路径，若处理不当会导致某些部分被忽视，右图为添加一条映射路径做二次映射，映射后相机较之前平滑许多。

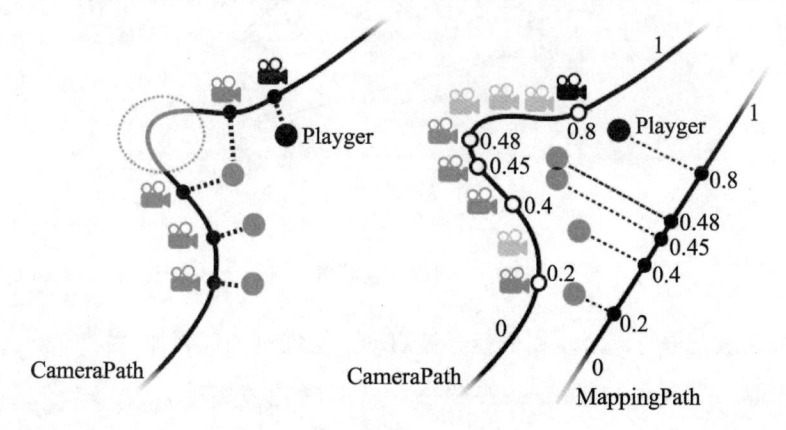

图 9.6　滑轨相机的多路径映射

（2）编写 LateUpdate 部分的内容，实现之前提及的多路径映射。

```csharp
void LateUpdate()
{
    if (!mIsInitialized) return;
    var player = mPlayerTrans;
    var focus = player.TransformPoint(focusOffset);              //目标玩家点
    var camSp = mCameraPath.Spline;
    var mappSp = mMappingPath.Spline;
    var pIn = mMappingPath.transform.InverseTransformPoint(focus);
    SplineUtility.GetNearestPoint(mappSp, pIn, out var pOut, out var t01);
    var mappFocusT = t01;                   //玩家点在 Mapping 曲线上的归一化长度
    if (mCutEnter)                          //若需要硬切镜头处理
    {
        transform.position = pOut;          //相机坐标赋值
        mCutEnter = false;
    }

    pIn = transform.position;
    pIn = mCameraPath.transform.InverseTransformPoint(pIn);
    SplineUtility.GetNearestPoint(camSp, pIn, out _, out t01);
    var mappCamT = t01;                     //相机点在 Camera 曲线上的归一化长度

    var speed = moveSpeed * Time.smoothDeltaTime;
    var finalT = Mathf.Lerp(mappCamT, mappFocusT, speed);      //映射插值

    var pExpe = mCameraPath.EvaluatePosition(finalT);
    var ft = tween * Time.smoothDeltaTime;
    pIn = transform.position;
    transform.position = Vector3.Lerp(pIn, pExpe, ft);         //最终插值
    transform.LookAt(focus);                //旋转信息赋值，直接看向目标
}
```

接着在场景内设置对应的脚本与参数配置，一套基本的滑轨相机配置就完成了，如图 9.7 所示，黑框内为映射曲线，上方为相机路径曲线。

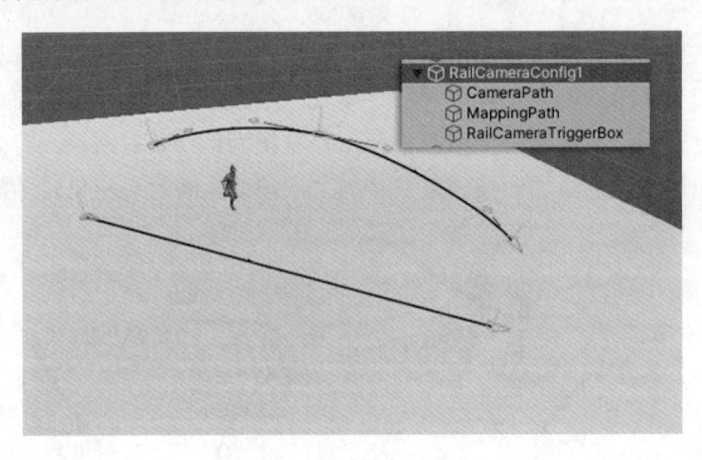

图 9.7 滑轨相机配置信息

当玩家进入触发框时，滑轨相机就会被启动，触发框的逻辑如下：

```csharp
public class RailCameraTriggerBox : MonoBehaviour
{
    public RailCamera railCamera;                              //滑轨相机对象
```

```csharp
    public BezierPath cameraPath;                          //相机路径
    public BezierPath mappingPath;                         //y映射路径
    public bool cutEnter;                                  //是否直接切换镜头
    void OnTriggerEnter(Collider other)
    {
        if (!other.CompareTag("Player")) return;
        railCamera.Setup(cameraPath, mappingPath, cutEnter);        //启动
        gameObject.SetActive(false);                       //避免重复触发
    }
}
```

（3）继续扩展这个基础的滑轨相机。在游戏中往往需要让角色的前方方向也随着路径得到一定的修正，也就是说当玩家推前摇杆或按键盘上的前进键时，玩家移动方向未必是镜头前方。下面编写 DirectionGuidePath.cs 脚本来实现此功能。

```csharp
public class DirectionGuidePath : MonoBehaviour
{
    public SplineContainer path;                           //目标曲线
    public Transform[] keywordPoints;                      //重定位方向

    public Vector3 GetGuideDirection(Vector3 point)
    {
        var result = Vector3.zero;
        var sp = path.Spline;
        var pIn = path.transform.InverseTransformPoint(point);
        SplineUtility.GetNearestPoint(sp, pIn, out var pOut, out var t01);
        pOut = path.transform.TransformPoint(pOut);

        //玩家在曲线上的位置
        var sumD = 0f;
        foreach (var item in keywordPoints)
            sumD += Vector3.Distance(pOut, item.position);

        var sum2 = 0f;
        foreach (var item in keywordPoints)
        {
            var distance = Vector3.Distance(pOut, item.position);
            sum2 += sumD / distance;
        }//计算多权重混合

        foreach (var item in keywordPoints)
        {
            var distance = Vector3.Distance(pOut, item.position);
            var pointsWeight = (sumD / distance) / sum2;   //多权重混合系数
            result += item.forward * pointsWeight;
        }
        return result.normalized;                          //最终方向信息
    }
}
```

通过多权重混合，可以对大于 2 的信息进行插值。最后将它们的权重系数相加即可得到最终的混合结果，这个方法在其他场合也非常有效。

随后在场景中进行方向修正点的放置，并在玩家的脚本中增加一些方向逻辑即可，如图 9.8 所示。

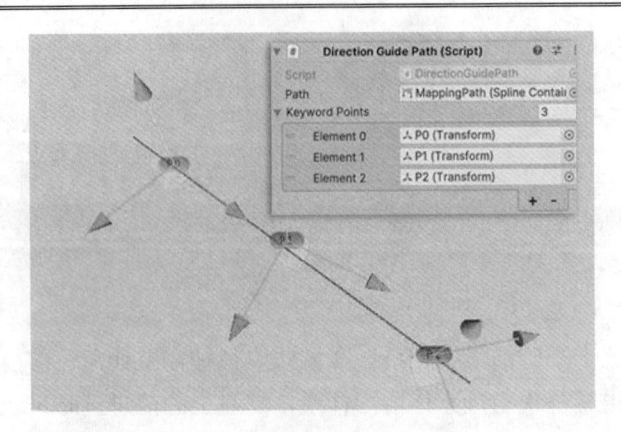

图 9.8　方向修正点与脚本配置

（4）将镜头朝向修改功能整合进滑轨相机脚本中即可。

```
public class RailCamera : MonoBehaviour
{
    //省略部分代码
    DirectionGuidePath mDirectionGuidePath;
    public DirectionGuidePath DirectionGuidePath { get { return mDirectionGuidePath; } }
    public void SetDirectionGuidePath(DirectionGuidePath directionGuidePath)
    {
        mDirectionGuidePath = directionGuidePath;
    }
    //省略部分代码
}
```

这样，在触发场景触发框之后，对应的方向修正信息也会被更新到滑轨相机脚本中。至此，滑轨相机的基础逻辑就结束了，开发者可以继续扩展，如随着路径改变相机的 LookAt 方向等。通过多权重混合，可以方便地将这些信息通过距离进行计算。

9.1.4　相机震屏实现

相机震屏是动作游戏中不可缺少的部分，细致且恰当的震屏表现将会极大增强动作游戏中的战斗效果。

制作相机震屏时需要考虑多使用者的情形，如既存在场景循环震屏又触发了技能震屏，它们应产生叠加触发的效果。

对于震动部分的处理有多种方式，如使用正弦波、随机数模拟等，而使用最多的方式是通过柏林噪声（PerlinNoise）采样并配合参数调节进行制作，接下来进行代码实现部分的讲解。

（1）编写存放相机震屏配置的 ScriptableObject 脚本，该脚本提供了相机震屏的必要参数。

```
[CreateAssetMenu]                           //创建路径信息，可依据项目修改
public class CameraShakeConf : ScriptableObject
{
    public int id;                          //震屏配置 ID
```

```
    public float seed;                    //随机种子
    public Vector3 amp;                   //震幅
    public Vector3 freq;                  //震动频率
    public float duration;                //持续时间
    public bool fadeInOut;                //淡入、淡出
    public bool isLoop;                   //循环开关
}
```

（2）编写相机震屏类 CameraShake 的基础结构，主要震屏将提供单例示例便于访问，在 Awake 函数中进行单例赋值与配置文件的获取。

```
[DefaultExecutionOrder(100)]              //设置执行顺序,保证在相机更新后执行
public class CameraShake : MonoBehaviour
{
    public static CameraShake Instance { get; private set; }

    public bool isMainShake;
    CameraShakeConf[] mCacheConfs;        //关联配置信息
    CameraShakeConf mCurrentShake;        //当前震屏实例
    float mElapsedTime;                   //震屏持续时间信息

    void Awake()
    {
        //初始化单例实例
        if (isMainShake)
            Instance = this;
        //获取震动配置文件
        mCacheConfs = Resources.LoadAll<CameraShakeConf>("CameraShake");
    }
}
```

（3）编写相机震屏的触发与重置接口。

```
public class CameraShake : MonoBehaviour
{
    //省略部分代码

    //通过配置ID触发对应的震屏效果
    public void TriggerShake(int id)
    {
        var target = Array.Find(confs, m => m.id == id);
        if (target)
        {
            mCurrentShake = target;
            mElapsedTime = 0f;
        }
    }
    //重置当前震屏效果
    public void ResetShake()
    {
        mCurrentShake = null;
        mElapsedTime = 0f;
    }
}
```

（4）编写 LateUpdate 函数，该函数包含震屏每帧调用代码的逻辑实现。

```
void LateUpdate()
{
    //若当前无震屏效果处理则跳出
```

```csharp
    if (!mCurrentShake) return;

    var shake = mCurrentShake;
    //更新震屏时间信息
    mElapsedTime += Time.deltaTime;
    //若仍在震屏持续时间内则进行处理
    if (mElapsedTime < shake.duration)
    {
        //采样归一化震屏时间信息
        var t01 = mElapsedTime / shake.duration;
        var noiseT01 = t01 * shake.freq;
        var seed = shake.seed + mLoopCount;
        //采样柏林噪声得到x、y、z轴的震屏信息
        var offsetX = Mathf.PerlinNoise(noiseT01.x, seed);
        var offsetY = Mathf.PerlinNoise(seed, noiseT01.y);
        const float Z_SEED_OFFSET = 30f;
        var offsetZ = Mathf.PerlinNoise(seed + Z_SEED_OFFSET, noiseT01.z);
        var direction = new Vector3(offsetX, offsetY, offsetZ);
        direction = direction * 2f - Vector3.one;
        direction.Scale(shake.amp);
        //将时间曲线修改为淡入、淡出曲线
        if (shake.fadeInOut)
            t01 = 4f * t01 * (1f - t01);
        //将x、y、z轴震屏信息从相对坐标变换为世界坐标并应用
        transform.position = transform.TransformPoint(direction * t01);
    }
    else
    {
        //若震屏结束则进行重置处理
        if (mCurrentShake)
        {
            if (shake.isLoop)
            {
                mElapsedTime = 0f;
                ++mLoopCount;
            }
            else
            {
                ResetShake();
            }
        }
    }
}
```

至此，震屏脚本部分已全部编写完成。接下来需要将震屏脚本 CameraShake 挂载于相机对象上，并确保相应的震屏配置信息放置于 Resource 文件夹下的 CameraShake 目录内，即可正常执行震屏逻辑。

9.2 Cutscene 过场动画

Cutscene 即剧情动画或剧情演出，穿插在游戏的不同阶段中播放，大大增强了游戏的沉浸感。Cutscene 可以使用多种方式来表现，如实时播放或者流程脚本驱动的动画等。本节将介绍 Cutscene 的使用与选择。

9.2.1 不同类型的 Cutscene 简介

从早期红白机的图文叙事，到索尼的游戏电影化表现，过场动画的展现方式也在不断进化，它大致可以分为以下几种。

- 离线 Cutscene：使用离线编辑将过场动画制作为视频，并以视频的方式进行播放。离线 Cutscene 通常使用引擎自身来渲染，以避免在使用不同软件时造成"出戏感"。相较于实时剧情动画，Cutscene 可以存在大量的角色人物和不同场景的穿插切换等，一般与其他类型结合使用。
- 实时 Cutscene：使用广泛的过场动画类型。在播放时可以锁定角色与相机，也可以在角色交互的情况下保持播放状态。缺点是制作成本较高，对模型的数量等有限制。
- 脚本过场动画：在 RPG（角色扮演类游戏）中较常出现，受编辑好的流程脚本驱动，如角色 A 移动到 B 点触发 C 对话等。这类剧情动画的技术难度较小，编辑成本低。

随着 Unity 的版本迭代，在 2017 版本中增加的 Timeline 功能已经可以相对完善地实现实时剧情动画的制作，不需要再借助插件。而对于流程脚本动画，则需要自行编写一个剧情编辑器。接下来我们将针对后两种类型的 Cutscene 进行深入讲解。

9.2.2 使用 Timeline

在 Unity3D 中选择 Window | Sequencing | Timeline 命令即可弹出 Timeline 面板，该面板可以对 Timeline 对象进行编辑。在 Project 面板中右击，选择 Create | Timeline 命令，即可创建该对象。

创建完 Timeline 对象后还需要有一个容器才可以播放，该容器就是 PlayableDirector。创建一个 GameObject 并挂载 PlayableDirector 组件配置后，即可在场景内播放，如图 9.9 所示。

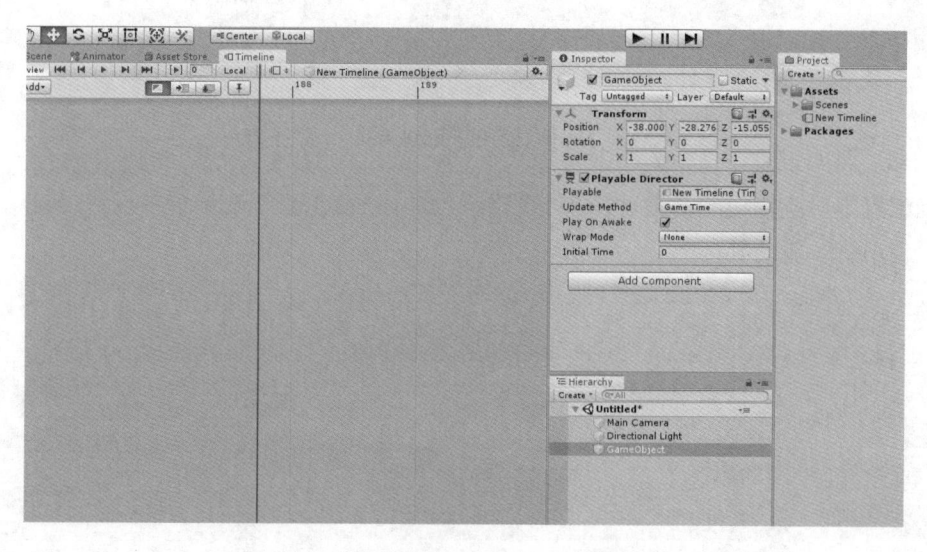

图 9.9　Timeline 对象与组件设置

接下来对 Timeline 对象进行编辑，它内置了 6 种类型的轨道（Track）。
- Activation Track：激活轨道，用于设置对象的 Active 状态，可以在轨道设置中进一步设置当作用结束后是恢复原状态还是变为激活状态等。
- Animation Track：动画轨道，支持直接编辑动画或插入一段现有动画。若选择插入动画剪辑，在设置 Animator 后拖曳对应的 AnimationClip 即可。
- Audio Track：音频轨道，直接拖曳对应的音频剪辑到轨道即可。
- Control Track：控制轨道，用于控制子 Timeline，往往在多人协作时会依赖于这个功能。
- Playable Track：可播放轨道，用于处理 Playable 脚本，通常针对一些扩展性的处理。
- Signal Track：信号轨道，类似于动画事件或消息机制，用于在某一时刻通知脚本。

除了上述几种轨道之外，还可以自行扩展轨道，如添加 Cinemachine 插件后会增加对应的扩展轨道。Unity3D 官方提供了一个工程 FilmSample，在资源商店中可以下载，该工程使用了 Timeline 的大多数功能，如图 9.10 所示。读者可以下载此案例进一步学习。

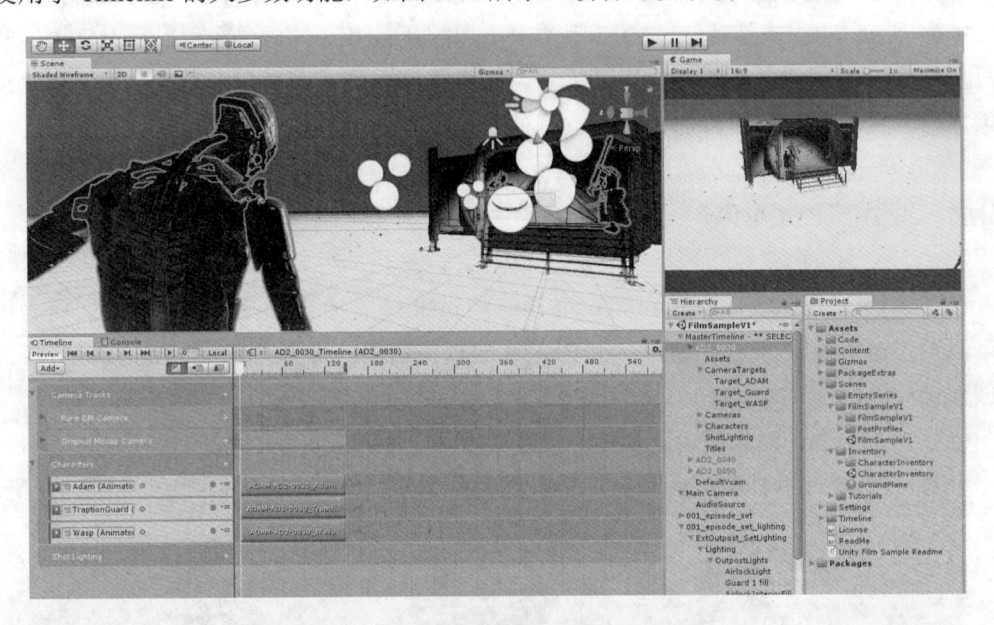

图 9.10 Unity 官方的 FilmSample 工程案例

当配置好对应轨道的动画后，即可设置参数进行播放，可以在面板中设置为自动播放，也可以使用脚本驱动其播放。

```
public class PlayTimelineTest : MonoBehaviour
{
    public PlayableDirector playableDirector;       //Timeline 组件
    public TimelineAsset timelineAsset;             //Timeline 资源文件
    void OnEnable()
    {
        playableDirector.Play(timelineAsset);       //播放
    }
}
```

由于篇幅有限，这里不对 Timeline 做更多的讲解。总体来说，这种实时的过场动画会产生比较大的开发成本，是否在游戏中加入 Timeline 还需要针对游戏体量进行考虑。

9.2.3 使用脚本过场动画

在 RPG（角色扮演）类型的游戏中往往会大量出现以脚本形式驱动的动画来代替实时的过场动画，这种形式只需要制作一些行走、奔跑、交谈的简单组合即可，在制作时间及内容修改上更容易把握。

制作脚本过场动画需要一个工具提供各种事件列表的配置与组织功能，它可以是 Excel 与脚本的组合，也可以使用节点编辑器进行配置，或者定制性地开发一个剧情动画编辑器，但具体选用什么样的方案应针对具体游戏而定，下面以节点编辑器为例来进行演示。

Visual Scripting 是一款节点式编程插件，这里用其制作脚本过场动画，读者可以在 Unity3D 内的 Package Manager 中下载。编辑脚本式过场动画主要的难题是并行事件的解决，而 Visual Scripting 不需要编写自定义节点，它的节点完全和引擎内的代码接口一致，这样我们就可以通过多个协程来实现不同角色过场事件的并行触发。

假设玩家 A 与伙伴 B 同时前往某个地点，在行径的过程中巨龙会飞来，这些是决战前剧情的一部分，可以通过 Visual Scripting 的 FlowGraph 来实现，整段过程动画的最终合成流程如图 9.11 所示。

使用 Visual Scripting 的 CustomEvent 节点可以实现类似于函数的功能，这里分别将玩家移动、队友移动，以及龙的飞行进行封装，并在进入剧情后顺序执行，以避免延迟等待。再通过 SuperUnit 将 MoveTo 这样一个可通用的功能进行封装，这样它就可以作为节点被多次使用了。最后定义相关变量并运行。

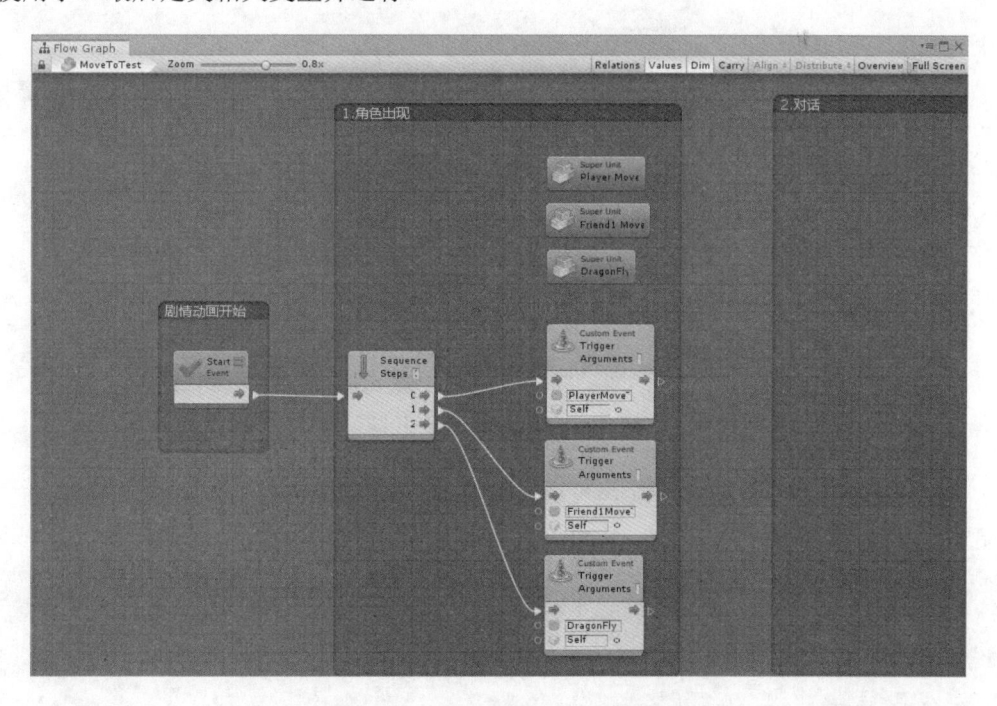

图 9.11　过场动画最终的合成流程

9.3 输入、IK 与音频管理

本节介绍一些前面章节中提及但较为分散的内容,如借助 InControl 插件处理通用手柄输入,使用 Final-IK 插件更好地实现关节的反向动力骨骼等。

9.3.1 InControl 插件的使用

PC 平台的动作游戏开发大多数会涉及手柄的接入操作,这时 Unity3D 内置的输入模块就显得有些不足。由于不同手柄键位并不一致,这时候就需要借助插件来统一它们的键位以方便开发。

InControl 是一款输入管理插件,这里使用它来进行不同型号的手柄通用键位适配,读者可以在资源商店进行购买。

安装 InControl 后,选择 Project Settings | InControl | Setup Input Manager Settings 命令进行初始化操作,随后需要在初始场景中挂载对应的组件。挂载后酌情勾选 Don't Destroy On Load 复选框,以保证场景内存在该脚本,并勾选 Enable XInput 复选框,否则会漏掉许多手柄类型的支持,如图 9.12 所示。

图 9.12 InControl 插件设置

有多种方法可进行配置。例如,可通过 InControl 内部的绑定功能继承 ActionSet 而进行配置。示例代码如下:

```
public class ActionSetTest : PlayerActionSet
{
    public PlayerAction Jump { get; private set; }
    public PlayerTwoAxisAction Move { get; private set; }
    //一些测试按键
```

```csharp
    public ActionSetTest()
    {
        Fire = CreatePlayerAction("Fire");
        //创建 PlayerAction, 一个动作可以绑定不同的输入源
        Fire.AddDefaultBinding(Key.J);                                    //绑定键盘输入
        Fire.AddDefaultBinding(InputControlType.Action1);                 //绑定手柄输入
        var left = CreatePlayerAction("Move Left");
        var right = CreatePlayerAction("Move Right");
        var up = CreatePlayerAction("Move Up");
        var down = CreatePlayerAction("Move Down");  //创建 PlayerAction
        right.AddDefaultBinding(Key.D);
        left.AddDefaultBinding(Key.A);
        up.AddDefaultBinding(Key.W);
        down.AddDefaultBinding(Key.S);                                    //键盘部分绑定
        left.AddDefaultBinding(InputControlType.LeftStickLeft);
        right.AddDefaultBinding(InputControlType.LeftStickRight);
        up.AddDefaultBinding(InputControlType.LeftStickUp);
        //手柄部分绑定
        down.AddDefaultBinding(InputControlType.LeftStickDown);
        //绑定轴输入
        Move = CreateTwoAxisPlayerAction(left, right, down, up);
    }
}
```

如果已经编写了一部分输入的管理器逻辑，也可以只使用 InputManager 的 ActiveDevice 进行手柄输入的检测。示例代码如下：

```csharp
var inputDevice = InControl.InputManager.ActiveDevice;
Debug.Log("Action1:" + inputDevice.Action1.IsPressed);            //方块(X)
Debug.Log("Action2:" + inputDevice.Action2.IsPressed);            //叉(A)
Debug.Log("Action3:" + inputDevice.Action3.IsPressed);            //圆圈(B)
Debug.Log("Action4:" + inputDevice.Action4.IsPressed);            //三角(Y)
Debug.Log("LeftStick:" + inputDevice.LeftStick.Value);            //左摇杆
Debug.Log(" InputDevice.LeftBumper:" + inputDevice.LeftBumper);   //L1(LB)
Debug.Log(" InputDevice.RightBumper:" + inputDevice.RightBumper); //R1(RB)
//L2(LT)
Debug.Log(" InputDevice.LeftTrigger:" + inputDevice.LeftTrigger.Value);
//R2(RT)
Debug.Log(" InputDevice.RightTrigger:" + inputDevice.RightTrigger.Value);
//L3
Debug.Log(" InputDevice.RightStickButton:" + inputDevice.RightStickButton);
//R3
Debug.Log(" InputDevice.LeftStickButton:" + inputDevice.LeftStickButton);
inputDevice.SetLightColor(Color.red);                             //启动游戏手柄的发光功能
inputDevice.Vibrate(0.5f, 0.5f);
//震动
```

以上就是常规按键对应的映射类型。对于更多的扩展，读者可参考插件文件夹内的自带案例进行学习。

9.3.2 Final-IK 插件的使用

IK（Inverse Kinematics）是一种反向动力学的骨骼控制方式。与 IK 相对的是 FK（Forward Kinematics），也就是传统的正向骨骼控制方式，它更像摆动人形的玩具模型，而 IK 则更像是提线木偶，是自然关节的运动。它们的运动方式如图 9.13 所示。在 3D 软件中导出动

画时，通常都会自动将 IK 转换为 FK 动画。

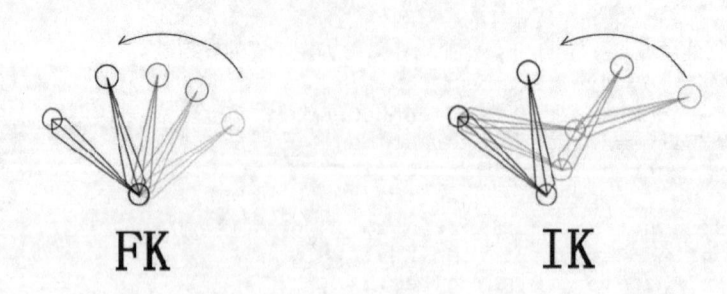

图 9.13　IK 与 FK 运动方式示意

在游戏中往往需要角色双脚准确地匹配不同高度、不同凹凸的地面，此时就需要借助脚关节 IK 来实现。Unity3D 在 Animator 的人形动画部分内置了一些人形的 IK 实现，但对于四足动物或多足机器人而言，Animator 便稍显欠缺。这时就需要借助一些 IK 插件去实现了，Final-IK 不仅可以对指定关节绑定 IK，还可以对已有人形骨架进行细节上的优化。

开发者可以在资源商店购买与下载 Final-IK 插件，这里针对它的 Demo 文件夹内的不同 IK 类型稍做讲解。

- Aim IK：提供对手持武器、枪械的瞄准矫正功能，需挂载 AimIK 脚本并设置对应的影响关节。
- Biped IK：人形关节 IK，分为 BipedIK 和 FullBodyBipedIK（FBBIK）脚本，前者提供了更好的性能，而后者则提供了更细致的 IK 绑定及调节参数。
- CCD IK：自定义多关节的 IK 绑定，可通过 RotationLimit 系列脚本实现不同关节的旋转约束，比较适合机械臂等金属器械的模拟。
- FABR IK：与 CCD IK 类似，由于每个关节不需要和末端对齐，所以更适合对软体动物的触须或者绳索的模拟。
- Limb IK：主要针对三段式关节进行 IK 的模拟，类似于 TrigonometricIK 脚本，其表现效果与手、脚等肢体类似。
- Look At IK：使模型看向目标，与 Animator 中人形动画的 LookAt 不同，它可以设置更多的影响关节并以曲线和权重控制它们的强弱。

可以说大部分 IK 工作都是对 FullBodyBipedIK 进行操作的，FinalIK 的这些特性可以被运用在项目中的如下几个方面。

- 地面高度匹配：当角色站在凹凸不平的地面或斜面上时，双脚会被匹配在不同高度的位置，在插件文件夹的 _DEMOS/Grounder/Grounder 目录下可以找到相关参考，其中还提供了四足动物及其他物体的高度匹配脚本。
- 非人形角色 IK：通过 FABR IK、Limb IK 等可以对非人形角色进行关节 IK 的绑定，具体见 Demo 中的 Mech Spider 案例。
- 受击效果增强：通过 IK 绑定可以实现对敌人不同部位的受击产生影响，具体可见 Demo 中的 Hit Reaction 案例。
- 定制化的交互：如开门等动作，通过 Final IK 的 Interaction System，可以对不同 IK

交互行为进行曲线及参数上的修正,而不仅是修改 IK 目标点位置,具体可见 Demo 中的 Interaction 系列案例。
- 布娃娃 Ragdoll 效果:布娃娃效果是指在敌人死后以自然死亡姿态倒地,而非固定动画姿势。可参考 Demo 中的 Ragdoll Utility 案例,使用 Final IK 的内置 Ragdoll,可以更方便地进行调用。

总体来说,无论是对 IK 功能的硬性需求还是动画表现效果的提升,将 Final-IK 插件纳入项目中都是不错的选择。但需要注意其性能问题,衡量哪些对象适合使用局部 IK,哪些对象应该使用 BipedIK 等。

9.3.3 音频管理

游戏中的音频管理主要是对背景音乐和音效两部分进行处理,并提供一些如环境混音、多音轨背景音乐等上层功能。在本节中不会涉及 Wwise、FMod 等外部音频工具,主要是讲解背景音乐及音效在管理部分的逻辑处理,并提供一个相对标准的脚本实现。

在 Unity3D 中,每个音频文件被称为 AudioClip,它们可以被放置在一个叫作 AudioSource 的组件容器内,并通过 AudioListener 组件获得场景内的声音然后播放,通常这个脚本被挂载在主相机上。AudioSource 组件除了作为音频的容器,还可以对音频进行一些细节设置,通过设置 AudioMixerGroup 混音或直接修改 Pitch 等参数可以获得不同的播放效果,并做出洞窟、空旷舞台等不同环境的音效表现。这样一个音频管理器的结构大致如图 9.14 所示。

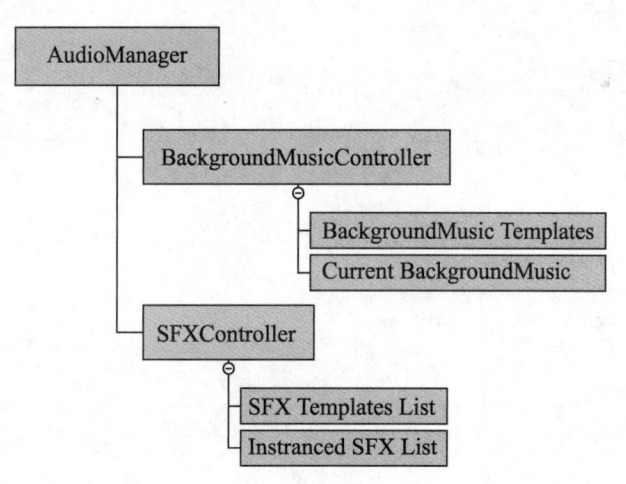

图 9.14 音频管理器结构

这里我们通过组合的方式将背景音乐控制器(BackgroundMusicController)与音效控制器(SoundFXController)组合进音频管理器内。

(1)编写背景音乐控制器。背景音乐一般只需要对一个现有的 AudioSource 做循环播放即可,音乐的切换由场景内区域与触发框而决定,暂不考虑多音轨及淡出、淡入的情况。先编写基本的模板注册与反注册逻辑,模板可根据关卡需要进行优化处理,没有用到的背景音乐不需要注册。Volume 值负责控制整体背景音乐的音量大小。

```csharp
public class BackgroundMusicController
{
    const float MAX_VOLUME = 1f;                    //音量最大值
    List<AudioSource> mTemplateList;                //模板列表
    AudioSource mCurrentAudioSource;
    public AudioSource CurrentAudioSource { get { return mCurrent
AudioSource; } }                                    //当前音源,用于外部直接修改
    //模板列表
    public List<AudioSource> TemplateList { get { return mTemplateList; } }
    public float Volume { get; set; }               //背景音乐整体音量
    public BackgroundMusicController()
    {
        mTemplateList = new List<AudioSource>();
        Volume = MAX_VOLUME;
    }
    public void RegistToTemplate(AudioSource audioSource)    //注册到模板
    {
        mTemplateList.Add(audioSource);
    }
    public void UnregistFromTemplate(AudioSource audioSource) //反注册模板
    {
        mTemplateList.Remove(audioSource);
    }
}
```

(2) 加入功能逻辑，分别是 Volume 的绑定、播放和停止背景音乐。

```csharp
//省略部分,接上半部分代码
public void Update()                                //更新逻辑
{
    if (mCurrentAudioSource != null) mCurrentAudioSource.volume = Volume;
}
//获取某个已注册的音源
public AudioSource FindAudioSourceFromTemplate(string name)
{
    var result = default(AudioSource);
    for (int i = 0, iMax = mTemplateList.Count; i < iMax; i++)
    {
        if (mTemplateList[i].name == name)          //名称比较
        {
            result = mTemplateList[i];
            break;
        }
    }
    if (result == null) throw new System.Exception("无法获取要播放的音频:" + name);
    return result;
}
public void PlayMusic(string name)                  //播放目标背景音乐
{
    Stop();                                         //先尝试停止正在播放的背景音乐
    mCurrentAudioSource = FindAudioSourceFromTemplate(name);
    mCurrentAudioSource.volume = Volume;            //赋予音量
    mCurrentAudioSource.Play();
}
public void Stop()                                  //停止当前背景音乐
{
    if (mCurrentAudioSource != null) mCurrentAudioSource.Stop();
```

```
    mCurrentAudioSource = null;
}
```

（3）编写音效控制器的逻辑内容。由于音效存在频繁编辑和调节的情况，这里将增加一个元数据对象，加入偏移音量控制等参数。

```
[CreateAssetMenu(fileName = "SoundFXData.asset", menuName = "SoundFXData")]
public class SoundFXData : ScriptableObject
{
    [Range(0f, 1f)] public float volume = 1f;              //音量
    public float offset;                                    //偏移
    public AudioClip audioClip;                             //剪辑对象链接
    [HideInInspector] public float birthFrame;              //创建帧
    [HideInInspector] public AudioSource audioSource;       //音源对象
    [HideInInspector] public float lifeTimer;               //销毁倒计时
}
```

随后开始编写控制器的基础逻辑。依然是变量的定义及模板的注册与反注册内容。

```
public class SoundFXController
{
    const float MAX_VOLUME = 1f;                            //音量最大值
    List<SoundFXData> mCurrentSoundFXList;                  //当前正播放的音效列表
    List<SoundFXData> mTemplateList;                        //音效模板列表
    public float Volume { get; set; }                       //整体音量
    public List<SoundFXData> CurrentSoundFXList { get { return mCurrentSoundFXList; } }                                    //当前音效
    //模板列表
    public List<SoundFXData> TemplateList { get { return mTemplateList; } }

    public SoundFXController()
    {
        Volume = MAX_VOLUME;
        mCurrentSoundFXList = new List<SoundFXData>();
        mTemplateList = new List<SoundFXData>();
    }
    public void RegistToTemplate(SoundFXData template)      //音效模板注册
    {
        mTemplateList.Add(template);
    }
    public void UnregistFromTemplate(SoundFXData template)  //音效模板反注册
    {
        mTemplateList.Remove(template);
    }
}
```

（4）继续加入音效控制器的功能逻辑。需要注意，当多个同样的音效在同一帧被播放时，会导致音量放大的问题。因此这里加入了帧判断以避免发生这类问题。

```
public class SoundFXController
{
    //省略内容，接上半部分代码
    public void StopAllSFX()                                //停止所有的音效
    {
        for (int i = mCurrentSoundFXList.Count - 1; i >= 0; i--)
            DestroySFX(mCurrentSoundFXList[i]);
    }
    public void Update()                                    //销毁及 Volume 更新逻辑
    {
```

```csharp
        for (int i = mCurrentSoundFXList.Count - 1; i >= 0; i--)
        {
            var item = mCurrentSoundFXList[i];
            item.lifeTimer -= Time.deltaTime;
            if (item.lifeTimer <= 0f) DestroySFX(item);
            else item.audioSource.volume = item.volume * Volume;
        }
    }
    public AudioSource PlaySFX(string name, AudioMixerGroup audioMixerGroup = null,
Vector3? point = null)
    {
        if (Volume <= 0) return null;            //如果音量设定为0，则跳出播放
        var targetSFXTemplate = mTemplateList.Find(m => m.audioSource.name == name);
        if (targetSFXTemplate == null) Debug.LogError("无法获取要播放的音频:" + name);
        for (int i = 0, iMax = mCurrentSoundFXList.Count; i < iMax; ++i)
        {
            if (mCurrentSoundFXList[i].audioSource.name == name
                && mCurrentSoundFXList[i].birthFrame == Time.frameCount)
                return null;
        }//避免同一帧播放多个同样的音效，因为这样会导致声音被放大
        return PlaySFX(targetSFXTemplate, audioMixerGroup, point);
    }
    AudioSource PlaySFX(SoundFXData templateData, AudioMixerGroup audioMixerGroup, Vector3? point = null)
    {
        var instancedSFX = UnityEngine.Object.Instantiate(templateData.audioSource.gameObject);
        instancedSFX.gameObject.SetActive(true);       //从模板实例化
        var targetAudioSource = instancedSFX.GetComponent<AudioSource>();
        targetAudioSource.outputAudioMixerGroup = audioMixerGroup;
        if (point != null)                             //若是3D音效，则设置位置
            instancedSFX.transform.position = point.Value;
        if (templateData.offset > 0)
        {
            targetAudioSource.PlayDelayed(templateData.offset);
        }
        else
        {
            targetAudioSource.time = -templateData.offset;
            targetAudioSource.Play();
        }//偏移的逻辑处理
        targetAudioSource.volume = templateData.volume * Volume;
        var soundFXData = ScriptableObject.CreateInstance<SoundFXData>();
        soundFXData.audioSource = targetAudioSource;
        soundFXData.lifeTimer = templateData.audioClip.length;
        mCurrentSoundFXList.Add(soundFXData);          //将音效对象加入列表
        return targetAudioSource;
    }
    void DestroySFX(SoundFXData soundFXData)           //销毁音效的处理
    {
        mCurrentSoundFXList.Remove(soundFXData);
        UnityEngine.Object.Destroy(soundFXData.audioSource.gameObject);
    }
}
```

当调用音效播放接口时，如果有位置信息传入，则为3D音效，否则作为2D音效进行

处理。PlaySFX 函数中的第二个参数 AudioMixerGroup 提供了混音信息的传入，当调用该函数播放音效时，应当获取当前区域的混音信息并进行播放。

（5）编写音频管理器的逻辑，将背景音乐、音效控制器进行整合。由于需要使用 Update 函数进行更新，这里将其创建为 MonoBehaviour 单例类。

```
public class AudioManager : MonoBehaviour
{
    static bool mIsDestroying;
    static AudioManager mInstance;
    public static AudioManager Instance
    {
        get
        {
            if (mIsDestroying) return null;
            if (mInstance == null)
            {
                mInstance = new GameObject("[AudioManager]").AddComponent<AudioManager>();
                DontDestroyOnLoad(mInstance.gameObject);
            }
            return mInstance;
        }
    }//mono 单例
    void OnDestroy()
    {
        mIsDestroying = true;
    }
}
```

加入控制器与接口转发逻辑。

```
public class AudioManager : MonoBehaviour
{
    SoundFXController mSoundFXController;
    BackgroundMusicController mBackgroundMusicController;
    //省略单例创建逻辑
    //省略大量的纯转发接口（PlaySFX、StopAllSFX 等）
    void Awake()
    {
        mSoundFXController = new SoundFXController();
        mBackgroundMusicController = new BackgroundMusicController();
    }
    void Update()                                           //更新绑定
    {
        mSoundFXController.Update();
        mBackgroundMusicController.Update();
    }
}
```

由于转发接口并没有逻辑内容，故此处将其省略。接下来编写初始化逻辑，将音频文件载入其中。

```
//省略部分代码
//背景音乐初始化路径常量
const string BGM_TEMPLATE_RES_PATH = "Audio/BackgroundMusic";
//音效初始化路径常量
const string SFX_TEMPLATE_RES_PATH = "Audio/SoundFX";
```

```csharp
public void Initialization()                    //初始化时自动通过常量路径进行加载
{
    if (!string.IsNullOrEmpty(BGM_TEMPLATE_RES_PATH))
    {
        var resAudioClipArray = Resources
            .LoadAll<AudioClip>(BGM_TEMPLATE_RES_PATH);
        foreach (var item in resAudioClipArray)
        {
            var go = new GameObject(item.name);
            go.transform.parent = transform;
            var audioSource = go.AddComponent<AudioSource>();
            audioSource.clip = item;
            audioSource.loop = true;
            audioSource.playOnAwake = false;
            //注意,这里是被省略的转发函数
            RegistToBackgroundMusicTemplate(audioSource);
        }
    }
    if (!string.IsNullOrEmpty(SFX_TEMPLATE_RES_PATH))
    {
        var resAudioClipArray = Resources
            .LoadAll<SoundFXData>(SFX_TEMPLATE_RES_PATH);
        for (int i = 0; i < resAudioClipArray.Length; i++)
        {
            var item = resAudioClipArray[i];
            var go = new GameObject(item.name);
            go.transform.parent = transform;
            var audioSource = go.AddComponent<AudioSource>();
            audioSource.clip = item.audioClip;
            audioSource.playOnAwake = false;
            audioSource.spatialBlend = 0;//2D
            var sfxData = Instantiate(item);
            sfxData.audioSource = audioSource;
            RegistToSoundFXTemplate(sfxData);       //注意,这里是被省略的转发函数
        }
    }
}
```

将 Resources 下的目录定义为常量并在初始化函数中加载它们。至此,音频管理器的脚本编写完成。

第 3 篇
项目案例实战

▶▶ 第 10 章　典型案例剖析

▶▶ 第 11 章　Roguelike 游戏 Demo 设计

第 10 章 典型案例剖析

在之前的章节中已经讲解过关卡制游戏在技术上的问题及难点。本章将结合一些经典动作游戏案例进行分析,从而做到活学活用,其中包括角色断肢、角色残影、流血喷溅等效果的实现。通过本章的学习,读者可以在编写相似功能时提供较大助力。

10.1 《忍者龙剑传ΣΣ2》案例剖析

本节将对经典的动作游戏《忍者龙剑传ΣΣ2》中的一些特性进行再实现并给出过程分析,这些特性包括游戏中角色受伤流血、角色断肢和角色技能残影等。

10.1.1 断肢效果的再实现

《忍者龙剑传ΣΣ2》中的角色断肢效果是游戏的核心亮点之一,当敌人处于断肢状态时,主角即可接近敌人并发动终结技能将其击杀。受吸魂机制的激励,在战斗中往往优先将敌人断肢作为第一步的击杀策略,如图 10.1 所示。

图 10.1 《忍者龙剑传ΣΣ2》中的角色断肢效果

实现角色断肢的方法多种多样,可使用分离多网格的统一蒙皮方法来实现,也可以借助 Cutout 隐藏一部分区域来实现。

分离多网格蒙皮的做法是指手或脚在制作时就采用独立网格的形式，包括断肢部位的衔接处，通过 DCC（Digital Content Creation）软件中的一些蒙皮工具合理地赋予它们权重以较好地隐藏，缺点是在绘制权重时相对麻烦。而另一种较便捷的做法是借助着色器的 Cutout 方法去剔除断肢区域的显示，再另行制作被断肢部位的模型与切断动画。这种做法的好处是可对断肢区域的衔接处进行定制处理，对断肢后的部位动画也有较好的控制；缺点是需要占用一些信息以描述断肢区域，如使用顶点色等，而且被剔除的像素在一些特效处理上可能会出错。

这里我们采用后者的做法。首先制作好断肢衔接处的模型网格，并使用顶点色的 R、G 分量通道进行断肢区域的描述，我们将顶点色的 R 通道划分为 0.1～1 的 10 个区间，分别保存 10 块断肢区域的描述，在 DCC 软件中需要对其按照不同的顶点色 R 值进行绘制。对于断肢区域的衔接处，除了使用 R 值标记外，还需要使用顶点色的 G 值标记反转，若 G 值为 1，则反转当前 R 值结果，即由剔除变为不剔除，这样即可在断肢的同时显示衔接处的模型。对于顶点色的 B 与 Alpha 值通道则做保留处理，以供其他逻辑使用，如图 10.2 所示。

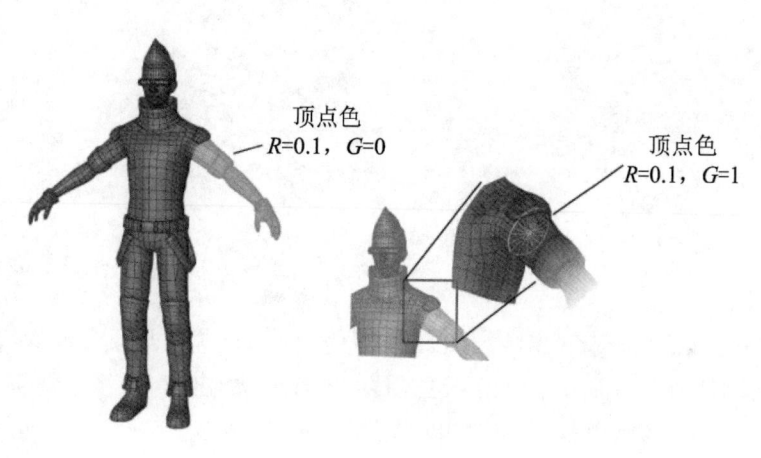

图 10.2　顶点色分配示意

（1）编写针对顶点色进行处理的 Shader 效果，这里使用 Surface Shader 进行编辑。

```
Shader "Custom/MutilationCharacterShader"
{
    Properties
    {
        //Properties部分的代码省略
    }
    SubShader
    {
        Tags { "RenderType"="Opaque" }
        CGPROGRAM
        #pragma surface surf Standard addshadow        //需要使用addshadow
        #pragma vertex vert                            //需要顶点Shader的一些逻辑处理
        #pragma target 3.0
        sampler2D _MainTex;
        struct Input
```

```
    {
        float2 uv_MainTex;
        float isDiscard;                    //Discard 中间转换变量
    };
    //其余字段声明部分的代码省略
    float _ClipIndexArray[10];              //10 个断肢区域索引的显示和隐藏信息
    #define CLIP_INDEX_EPS 0.01             //断肢区域比较误差值

    //覆写顶点 Shader 操作
    void vert(inout appdata_full appdata, out Input o)
    {
        UNITY_INITIALIZE_OUTPUT(Input, o);
        float clipIndex = appdata.color.r;
        [unroll]
        for (int i = 0; i < 10; i++) //对 10 个断肢区域的隐藏比较
        {
            if (abs(_ClipIndexArray[i] - clipIndex) < CLIP_INDEX_EPS)
                o.isDiscard = 1;
        }
        if (appdata.color.g > 0)            //顶点色 g 通道的反转处理
            o.isDiscard = -o.isDiscard;
    }
    void surf (Input IN, inout SurfaceOutputStandard o)
    {
        if (IN.isDiscard)                   //是否丢弃像素
            discard;                        //抛弃该像素渲染，效果等同于 clip
        //省略部分代码，即默认 surf 赋值操作
    }
    ENDCG
}
```

这里需要在顶点 Shader 中对顶点色的隐藏信息进行转换，如果在像素 Shader 部分处理的话，则会因插值信息而导致出错。通过传入 Shader 数组，可以循环判断当前的颜色处于哪一个索引，并且该索引是否存有剔除信息。

（2）编写 MutilationCharacterShader 对应的 C#脚本，用于传入断肢剔除的数组信息。

```
public class MutilationCharacterUpdate : MonoBehaviour
{
    const int MUTILATION_AREA_COUNT = 10;               //总共记录的断肢区域数量
    const float MUTILATION_AREA_UNIT_VALUE = 0.1f;      //每一处区域的单位值常量
    const float MUTILATION_INVALID_VALUE = -1f;         //无效值常量
    const string CLIP_INDEX_ARRAY_PROP = "_ClipIndexArray";
    //层级面板勾选信息
    public bool[] mutilationPoints = new bool[MUTILATION_AREA_COUNT];
    public SkinnedMeshRenderer skinnedMeshRenderer;//角色蒙皮网格
    float[] mMutilationPoints = new float[MUTILATION_AREA_COUNT];
    void Update()
    {
        for (int i = 0; i < MUTILATION_AREA_COUNT; i++)
        {
            if (mutilationPoints[i])
                mMutilationPoints[i] = MUTILATION_AREA_UNIT_VALUE * (i + 1);
            else
                mMutilationPoints[i] = MUTILATION_INVALID_VALUE;
```

```
        }//float 数组转换处理
        var mat = skinnedMeshRenderer.material;
        mat.SetFloatArray(CLIP_INDEX_ARRAY_PROP, mMutilationPoints);
        //将数组传入 Shader
    }
}
```

上面的脚本对 10 处断肢区域的显示与隐藏进行了更新处理，挂载该脚本后，通过对层级面板数组的修改，即可改变其对应区域的显示和隐藏状态。

最后，制作单独的手臂模型并绑定碰撞网格与刚体，在断肢触发后将其实例化并施力，随后修改主模型 Shader 的参数，最终的效果如图 10.3 所示。

图 10.3　断肢效果

10.1.2　流血喷溅效果的再实现

《忍者龙剑传Σ2》动作游戏中的暴力、血腥是其特性之一。在该游戏中，不同武器攻击敌人后产生的打击效果也有所不同，如使用无想新月棍、斗神拐等钝器将敌人断肢后，被断肢部位会被击为碎块，而使用龙剑和严龙、伐虎等锐器断肢敌人后，被断肢部位会被整齐削落。

动作游戏中的流血喷溅效果大致可分为地面上的溅落血迹与砍杀瞬间的血液飞溅，对于地面上的溅落血迹，可采用面片或贴花投影（Decal Projector）的方式来实现。本节将对溅落血迹的效果进行再实现。

通过观察可以发现，游戏中的角色在受击后溅落的血迹会沿受击方向创建多个，多为一块主要血迹与一些散落的小血迹贴花。不同血迹的出现会有少许延迟，以表现血滴飞溅至地面的快慢顺序。

（1）编写基础贴花逻辑脚本，暂时省略一部分逻辑。

```
public class DripBloodFx : MonoBehaviour
{
    public GameObject[] templates;                      //贴花模板数组
    public LayerMask layerMask;                         //射线检测的 Mask
    public float delay;                                 //初始延迟
    WaitForSeconds mCacheDelayWaitForSeconds;           //协程延迟
```

```csharp
    void Awake()
    {
        mCacheDelayWaitForSeconds = delay > 0 ? new WaitForSeconds(delay) : null;
    }
    void OnEnable()
    {
        StartCoroutine(TriggerDripBlood());                    //开启贴花触发程序
    }
    IEnumerator TriggerDripBlood()
    {
        if (mCacheDelayWaitForSeconds != null)
            yield return mCacheDelayWaitForSeconds;            //等待逻辑
        //随机从模板内抽取并进行贴花的实例化逻辑
        //此处的代码暂时先省略
    }
}
```

上面的脚本从贴花模板 templates 的字段中随机选择进行贴花对象的创建,并提供一个前置延迟逻辑,实现大小血迹块出现的不同的时间。

(2) 加入简单的对象池逻辑,继续编写暂时省略的创建部分脚本。

```csharp
public class DripBloodFx : MonoBehaviour
{
    //省略部分代码
    public int poolCount = 10;                                 //池缓存数量
    GameObject[] mPool;                                        //池数组
    void Awake()
    {
        //省略部分代码
        mPool = new GameObject[templates.Length * poolCount];
        for (int i = 0, k = 0; i < templates.Length; ++i)
        {
            for (int j = 0; j < poolCount; ++j)
            {
                var instanced = Instantiate(templates[i]);
                instanced.name = "decal_" + i + "_" + j;
                instanced.gameObject.SetActive(false);
                mPool[k] = instanced;
                ++k;
            }
        }//初始化池
    }
    void OnEnable()
    {
        StartCoroutine(TriggerDripBlood());                    //开启贴花触发协程
    }
    IEnumerator TriggerDripBlood()
    {
        //省略部分代码
        var templateIndex = UnityEngine.Random.Range(0, templates.Length);
        var targetPoolItem = default(GameObject);
        for (int i = 0; i < poolCount; ++i)
        {
            var item = mPool[templateIndex * poolCount + i];
            if (!item.activeSelf)
            {
```

```
                targetPoolItem = item;
                break;
            }
        }//遍历并从池内取非激活的对象
        if (targetPoolItem == null)
        {
            targetPoolItem = mPool[templateIndex * poolCount];
            for (int i = 0; i < poolCount - 1; ++i)
                mPool[i] = mPool[i + 1];
            mPool[templateIndex * poolCount + (poolCount - 1)] = targetPoolItem;
        }//若池已满,则取出第一个元素且池内其余元素向前推进一位
        var bloodDecal = targetPoolItem;
        var raycastHit = default(RaycastHit);
        var isHit = Physics.Raycast(new Ray(transform.position, transform.forward), out raycastHit, layerMask);
        if (isHit)                                           //是否碰至墙壁或地面
        {
            bloodDecal.gameObject.SetActive(true);           //设为激活状态
            bloodDecal.transform.position = raycastHit.point;
            bloodDecal.transform.forward = raycastHit.normal;
        }
    }
}
```

这样就完成了简单的对象池逻辑。若使用时池已满,则回收前面创建的内容并再次使用。

(3) 继续为血迹创建的方向增加随机性。我们编写一个锥形范围生成的随机函数,并替换之前的 transform.forward。

```
Vector3 ConeRandom(Vector3 direction, float range)
{
    //构建 forward 四元数
    var quat = Quaternion.FromToRotation(Vector3.forward, direction);
    var upAxis = quat * Vector3.up;
    var rightAxis = quat * Vector3.right;
    //以此得到另外两个轴
    var quat1 = Quaternion.AngleAxis(UnityEngine.Random.Range(-range * 0.5f, range), upAxis);
    var quat2 = Quaternion.AngleAxis(UnityEngine.Random.Range(-range * 0.5f, range), rightAxis);
    //通过横向与纵向随机得到两个四元数并与默认方向相乘,从而得到随机偏移结果
    var r = quat1 * quat2 * direction;
    return r;
}
```

ConeRandom 函数可借助默认方向与随机范围得到一个锥形随机向量,并利用该函数替换之前的逻辑。

```
var dripDirection = ConeRandom(transform.forward, directionRandomRange);
var raycastHit = default(RaycastHit);
var isHit = Physics.Raycast(new Ray(transform.position, dripDirection), out raycastHit, layerMask);
```

(4) 准备一些血迹图片,将其编辑为预制体做成模板,每块血迹匹配一个 DripBloodFx 脚本,并对其设置相应的延迟,即可产生分次滴落的效果,如图 10.4 所示。

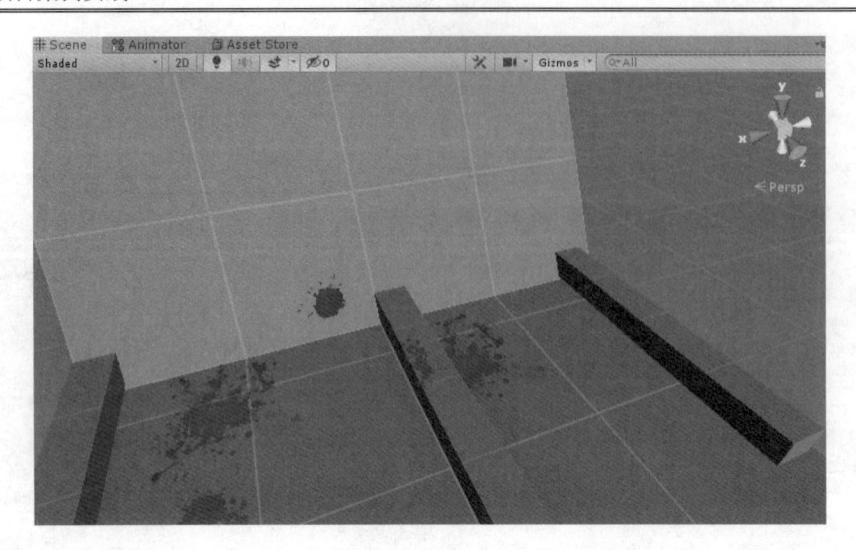

图 10.4 血迹效果

10.1.3 角色残影效果的再实现

在《忍者龙剑传Σ2》动作游戏中，当隼龙触发灭杀之术和飞燕等技能时都会出现残影效果，如图 10.5 所示。这类残影效果在不同的动作游戏中被广泛使用。

图 10.5 残影效果

对于残影效果，Unity3D 中的 SkinnedMeshRenderer 类提供了一个接口 BakeMesh，允许我们得到当前动画帧的网格数据，从而可对烘焙网格使用半透明的边缘泛光 Shader，达到残影的效果。

（1）编写烘焙残影网格，并对所管理的残影创建脚本。

```
public class ShadowFx : MonoBehaviour
{
    const string SHADOW_FX_NAME_PREFIX = "Shadow_";
    public Shader shader;                              //透明边缘泛光 Shader
```

```
    public SkinnedMeshRenderer skinnedMeshRenderer;//蒙皮网格
    public float fadeTime = 0.5f;                    //淡出时间
    public MonoBehaviour coroutineMonoBehaviour;
    //协程开启对象,防止因自身关闭而导致残影协程停止
    GameObject mShadowFxGO;
    void OnEnable()
    {
        //残影特效触发协程
        coroutineMonoBehaviour.StartCoroutine(ShadowFxTrigger());
    }
    void OnDestroy()
    {
        if (mShadowFxGO)                             //残影销毁处理
            Destroy(mShadowFxGO);
    }
    IEnumerator ShadowFxTrigger()
    {
        mShadowFxGO = new GameObject(SHADOW_FX_NAME_PREFIX + Time.time);
        mShadowFxGO.transform.position = skinnedMeshRenderer.transform.position;
        mShadowFxGO.transform.rotation = skinnedMeshRenderer.transform.rotation;
        mShadowFxGO.transform.localScale = skinnedMeshRenderer.transform.localScale;
        //复制变换信息
        var meshRenderer = mShadowFxGO.AddComponent<MeshRenderer>();
        var meshFilter = mShadowFxGO.AddComponent<MeshFilter>();
        var mesh = new Mesh() { name = mShadowFxGO.name };
        skinnedMeshRenderer.BakeMesh(mesh);          //烘焙残影
        meshFilter.sharedMesh = mesh;
        var mat = new Material(shader);
        mat.CopyPropertiesFromMaterial(skinnedMeshRenderer.sharedMaterial);
        //从主材质球复制参数
        meshRenderer.sharedMaterial = mat;
        var cacheMatColor = mat.color;
        var beginTime = Time.time;
        for (var duration = fadeTime; Time.time - beginTime <= duration;)
        {
            var t = (Time.time - beginTime) / duration;
            mat.color = new Color(cacheMatColor.r, cacheMatColor.g, cacheMatColor.b, Mathf.Lerp(1f, 0f, t));
            yield return null;
        }//残影消隐插值
        Destroy(mShadowFxGO);                        //销毁残影
    }
}
```

上面的脚本可挂载于角色节点下,将角色蒙皮网格、残影特效 Shader 等进行挂载即可。当需要创建残影时,可将脚本激活,然后自动创建一个残影并随之销毁。

(2)编写残影的 Shader 脚本。该脚本主要以半透明的 Surface Shader 为基础,并加入边缘发光处理。由于半透明物体渲染时会有区域重叠的问题,这里增加一个 Pass(绘制阶段)预先绘制深度,用 Surface Shader 绘制多 pass 时,只需要将自定义的 pass 内容写在前半部分即可。

```
Shader "Custom/RimFxShader"
{
    Properties
```

```
    {
        _Color ("Color", Color) = (1,1,1,1)
        _MainTex ("Albedo (RGB)", 2D) = "white" {}
        _Glossiness ("Smoothness", Range(0,1)) = 0.5
        _Metallic ("Metallic", Range(0,1)) = 0.0
        //一些常规字段的声明
        _BumpMap("Normal Texture (RGB)", 2D) = "white" {}        //法线贴图
        _RimColor("Rim Color", Color) = (1,0.0, 0.0, 0.0)        //泛光颜色
        _RimPower("Rim Power", float) = 2.0                      //泛光强度
    }
    SubShader
    {
        Tags
        {
            "Queue" = "Transparent"
            "RenderType" = "Transparent"
        }//半透明 Shader 标签声明
        Pass
        {
            ZWrite On
            ColorMask 0
        }//预先写深度的 pass
        CGPROGRAM
        #pragma surface surf Standard fullforwardshadows alpha:fade
        //留意 alpha:fade,使用半透明 Shader 需要加入这一段声明
        #pragma target 3.0
        sampler2D _MainTex;
        fixed4 _RimColor;                       //边缘泛光的颜色
        half _RimPower;                         //边缘泛光的强度
        struct Input
        {
            float2 uv_MainTex;
            float2 uv_BumpMap;
            half3 viewDir;
            //边缘泛光需要的默认参数
        };
        sampler2D _BumpMap;
        half _Glossiness;
        half _Metallic;
        fixed4 _Color;
        UNITY_INSTANCING_BUFFER_START(Props)
        UNITY_INSTANCING_BUFFER_END(Props)
        void surf (Input IN, inout SurfaceOutputStandard o)
        {
            o.Normal = UnpackNormal(tex2D(_BumpMap, IN.uv_BumpMap));
            //计算边缘泛光强度
            half rim = 1.0 - saturate(dot(normalize(IN.viewDir), o.Normal));
            fixed4 c = tex2D (_MainTex, IN.uv_MainTex) * _Color;
            o.Albedo = c.rgb;
            o.Metallic = _Metallic;
            o.Smoothness = _Glossiness;
            o.Emission = _RimColor.rgb * pow(rim, _RimPower);
            //乘以边缘泛光颜色并赋予自发光通道
            //边缘泛光强度与颜色 Alpha 相乘并赋予 Alpha 通道
            o.Alpha = rim * c.a;
        }
        ENDCG
    }
}
```

（3）将 RimFx Shader 与残影创建脚本组合，完成创建，效果如图 10.6 所示。

图 10.6　残影效果

10.2　《君临都市》案例剖析

《君临都市》是一款 PS2 末期推出的动作游戏，它沿袭了格斗游戏严谨的打击判定并以拳脚格斗作为主要战斗模式。游戏中存在着大量的投技、拆投、组合技等，并且设有部位破坏的独特概念，角色被分为上、中、下三段伤害区域，玩家不可一味地对其某一段进行攻击，以此增加战斗的策略性。本节将从多人组合技能及人物通用动作的设计进行剖析。

10.2.1　通用动作方案的设计

在《君临都市》游戏中设有 60 名敌人，包括不同的流派、体型、身高等，如第 16 关的空手道角色等。如此之多的角色动画，通常可以采用一套通用动画的不同形体方式并借助通用骨骼去解决，即一个动画同时做瘦、中、胖 3 个版本，以匹配不同体型的敌人。在 Unity3D 引擎中，使用人形动画的功能可以解决这类需求。

继续观察会发现，一些流派使用的角色相对较少，并且角色大多为中等体型，并且女性角色较少。所以进一步优化：对于使用固定流派的敌人，可以做一套通用的骨骼动画；而对于通用流派的敌人，建议依据身高、体型制作两套或两套以上通用动画。

10.2.2　组合攻击的再实现

组合攻击通常是指多个己方角色同时对敌人发动的特殊动画攻击，或者依赖站位，在特殊条件下主角一人对多人发动的特殊动画攻击，如图 10.7 所示。

图 10.7　一对二组合攻击示意

这里以主角一对多组合攻击的情形进行脚本实现，这种情形的触发逻辑一般是当主角周边站有敌人时，以敌人的某种朝向、站姿的指定规则进行触发。考虑到其与技能系统还有一些区别并且较为依赖敌人朝向等信息，所以这里单独作为一个模块来制作。

先来看一下实现组合攻击模块的脚本结构关系，如图 10.8 所示。

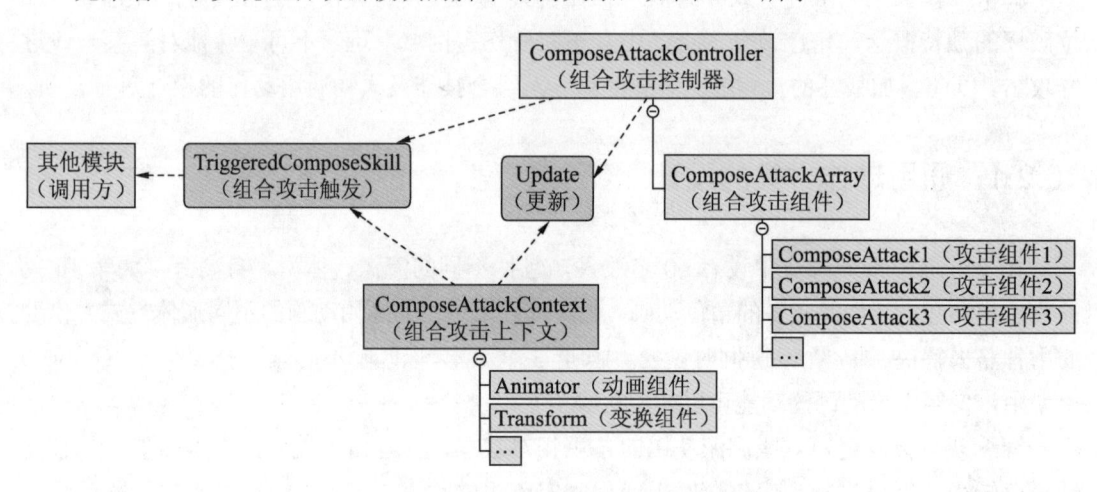

图 10.8　组合攻击功能脚本的逻辑关系

在图 10.8 中，ComposeAttackController 脚本中存放着不同的组合攻击类型，通过 Update 事件函数每帧更新当前可触发的组合攻击，并将信息存于索引字段中。上下文 ComposeAttackContext 结构中存放了组合攻击所需要的角色自身组件，如 Animator、Transform 等，可根据需求自行增加字段。TriggeredComposeSkill 函数是在外部模块调用时触发并通过协程执行的。

(1) 定义一些基础脚本。先定义上下文结构，它包含角色自身的一些信息。

```csharp
public struct ComposeAttackContext
{
    public Transform CasterTransform { get; set; }   //自身变换
    public Animator Animator { get; set; }            //自身 Animator 组件
}
```

随后编写 ComposeAttackBase 脚本，定义组合攻击的基本抽象行为。

```csharp
public abstract class ComposeAttackBase : ScriptableObject
{
    public abstract bool CanTrigger(ComposeAttackContext context, bool prepareTrigger);
    public abstract IEnumerator Trigger(ComposeAttackContext context);
}
```

CanTrigger 函数判断当前是否可以触发组合攻击；第二个参数 prepareTrigger 决定是否记录参数以准备触发组合攻击，如在检测的同时记录下 RaycastHit 信息。第二个函数 Trigger 将进入触发逻辑。

(2) 编写 ComposeAttackController 脚本，用于处理组合攻击逻辑，它是该模块的核心脚本。

```csharp
public class ComposeAttackController : MonoBehaviour
{
    //上下文所需的接口，面板暴露参数
    [SerializeField] Animator animator = null;
    //组件列表面板暴露参数
    [SerializeField] ComposeAttackBase[] composeAttackArray = null;
    //当前已触发的组合技能索引
    public int TriggerableComposeAttackIndex { get; private set; }
    //对外提供组合技能数组列表
    public ComposeAttackBase[] GetComposeAttackArray()
    {
        return composeAttackArray;
    }
    //每一帧更新组合技能是否触发逻辑，但可修改 enabled 关闭脚本更新
    public void Update()
    {
        var context = new ComposeAttackContext() { Animator = animator, CasterTransform = transform };
        for (int i = 0; i < composeAttackArray.Length; ++i)
        {
            var item = composeAttackArray[i];
            if (item.CanTrigger(context, true))              //触发条件检测
            {
                TriggerableComposeAttackIndex = i;
                break;
            }
        }
    }
    public IEnumerator TriggeredComposeSkill(int index)//组合技能的触发接口
    {
        if (index > composeAttackArray.Length - 1)       //索引越界报错
            throw new ArgumentOutOfRangeException();
        var context = new ComposeAttackContext() { Animator = animator,
```

```
        CasterTransform = transform };
        yield return composeAttackArray[index].Trigger(context);//执行触发
    }
}
```

通常将 ComposeAttackController 脚本挂载至角色中。

（3）编写一个具体组合攻击脚本 ComposeAttack1。若角色前后或左右都有敌人，就会触发该组合攻击脚本。

```
[CreateAssetMenu(fileName = "ComposeAttack1", menuName = "ComposeAttacks/Attack1")]
public class ComposeAttack1 : ComposeAttackBase
{
    public float yOffset = 1f;                              //检测碰撞的y轴偏移
    public Vector3 size = new Vector3(1f, 2f, 1f);  //检测碰撞的大小
    //前后左右检测距离偏移
    public Vector4 aroundOffset = new Vector4(0.5f, 0.5f, 0.5f, 0.5f);
    public LayerMask layerMask;
    bool mIsForwardAndBackword;
    public override bool CanTrigger(ComposeAttackContext context, bool prepareTrigger)
    {
        var upAxis = -Physics.gravity.normalized;     //垂直轴
        var right = Vector3.ProjectOnPlane(context.CasterTransform.right, upAxis);                                               //投影右侧方向
        var forward = Vector3.ProjectOnPlane(context.CasterTransform.forward, upAxis);                                               //投影的前方
        var upAxisOffset = upAxis * yOffset;        //垂直轴偏移
        var forwardFlag = Physics.CheckBox(context.CasterTransform.position
            + upAxisOffset + forward * aroundOffset.x
            , size
            , Quaternion.identity
            , layerMask);                           //前方检测
        var backwardFlag = Physics.CheckBox(context.CasterTransform.position
            + upAxisOffset + (-forward) * aroundOffset.y
            , size
            , Quaternion.identity
            , layerMask);                           //后方检测
        if (forwardFlag && backwardFlag)            //前后都有敌人
        {
            if (prepareTrigger) mIsForwardAndBackword = true;
            return true;
        }
        var leftFlag = Physics.CheckBox(context.CasterTransform.position
            + upAxisOffset + (-right) * aroundOffset.z
            , size
            , Quaternion.identity
            , layerMask);                           //左侧检测
        var rightFlag = Physics.CheckBox(context.CasterTransform.position
            + upAxisOffset + right * aroundOffset.w
            , size
            , Quaternion.identity
            , layerMask);                           //右侧检测
        if (rightFlag && leftFlag)                  //左右都有敌人
        {
            if (prepareTrigger) mIsForwardAndBackword = false;
            return true;
```

```
            return false;
    }
    public override IEnumerator Trigger(ComposeAttackContext context)
    {
        if (mIsForwardAndBackword)                          //前后都有敌人的情况
        {
            context.Animator.Play("Range_Attack");
        }
        else                                                //左右都有敌人的情况
        {
            context.CasterTransform.forward = context.CasterTransform.right;
            //先将角色朝向切至右边
            context.Animator.Play("Range_Attack");
        }
        yield return null;
    }
}
```

这里通过 CheckBox 接口检测四周是否有敌人，mIsForwardAndBackword 变量存储的是左右受敌状态还是前后受敌状态。Trigger 函数中的处理这里较为简单，在实际项目中建议将具体技能逻辑置于其中。

（4）在 Project 面板中创建 ComposeAttack1 资源对象，并结合 ComposeAttackController 脚本将其挂载。当外部模块触发输入时，调用触发接口来触发组合攻击，如图 10.9 所示。

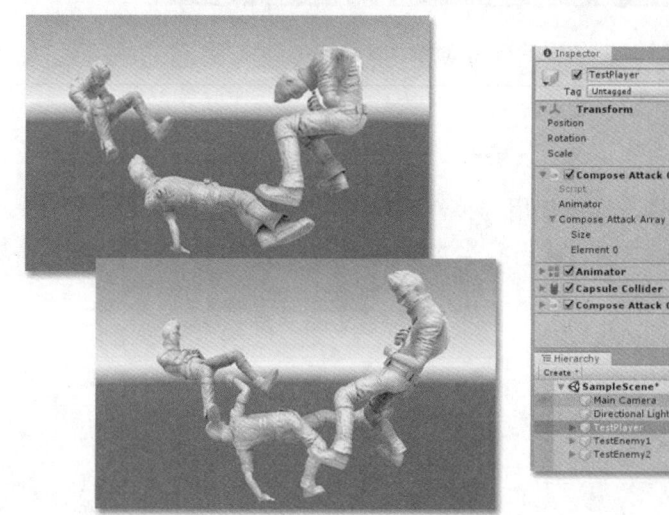

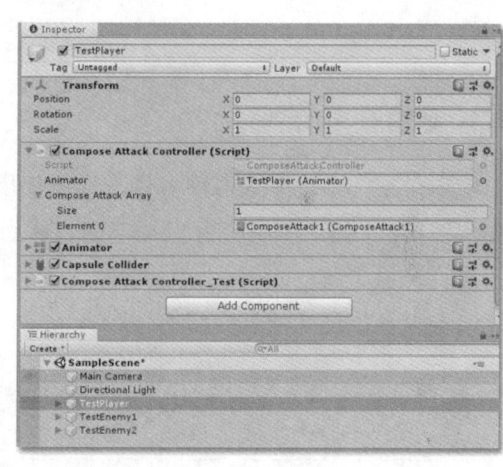

图 10.9 组合攻击效果

10.3 《战神 3》案例剖析

《战神 3》是由索尼第一方 SCEA（Sony Computer Entertainment Inc of America）工作室打造的 Triple-A 级经典动作类游戏。该作品以宏大的场景设计、电影化的互动叙事以及对暴力美学的独特诠释等特点被玩家称道。本节将针对其中的一些特效进行再实现,包括混沌之刃的锁链拉伸和红魂的插值动画等。

10.3.1　吸魂效果的再实现

游戏中的敌人死亡后,通常会掉落一些物品被玩家拾取,其中常见的是一种球状的称为"魂"的道具。其也作为对玩家的奖励。《战神 3》也不例外,如图 10.10 所示。

图 10.10　《战神 3》中的吸魂效果

1. 吸魂的逻辑实现

吸魂效果的实现方式多种多样,这里使用一种性能开销较低的做法,即将每一个魂的数据放在同样的结构体中,并以插值的方式在一个 Update 内遍历所有魂对象,并通过当前时间进行插值更新。

(1) 编写描述魂信息的结构体脚本:

```
public struct SoluInfo
{
    public Vector3 OriginPosition { get; set; }      //初始坐标
    public Vector3 Direction { get; set; }           //魂相对中心点的飞出方向
    public GameObject SoulGO { get; set; }           //GameObject 对象
}
```

上面的结构体脚本描述了魂的基本信息,在初始化创建时会随机确定一个飞出方向,方便后续的插值动画进行处理。

这里将魂的扩散与聚拢分为两个插值动画,同时将这两个插值动画编写为函数并写在结构体内。

```
public struct SoluInfo
{
    const float BOUNCE_HEIGHT = 2.2f;                //弹出高度
    //变量声明部分的代码省略
    //扩散插值函数
```

```csharp
        public Vector3 Spread(int index, float time01, Vector3 upAxis)
        {
            const float RADIUS = 1.4f;                    //扩散半径
            var t01 = time01;                             //0~1 范围的插值变量
            //扩散力的大小
            var dirForce = Direction * Mathf.Lerp(0f, RADIUS, t01);
            var t01_Arc = Mathf.Lerp(Mathf.Lerp(0f, 1f, t01), Mathf.Lerp(1f, 0f, t01), t01 * t01);
            //弧形插值,若初始值为 0,最高值为 1,其插值过程为 0-1-0
            var upForce = Vector3.Lerp(Vector3.zero, upAxis * BOUNCE_HEIGHT, t01_Arc);                                      //弹出的浮空力
            return OriginPosition + (dirForce + upForce);//初始位置与两个力相加
        }
        //吸附到玩家的插值函数
        public Vector3 AdsorbToPlayer(int index, float time01, Vector3 upAxis, Vector3 soulPosition, Vector3 playerPosition)
        {
            const float SIN_BEGIN = 1.75f;                //正弦曲线的取值点 1
            const float SIN_END = 4.3f;                   //正弦曲线的取值点 2
            const float INERTIA = 1.2f;                   //惯性值
            var t01 = 1f - (Mathf.Sin(Mathf.Lerp(SIN_BEGIN, SIN_END, time01)) + 1f) * 0.5f;
            //通过取正弦曲线的一部分作为缓动值,这里需要 EaseOut 类型缓动插值
            t01 = Mathf.Clamp01(t01);                     //插值重新归一化
            var t01_Arc = Mathf.Lerp(Mathf.Lerp(0f, 1f, t01), Mathf.Lerp(1f, 0f, t01), t01);                                           //弧形插值
            var upForce = Vector3.Lerp(Vector3.zero, upAxis * BOUNCE_HEIGHT, t01_Arc);                                      //浮空力
            //聚拢时的方向力惯性
            var dirForce = Direction * Mathf.Lerp(0f, INERTIA, t01_Arc);
            return Vector3.Lerp(soulPosition, playerPosition, t01 * t01) + upForce + dirForce;
            //最终将所有力组合,注意 t01*t01 可以达到逐渐变快的插值效果
        }
    }
```

正弦波插值和弧形插值函数都可以通过固定的时间参数进行采样,它们用到的一些插值类型在第 2 章中介绍过。

(2) 编写吸魂的核心脚本 SoulAdsorber。由于在前面的内容中已经介绍了池的简易创建过程,所以这里不再为其编写池功能,而改为直接以实例化的方式创建,以节省篇幅。该脚本的字段定义与初始化部分如下:

```csharp
public class SoulAdsorber : MonoBehaviour
{
    [SerializeField] GameObject templateGO = null;   //模板对象
    [SerializeField] int soulCount = 10;             //创建魂的数量
    [SerializeField] float speed = 0.77f;            //速度信息
    SoluInfo[] mSoulInfoArray;                       //相关配置信息
    float mTimer;                                    //记录魂的动画时间

    void OnEnable()
    {
        if (mSoulInfoArray == null || mSoulInfoArray.Length != soulCount)
            //若数组未初始化,则进行初始化处理
```

```csharp
            mSoulInfoArray = new SoluInfo[soulCount];
        var upAxis = Physics.gravity.normalized;        //获得 Y 轴信息
        for (int i = 0; i < mSoulInfoArray.Length; i++)
        {
            var unitCirclePoint = Random.insideUnitCircle;
            var unitCircle3DPoint = new Vector3(unitCirclePoint.x, 0, unitCirclePoint.y);
            //随机一个点,并且不包含 Y 轴信息
            var soulGO = Instantiate(templateGO, transform.position, transform.rotation, transform);
            soulGO.SetActive(true);            //实例化模板并激活,使红魂对象显示
            mSoulInfoArray[i] = new SoluInfo()
            {
                OriginPosition = soulGO.transform.position,
                Direction = Vector3.ProjectOnPlane(unitCircle3DPoint, upAxis).normalized,                //重新投影 Y 轴信息
                SoulGO = soulGO,
            };                                //初始化魂的信息
        }
        mTimer = 1f;                          //初始化动画时间记录的变量
    }
}
```

这里定义了魂的模板字段,并在 OnEnable 函数中进行了初始化操作,包括时间变量的重新赋值、魂初始方向的随机生成等。

(3) 编写 Update 函数,更新魂的动画信息。

```csharp
public class SoulAdsorber : MonoBehaviour
{
    //省略步骤
    void Update()
    {
        const float SOUL_TIME_OFFSET = 0.025f;          //每个魂的动画采样偏移
        const float SPREAD_TIME = 0.4f;                 //扩散插值动画的时间
        const float ADSORB_TIME = 1f - SPREAD_TIME;     //吸收插值动画的时间
        var upAxis = -Physics.gravity.normalized;       //垂直方向轴
        if (mTimer > 0f)                                //若计时变量大于 0,则更新动画
        {
            var t01 = 1f - mTimer / 1f;                 //转换获得 0~1 的插值变量
            //TODO: var playerPosition = ...
            //获取玩家位置,并在垂直轴上增加一定的偏移
            //这里的玩家位置应由外部模块传入
            for (int i = 0; i < mSoulInfoArray.Length; i++)
            {
                var item = mSoulInfoArray[i];
                var local_t01 = t01 + SOUL_TIME_OFFSET * i;
                //遍历每个魂对象并以索引作为偏移
                var t1 = Mathf.Min(local_t01, SPREAD_TIME) / SPREAD_TIME;
                var t2 = Mathf.Max(local_t01 - SPREAD_TIME, 0f) / ADSORB_TIME;
                //重新映射第一步动画与第二步动画的插值信息
                var soulPosition = item.SoulGO.transform.position;
                soulPosition = item.Spread(i, t1, upAxis);
                soulPosition = item.AdsorbToPlayer(i, t2, upAxis, soulPosition, playerPosition);
                item.SoulGO.transform.position = soulPosition;
```

```
                //对第一步扩散与第二步吸收动画进行插值处理
            }
        }
        else
        {
            //TODO..
            //若插值结束，则对玩家进行 HP 增加等逻辑
        }
        mTimer -= Time.deltaTime * speed;           //计时变量更新
    }
}
```

这里通过插值计时变量 mTimer 对红魂的扩散和吸收等进行 0~1 范围的插值操作，而对于每一个魂通过增加偏移值的方式，可以对插值进行偏移。接下来细分到两个插值函数，再进行插值变量的转换，最终完成整个插值过程。

2. 红魂的素材资源制作

《战神 3》中的红魂增加了 HDR（High Dynamic Range Imaging，高动态范围成像）效果，使其泛白色。制作红魂贴图可在 Photoshop 中用多个图层叠加进行制作。其粒子贴图的材质球可设置 Emission 自发光通道，将 Rendering Mode 渲染模式设置为 Fade，如图 10.11 所示，可以达到较好的效果。

设置好后，开始细调粒子参数，观察游戏中的红魂有一定的拖尾感，可增加粒子组件，将其改为世界坐标进行发射，并进行一定的参数细调。

主粒子组件可以保持本地坐标粒子，将速度设为最低，以保证其自身不会发生移动，并进行一定的参数细调，最终效果如图 10.12 所示。

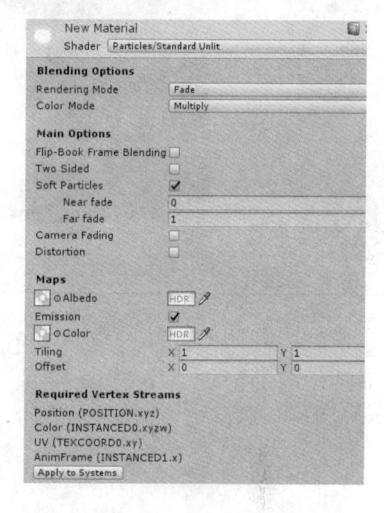

图 10.11　粒子材质球参数设置

图 10.12　吸魂效果

10.3.2 链刃伸缩效果的再实现

链刃一直是《战神》系列的标志性武器，攻击时，链刃末端的刀刃会随着锁链一并甩动而击向敌人，如图 10.13 所示。对于铁链的伸缩及自由摆动效果的实现，可从程序或美术两个方面进行解决。本节尝试从程序方面通过弹簧质点的方式来实现。

图 10.13　主角在战斗中挥舞的链刃

链刃的伸缩特性可借助 LineRenderer 的平铺贴图模式进行显示，这样贴图将不会受到锁链长度的影响，如图 10.14 所示。

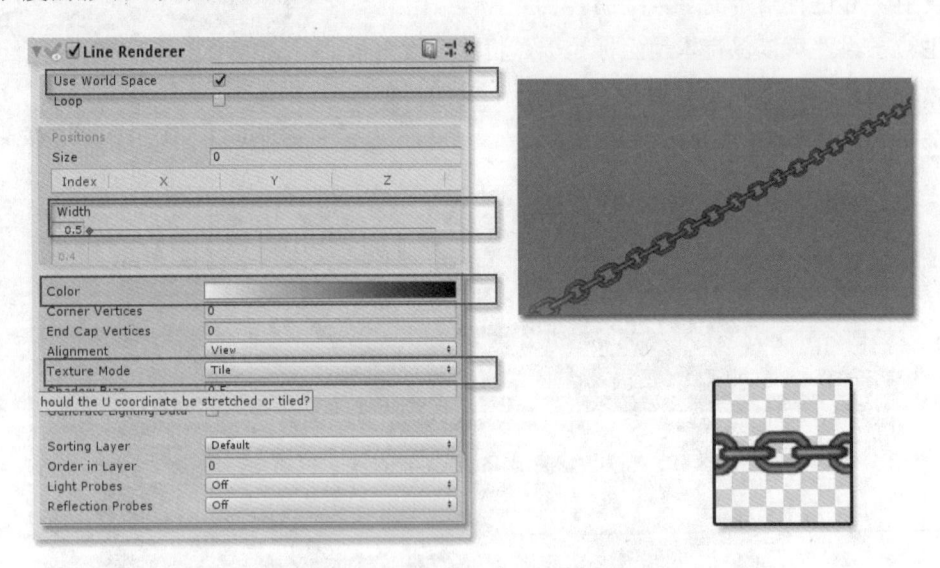

图 10.14　LineRenderer 平铺与参数设置

对于链刃的弯曲、挥动等自然效果，可以参考弹簧质点系统的方式，加入一些简单的质点，进行链条的物理效果模拟，若需求复杂，还可以将模拟内容烘焙为动画，继续手动调节。我们使用 Catmull-Rom 插值模拟铁链的样条线并进行平滑处理，用曲线形式呈现，如图 10.15 所示。

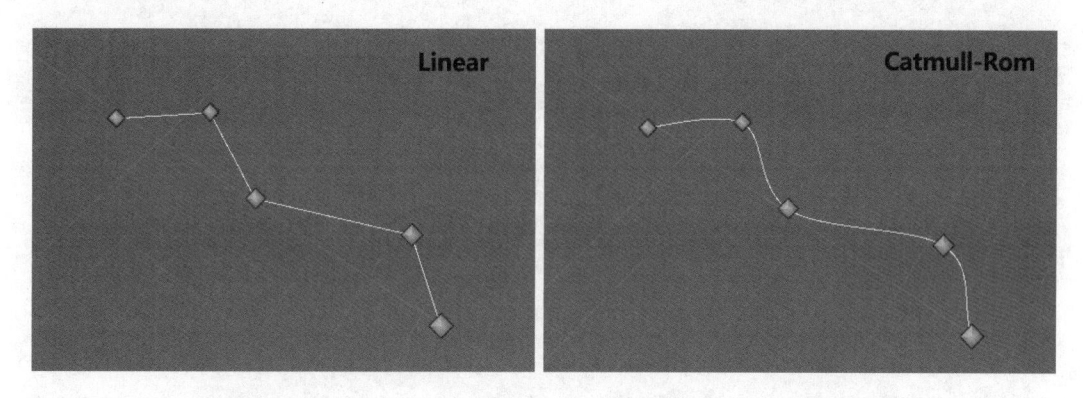

图 10.15　Catmull-Rom 插值

（1）编写质点控制脚本，该脚本管理着每一个控制点。

```
public class ChainMassPoint : MonoBehaviour
{
    public ChainMassPoint parentNode;           //父节点
    public ChainMassPoint childrenNode;         //孩子节点
    public float moveTweenSpeed = 17f;          //移动插值速度
    public float rotateTweenSpeed = 22f;        //旋转插值速度
    public float distance = 3f;                 //质点间的距离
    void Update()
    {
        var isRootNode = parentNode == null;
        if (isRootNode)                         //只有根节点才会执行更新
            childrenNode.UpdateNode();
    }
    void UpdateNode()
    {
        var position = transform.position;
        var dstPoint = parentNode.transform.position - parentNode.transform.forward * distance;
        transform.position = Vector3.Lerp(position, dstPoint, moveTweenSpeed * Time.deltaTime);
        //更新位置
        var dir = (parentNode.transform.position - transform.position).normalized;
        transform.forward = Vector3.Lerp(transform.forward, dir, rotateTweenSpeed * Time.deltaTime);
        //更新 LookAt 到上一节点的旋转向量
        if (childrenNode != null)               //如果存在，则更新下一个孩子节点
            childrenNode.UpdateNode();
    }
}
```

上面的脚本有两个字段，分别用于存放父节点与孩子节点，为了保证更新顺序正确，每一帧中由根节点负责更新并向下递归。更新时每个节点除了更新位置信息并重置距离之外，还会看向父节点并进行插值更新。

（2）编写 StretchChainFx 脚本。该脚本负责将 LineRenderer 与质点节点信息最终整合。

```csharp
public class StretchChainFx : MonoBehaviour
{
    public const int POINTS_MAXIMUM = 512;             //控制点上限数量
    public ChainMassPoint[] controlPoints;             //控制质点
    public LineRenderer lineRenderer;
    public float controlPointStep = 0.1f;              //质点间的插值步幅
    //用以绑定末端点的变换，例如绑定武器到锁链尾部
    public Transform lastPointTransform;
    List<Vector3> mInternalPointsList;                 //内部插值点 List
    void Awake()
    {
        mInternalPointsList = new List<Vector3>(POINTS_MAXIMUM);
    }
    void Update()
    {
        mInternalPointsList.Clear();
        DrawSmoothPath();                              //进行平滑路径处理
        lineRenderer.positionCount = mInternalPointsList.Count;
        for (int i = 0; i < mInternalPointsList.Count; i++)
        {
            lineRenderer.SetPosition(i, mInternalPointsList[i]);
        }//更新内部插值点到 LineRenderer
        if (lastPointTransform)               //若存在绑定变换，则更新到末端点位置
        {
            lastPointTransform.position = mInternalPointsList[mInternalPointsList.Count - 1];
            lastPointTransform.forward = (mInternalPointsList[mInternalPointsList.Count - 2] - mInternalPointsList[mInternalPointsList.Count - 1]).normalized;
        }
    }
    void DrawSmoothPath()
    {
        //由于 CatmullRom 插值不会更新第一个点和最后一个点，所以需要手动调用
        //调用 DrawCurve 函数进行处理
        var fixA = controlPoints[0].transform;
        var fixB = controlPoints[1].transform;
        var fixC = controlPoints[2].transform;
        var diff = fixB.position - fixA.position;
        var fill = fixA.position + diff.normalized * diff.magnitude;
        DrawCurve(fill, fixA.position, fixB.position, fixC.position);
        //更新起始点曲线插值
        for (int i = 3; i < controlPoints.Length; i++)
        {
            var a = controlPoints[i - 3].transform.position;
            var b = controlPoints[i - 2].transform.position;
            var c = controlPoints[i - 1].transform.position;
            var d = controlPoints[i].transform.position;
            DrawCurve(a, b, c, d);
        }
        //更新中间点曲线插值
        fixA = controlPoints[controlPoints.Length - 3].transform;
        fixB = controlPoints[controlPoints.Length - 2].transform;
        fixC = controlPoints[controlPoints.Length - 1].transform;
        diff = fixC.position - fixB.position;
```

```
        fill = fixC.position + diff.normalized * diff.magnitude;
        DrawCurve(fixA.position, fixB.position, fixC.position, fill);
        //更新末端点曲线插值
    }
    void DrawCurve(Vector3 p0, Vector3 p1, Vector3 p2, Vector3 p3)
    {
        for (float i = 0; i <= 1f; i += controlPointStep)
        {
            mInternalPointsList.Add(CatmullRom(p0, p1, p2, p3, i));
        }
        //以一定步幅模拟曲线并记录曲线点
    }
    Vector3 CatmullRom(Vector3 p0, Vector3 p1, Vector3 p2, Vector3 p3, float u)
    {
        var r = p0 * (-0.5f * u * u * u + u * u - 0.5f * u) +
                p1 * (1.5f * u * u * u + -2.5f * u * u + 1f) +
                p2 * (-1.5f * u * u * u + 2f * u * u + 0.5f * u) +
                p3 * (0.5f * u * u * u - 0.5f * u * u);
        return r;
    }//CatmullRom 插值函数，u 为 0-1 的插值信息
}
```

上面的脚本通过对传入的控制点信息进行 Catmull-Rom 插值操作，并以一定步幅的插值结果存入 mInternalPointsList 结构，最终传入 LineRenderer 组件进行线条绘制，通过对末端点的绑定实现武器在锁链末端的跟随，最终的效果如图 10.16 所示。

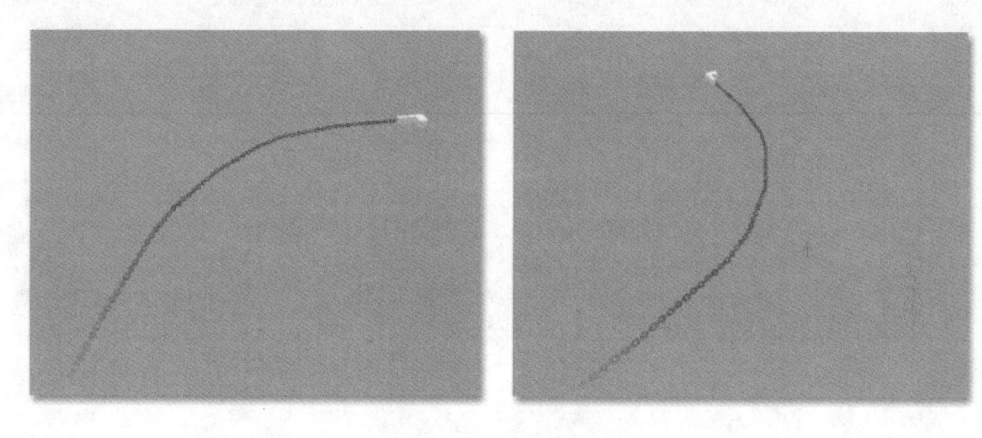

图 10.16　链刃参考效果

10.3.3　赫利俄斯照射的再实现

在《战神 3》游戏中，当主角击败太阳神赫利俄斯之后，即可获得道具太阳神的头部。该道具可以对关卡内隐蔽的石板进行照射，当照射区域超过某一数值后，石板后的区域将逐渐浮现，而石板将淡出直至消失。从技术上来说，对于 ComputeShader 的使用，该功能具有一定的代表性。将不同的像素块交给 ComputeShader 线程组去处理，可以快速完成照射区域的统计任务，而照射的部分则可交予 RenderTexture 并不断去积累之前帧的画面内容，本节将实现该效果，如图 10.17 所示。

图 10.17　使用道具"太阳神头部"进行关卡解谜

（1）使用聚光灯配合射线作为测试脚本，模拟太阳神头部的照射效果。

```csharp
public class SpotLightControl : MonoBehaviour
{
    const string HELIOS_HEAD_DET_POINT_ID = "_Helios_Head_Det_Point";
    [SerializeField] float rotateSpeed = 60f;
    void Update()
    {
        //测试内容，从上、下、左、右 4 个照射方向
        if (Input.GetKey(KeyCode.K))
            transform.Rotate(rotateSpeed * Time.deltaTime, 0f, 0f);
        if (Input.GetKey(KeyCode.I))
            transform.Rotate(-rotateSpeed * Time.deltaTime, 0f, 0f);
        if (Input.GetKey(KeyCode.L))
            transform.Rotate(0f, rotateSpeed * Time.deltaTime, 0f);
        if (Input.GetKey(KeyCode.J))
            transform.Rotate(0f, -rotateSpeed * Time.deltaTime, 0f);
        const float HELIOS_RAYCAST_LEN = 5f;          //检测射线的长度
        var raycastHit = default(RaycastHit);
        var isHit = Physics.Raycast(new Ray(transform.position, transform.forward), out raycastHit, HELIOS_RAYCAST_LEN);
        //测试用射线
        Shader.SetGlobalVector(HELIOS_HEAD_DET_POINT_ID, isHit ? raycastHit.point : Vector3.zero);
        //射线接触点即为检测点，将其传入 Shader 全局向量中以便后续处理
    }
}
```

上面的脚本通过简单的键盘输入控制聚光灯的照射并在照射位置发出射线，并将射线接触点位置传入 Shader 的全局变量。编写完成后将脚本挂载至一个测试用的聚光灯组件上。

（2）使用 Unity3D 2019 中新加入的 CustomRenderTexture 绘制照射的光线信息。在 Project 面板中右击，在弹出的快捷菜单中选择 Create | Custom Render Texture 命令即可创建。它允许用户直接在资源上绑定材质球，从而免去一些操作。

（3）准备测试石板，使用 Standard Shader 即可。准备石板材质，将之前创建的 Custom Render Texture（自定义渲染纹理）挂载至石板材质球的 Emission 通道上并调整好颜色参数，如图 10.18 所示。

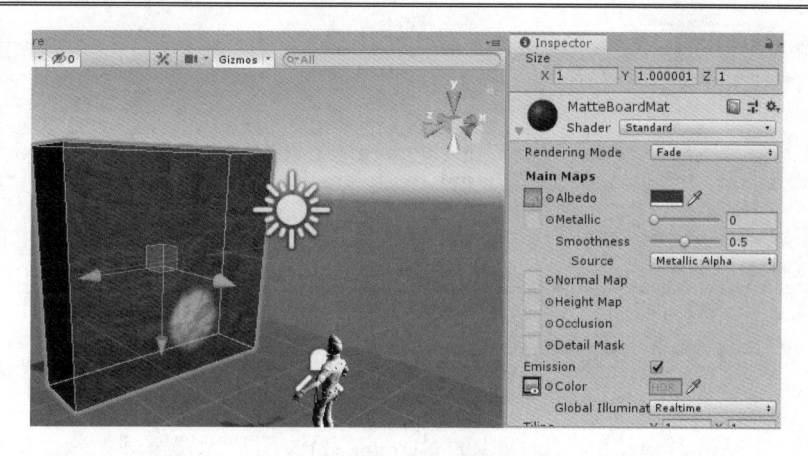

图 10.18　测试石板材质的设置

（4）编写蒙版脚本 MatteBoard。该脚本为蒙版的核心脚本，可将不同的内容进行组合。对于照射点的检测，可通过虚拟面片的方式来实现，使用方向轴与世界坐标信息并加上宽高等参数虚拟出一个面片，并通过 Shader 传入 Custom Render Texture 时乘以 UV（贴图纹理坐标）信息，得到每个像素点的世界坐标位置。首先编写 Gizmos 的绘制和参数传入等基础逻辑。

```
public class MatteBoard : MonoBehaviour
{
    const string MATTE_BOARD_POSITION = "_Matte_Board_Position";
    const string RIGHT_VECTOR_ID = "_Right_Vector";
    const string UP_VECTOR_ID = "_UP_Vector";
    public CustomRenderTexture customRenderTexture;
    public float width = 1f;
    public float height = 1f;
    //虚拟蒙版宽度与高度
    void Awake()
    {
        InitFocusLight();
    }
    void Update()
    {
        UpdateFocusLight();
    }
    void InitFocusLight()
    {
        customRenderTexture.initializationColor = Color.black;
        customRenderTexture.Initialize();
        //初始化 Custom Render Texture
    }
    void UpdateFocusLight()
    {
        var customRenderTextureMat = customRenderTexture.material;
        customRenderTextureMat.SetVector(MATTE_BOARD_POSITION, transform.position);
        customRenderTextureMat.SetVector(RIGHT_VECTOR_ID, transform.right * width);
        customRenderTextureMat.SetVector(UP_VECTOR_ID, transform.up * height);
        //通过 right 和 up 轴的方向信息传入虚拟蒙版的宽度和高度值
        customRenderTexture.Update();
        //更新 Custom Render Texture，应用其材质球内容
```

```
    }
    void OnDrawGizmos()
    {
        var rightMax = transform.right * width;
        var upMax = transform.up * height;
        Gizmos.DrawLine(transform.position, transform.position + rightMax);
        Gizmos.DrawLine(transform.position, transform.position + upMax);
        Gizmos.DrawLine(transform.position + rightMax, transform.position
+ rightMax + upMax);
        Gizmos.DrawLine(transform.position + upMax, transform.position +
rightMax + upMax);
        //绘制虚拟蒙版Gizmos线条
    }
}
```

上面的脚本通过参数绘制虚拟面片的 Gizmos，为该面片设置合理的宽高信息并附着于石板上，即可正确比较照射坐标。

（5）既然照射相交坐标的位置得到了，Shader 更新时像素的世界坐标位置也就得到了，那么就可以开始 Custom Render Texture Shader 部分的编写了。

```
Shader "Custom/MatteBoard"
{
    Properties
    {
        _Tex("InputTex", 2D) = "white" {}        //用于读取之前帧的图像信息
        _Fade("Fade", float) = 1                 //Fade 参数用于整体隐藏
    }
    SubShader
    {
        Lighting Off
        Blend One Zero
        Pass
        {
            CGPROGRAM
            #include "UnityCustomRenderTexture.cginc"
            #pragma vertex CustomRenderTextureVertexShader
            #pragma fragment frag
            #pragma target 3.0
            sampler2D _Tex;
            float4 _Matte_Board_Position;
            float4 _Right_Vector;
            float4 _UP_Vector;
            float4 _Helios_Head_Det_Point;       //外部传入的信息
            float _Fade;                         //整体隐藏参数
            #define BRUSH_RADIUS 0.75            //照射半径
            #define LIGHT_INTENSITY 0.25         //光照的强度
            #define ATTE_SPEED 0.005             //自然衰减速度
            fixed4 frag(v2f_customrendertexture IN) : COLOR
            {
                fixed4 result = 0;
                half2 uv = IN.globalTexcoord.xy;
                half3 worldPos = _Matte_Board_Position + _Right_Vector * uv.x
+ _UP_Vector * uv.y;                             //还原得到的像素的世界坐标位置
                //与检测点距离
                half dist = distance(worldPos, _Helios_Head_Det_Point.xyz);
                if (dist <= BRUSH_RADIUS)        //若在距离内则绘制
                    result = tex2D(_Tex, uv) + (1 - (dist / BRUSH_RADIUS)) *
LIGHT_INTENSITY;
```

```
                else                           //如果不在距离内则自然衰减图像
                    result = saturate(tex2D(_Tex, uv) - ATTE_SPEED);
                return fixed4(result.rgb, _Fade);//合并输出
            }
            ENDCG
        }
    }
}
```

Shader 通过读取传入的参数实现了检测照射点,并进行照射内容的更新,同时使用_Tex 去混合上一帧的内容。

接下来回到 MatteBoard 脚本,增加_Tex 字段传入的内容。

```
public class MatteBoard : MonoBehaviour
{
    const string TEX_PROP = "_Tex";
    //省略部分代码
    void UpdateFocusLight()
    {
        var tempRT = RenderTexture.GetTemporary(customRenderTexture.descriptor);
        //获取一张临时的 RenderTexture
        Graphics.Blit(customRenderTexture, tempRT);       //内容复制
        customRenderTextureMat.SetTexture(TEX_PROP, tempRT);
        //省略部分代码
        RenderTexture.ReleaseTemporary(tempRT); //释放临时 RenderTexture
    }
}
```

通过申请一张与当前 CustomRenderTexture 参数相同的临时 RenderTexture,可以缓存当前帧的内容并进行画面内容的积累与衰减处理。

(6)此时石板照亮的部分已经完成,接下来编写绘制检测的逻辑,即在 Render Texture 内照亮区域是否大于某个数值。这部分逻辑将使用 ComputeShader 来完成,这里增加对应的参数及 MatteFillingDetecte 蒙版填充检测函数。

```
public class MatteBoard : MonoBehaviour
{
    //省略部分代码
    const string CS_IN_TEX_PROP = "inTex";  //传入 Compute Shader 的材质
    //传入 Compute Shader 的计数 Buffer
    const string CS_COUNTER_PROP = "counter";
    const int CS_THREAD_GROUP_X = 16;       //Compute Shader 线程组 X
    const int CS_THREAD_GROUP_Y = 16;       //Compute Shader 线程组 Y
    const int COUNTER_THRESHOLD = 128;      //照亮范围计数阈值
    public ComputeShader matteFillingComputeShader;   //Compute Shader 对象
    ComputeBuffer mCounterBuffer;                     //计数 Buffer
    ComputeBuffer mArgBuffer;                         //参数 Buffer
    int[] mArgBufferDataArray;                        //获取具体数据的数组
    int mComputeShaderKernelID;    //缓存 Compute Shader Kernel ID 的值
    bool mUpdateFillingDetecte;    //是否继续蒙版检测逻辑
    void Awake()
    {
        //省略部分代码
        InitMatteFillingDetecte();
    }
    void Update()
```

```csharp
    {
        //省略部分代码
        UpdateMatteFillingDetecte();
    void InitMatteFillingDetecte()
    {
        mComputeShaderKernelID = matteFillingComputeShader.FindKernel
("CSMain");                                              //CSMain ID 的获取
        mCounterBuffer = new ComputeBuffer(1, sizeof(int), ComputeBuffer
Type.Counter);                                           //Counter 的 Buffer 创建
        mArgBuffer = new ComputeBuffer(1, sizeof(int), ComputeBufferType.
IndirectArguments);                                      //参数 Buffer
        mArgBufferDataArray = new int[1];                //GetData 时的缓存数组
        mUpdateFillingDetecte = true;                    //是否停止检测的变量
        matteFillingComputeShader.SetTexture(mComputeShaderKernelID, CS_IN_
TEX_PROP, customRenderTexture);
        //传入 Compute Shader 的 Custom Render texture
        matteFillingComputeShader.SetBuffer(mComputeShaderKernelID, CS_
COUNTER_PROP, mCounterBuffer);
        //传入的计数 Counter Buffer
    }
    void UpdateMatteFillingDetecte()
    {
        if (!mUpdateFillingDetecte) return;              //是否停止检测
        mCounterBuffer.SetCounterValue(0);               //初始化计数 Buffer
        matteFillingComputeShader.Dispatch(mComputeShaderKernelID, custom
RenderTexture.width / CS_THREAD_GROUP_X
            //执行 Compute Shader
            , customRenderTexture.height / CS_THREAD_GROUP_Y, 1);
        //复制至 ArgBuffer 以获取值
        ComputeBuffer.CopyCount(mCounterBuffer, mArgBuffer, 0);
        mArgBuffer.GetData(mArgBufferDataArray);         //将 ArgBuffer 传给数组
        var counter = mArgBufferDataArray[0];            //获取具体计数值
        //对照亮数值进行比较，若大于阈值，则执行淡出逻辑
        if (counter > COUNTER_THRESHOLD)
        {
            //TODO:执行淡出逻辑
            mUpdateFillingDetecte = false;               //关闭检测逻辑
        }
    }
}
```

CounterBuffer 是一种特殊的结构，提供增加或减少的计数功能，并在所有组之间共享。通过这种结构，我们可以使用 Compute Shader 的不同线程组来处理不同的像素块区域，再进行计数操作，从而完成检测。照射完成后，开发者需要自己处理消隐操作，这样脚本部分的逻辑就完成了。

（7）Compute Shader 的具体代码如下：

```hlsl
#pragma kernel CSMain
#define THREAD_X 16                                      //线程组 X 的坐标数量
#define THREAD_Y 16                                      //线程组 Y 的坐标数量
#define GROUP_THREADS THREAD_X * THREAD_Y                //组内的线程总和
#define LUM_THRESHOLD 32                                 //组内的明度检测阈值
Texture2D<float4> inTex;                    //检测的 Custom Render Texture 图像
RWStructuredBuffer<int> counter;                         //计数器
```

```
groupshared float sumArray[GROUP_THREADS];        //组内的共享线程，用于统计

[numthreads(THREAD_X, THREAD_Y, 1)]
void CSMain (uint3 id : SV_DispatchThreadID, uint groupInnerIndex :
SV_GroupIndex)
{
    lumArray[groupInnerIndex] = inTex[id.xy].r;
    GroupMemoryBarrierWithGroupSync();              //等待组内赋值完毕
    float sum = 0;
    if (groupInnerIndex == 0) {
        for (uint i = 0; i < GROUP_THREADS; i++) {
            sum += sumArray[i];
        }
        if (sum > LUM_THRESHOLD)
            counter.IncrementCounter();
    }//累加并进行检测，若大于阈值，则加入计数器
    GroupMemoryBarrierWithGroupSync();
}
```

这里分成了若干个 16×16 的组内线程去处理 Custom Render Texture。当代码执行到组内线程处，通过组内共享变量 sumArray 可以得到组内的每个像素值，并将它们累加在一起检测这个像素块是否大于明度阈值，对超过阈值的像素块进行计数器增加操作。在层级面板设置完毕后即可进行测试。最终的参考效果如图 10.19 所示。

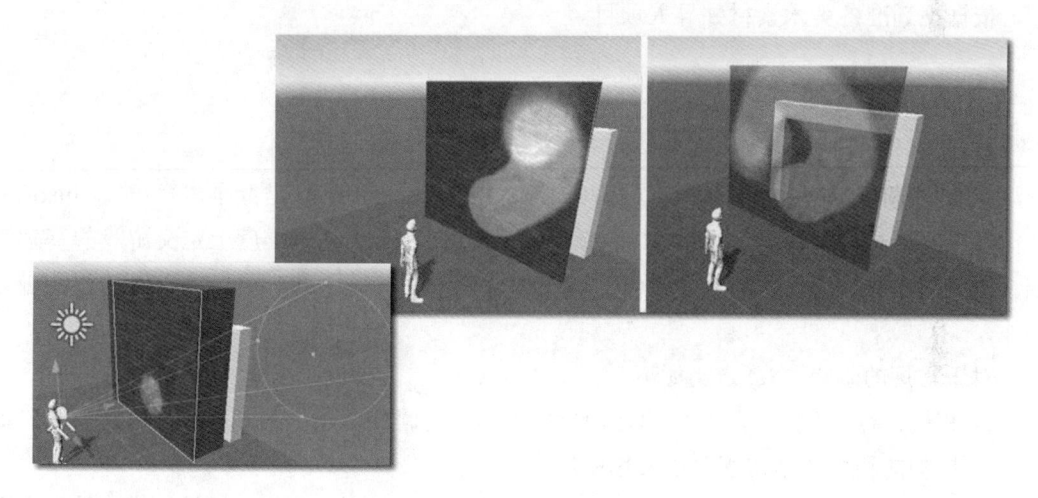

图 10.19　照射消隐的完成效果

第 11 章 Roguelike 游戏 Demo 设计

本章根据前面学习的内容进行 3D Roguelike 游戏的 Demo 开发。在这个 Demo 中将会用到前面章节所讲述的战斗、角色、输入、物理等多方面的知识，同时将它们结合到一起。在跟随本章学习的过程中，读者可以重温前面章节的知识，从而加深理解并学以致用。

11.1 前 期 规 划

在开始具体的代码编写之前，我们需要对设计方向以及所需的美术资源进行相应的规划，依据规划准备美术素材并导入项目。

11.1.1 确立 3C

3C 即相机（Camera）、角色（Character）、控制（Control），是最早由育碧（Ubisoft）公司提出的游戏设计概念。通过 3C 的确立，我们能从 3 个基本维度上定义游戏的基础骨架。本节的 Demo 将采用标准的 3C 方案，但读者不必拘泥于此，可根据自己的想法进行制作。

对于常规的游戏，3C 定义如下：

- 相机：确立游戏中将采用哪几种相机模式，是俯视角还是第三人称，是由程序自动控制的相机还是常规第三人称相机。
- 角色：代表玩家的形象，需要拥有鲜明的特点（体型、肤色和性格等）以及行为方式（如何战斗、移动）。
- 控制：以何种风格的键位去操控游戏，以及当按键驱动角色时带给玩家的反馈是怎样的，是更加沉重还是更加轻盈。

除此之外，我们还可以从程序、玩家等多个角度去重新审视 3C 的内容。总而言之，制作一个相对完善的初期 3C 规划，才能为后续的开发打下坚实的基础。

11.1.2 资源准备

接下来准备制作该 Demo 需要用到的美术资源，这些资源中应包含标准的 3D 战斗的相关内容，如表 11.1 所示。

表 11.1 美术资源

名　称	类　型	说　明
场景资源	资源包	用于表现Roguelike迷宫的环境
角色动画资源	资源包	包含奔跑、跳跃、攻击、受击等常规动作的资源包
角色模型资源	资源包	包含角色形象的模型资源包
UI资源	资源包	包含游戏中用到的UI背景及底框图像等
音乐资源	音频文件	包含背景音乐及音效

我们可以通过 Unity3D 资源商店寻找所需的资源，对于场景资源可以将模型拆出并整合成 Prefab 进行复用；对于角色动画资源，需要注意是否为人形动画，这样才能通用；对于音乐资源，我们可以通过购买来获取。

11.1.3　项目配置

1. 目录结构配置参考

接下来将准备好的资源及一些必要的插件与脚本置入项目中，并进行一定的参数配置，此处可参考第 2 章的目录结构建议，以及第 5 章关卡层级的结构建议。项目目录结构如表 11.2 所示。

表 11.2　项目目录结构

目　录　名	说　明
Animations	存放主角、敌人的动画资源，层级结构如Animations/Player/Idle
AnimatorControllers	存放项目内用到的独立混合树和动画控制器等。在该Demo中包含主角和敌人的动画控制器
Materials	存放项目内手动创建的材质。在该Demo中需要用到受光Sprite材质，将默认的Sprite材质球放置于此目录中
Plugins	插件目录，这里将使用InControl插件进行输入部分的封装
Prefabs	游戏内用到的预制体
Resources	主资源目录，若需要根据路径加载预制体，也可以创建Prefab子目录
Scenes	场景目录，该Demo只有单个场景MainScene
Modules	项目中用到的程序模块，每个模块的子文件夹中可以放置不同类型的资源
Textures	材质目录，使用到的序列图片、场景及其他材质
Settings	项目相关的ScriptableObject配置文件，渲染管线配置等

这样就梳理出了该 Demo 中项目内的文件夹结构。单场景 MainScene 的层级结构关系如表 11.3 所示。

表 11.3 场景层级结构

目 录 名	说 明
Environments	场景内没有脚本逻辑的环境美术资源信息
Environments/Models	子层级分类，存放静态的精灵信息
Environments/Lights	子层级分类，存放灯光信息
SceneConfig	存放场景初始加载时所需要的配置信息
Components	存放场景内的逻辑组件，关卡房间、地下城控制器等

最终将目录建立好后置入对应的文件中。

2．动画控制器配置参考

我们还需要配置玩家与敌人角色的 AnimationController（动画控制器），该 Demo 只有一类敌人，所以只需要配置两种 AnimationController。

配置时需要注意 InterruptionSource 参数的填写，以便灵活响应参数变更。这里提供截图供读者参考，如图 11.1 所示。

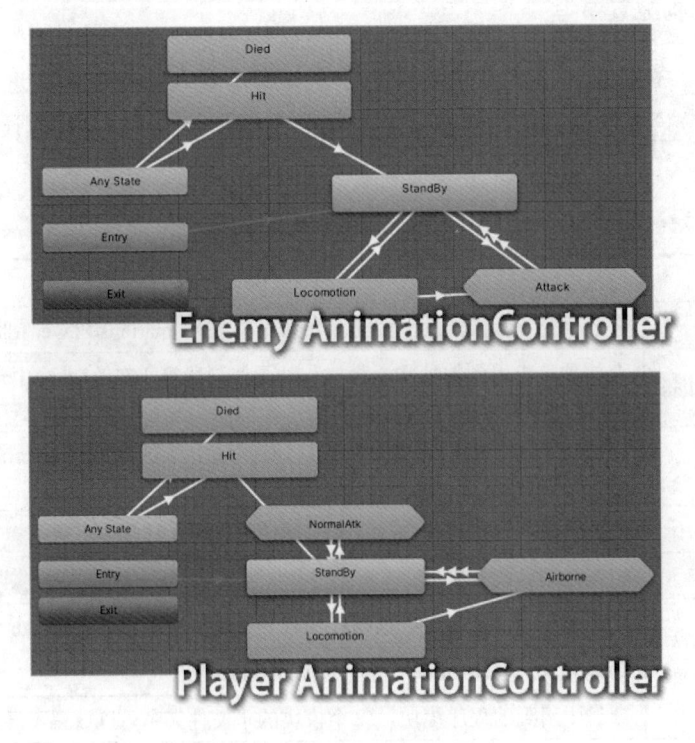

图 11.1 动画控制器配置参考

11.1.4 梳理游戏流程

接下来我们梳理一下整体的游玩流程，与传统的 Roguelike 游戏流程不同，该 Demo 进行了精简，如图 11.2 所示。

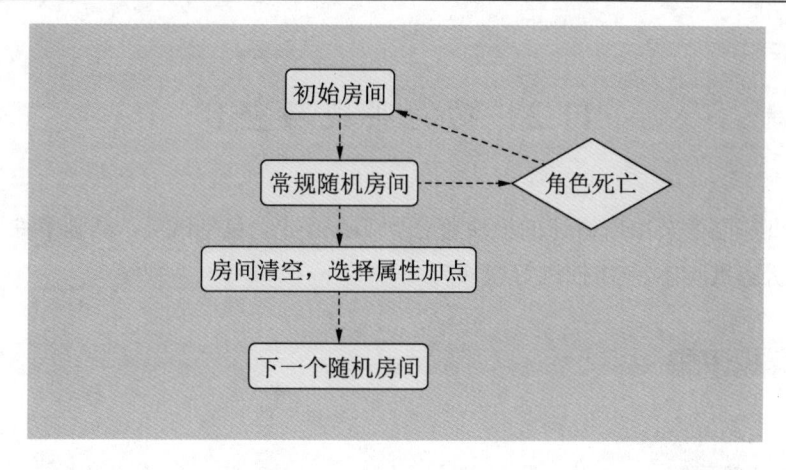

图 11.2 游戏流程梳理

在该 Demo 中，所有房间只有一个门连通至下一个房间，当主角清理完房间内的敌人后会弹出奖励 UI 面板让主角选择当前房间的奖励，并进入下一个房间持续这样的循环。若角色死亡则回到初始房间。

11.1.5 依赖模块清单

接下来将列出一份依赖模块清单，包含前面章节所实现的模块，我们需要整理并置入这些模块，以便为下一节的功能开发做好准备，如表 11.4 所示。

表 11.4 依赖模块清单

脚本或模块名	章节位置	说明
AttachTagsSmb	第4章	实现动画状态机的多重Tag功能
ComboListenerSmb	第4章	实现动画状态的输入帧、混合帧监听功能
BitMarker	第5章	位Mask处理工具
AnimationEventReceiver	第5章	动画事件的相关逻辑处理
CharacterMotor	第5章	角色运动的相关脚本
BattleObject	第5章	战斗逻辑处理
HierarchyCache	第6章	实现插槽功能的脚本
WaitForComboInput	第6章	技能相关条件逻辑监听
Fsm	第6章	玩家状态机功能
AbilityManager	第6章	游戏技能实现
PlayerController	第6章	控制主角在环境中的行为
SpawnPoint	第7章	用于生成关卡内如相机、角色、敌人等预制体的虚拟点
EnvQuery	第8章	场景点查询工具
ThirdPersonCamera	第9章	相机功能

11.2　功能实现与整合

本节会将前面章节中所讲述的模块整合到 Demo 中，包括战斗、动画事件、角色控制、技能、动画状态机脚本、AI 控制等模块。

11.2.1　游戏逻辑

1．层与标签配置

首先对 Demo 中会用到的层（Layer）与标签（Tag）信息进行配置，这些信息如表 11.5 所示。

表 11.5　层与标签配置

类　型	名　称	说　明
Tag	Player	玩家标签
Tag	Enemy	有锁攻击判定时标记敌人
Layer	Character	标记场景内的角色
Layer	Ground	标记地面
Layer	Wall	标记墙壁，当AI锁定玩家的移动状态时，可检测是否碰到墙壁

2．场景文件配置

接下来对场景 Level 文件进行配置，我们将入口场景 Entry 置于项目根目录下，将其余场景置于 Scenes 目录内，如图 11.3 所示。

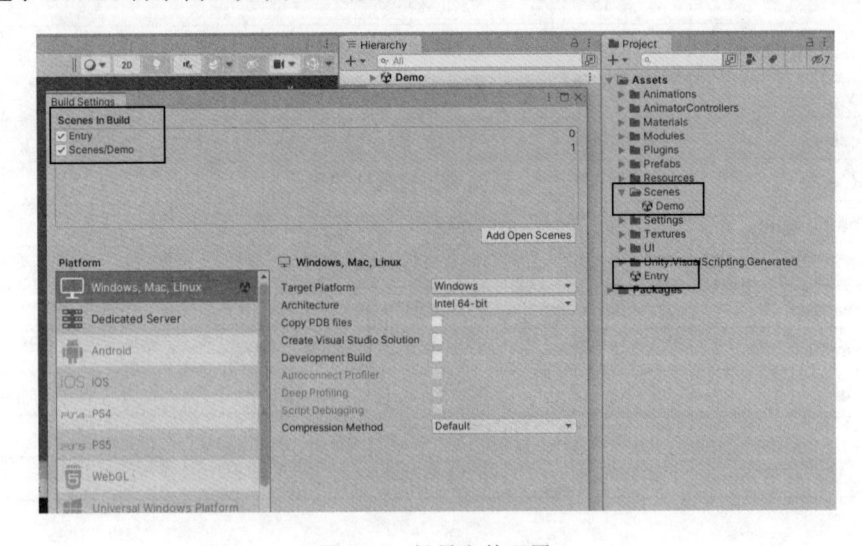

图 11.3　场景文件配置

3. 编写基础逻辑

首先开始编写游戏运行的基础逻辑，控制游戏主要状态切换的类通常称为 GameDirector，该类负责控制切换主界面、游戏进行状态、游戏暂停等。而调起 GameDirector 并触发游戏第一个状态的脚本被称为 Spark 或 Bootstrap，我们以 Bootstrap 为例编写该 Demo 基础逻辑代码：

```
//GameDirector.cs 类
public static class GameDirector
{
    //前期加载函数
    public static void Warmup()
    {
        //在该函数中可以放置技能配置表加载等逻辑
        //也可以将该函数更改为协程
    }
    //开始游戏
    public static void StartGame()
    {
        //进入名为 Demo 的场景
        SceneManager.LoadScene("Demo", LoadSceneMode.Single);
    }
}
//Bootstrap.cs 类
[DefaultExecutionOrder(10)]                         //设置脚本较晚执行
public class Bootstrap : MonoBehaviour
{
    void Awake()
    {
        GameDirector.Warmup();                      //加载游戏内容
        GameDirector.StartGame();                   //开始游戏
    }
}
```

完成上述代码的编写后，将 Bootstrap 脚本置于初始场景内并运行游戏即可。

11.2.2 房间生成逻辑

接下来开始编写房间生成逻辑，首先在项目目录的 Modules 文件夹下创建文件夹 GameMechanism，存放游戏机制相关逻辑，对于代码逻辑的大致流程如图 11.4 所示。

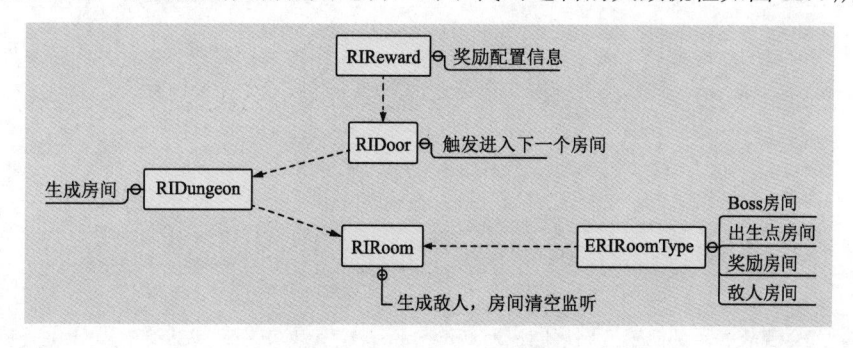

图 11.4 房间生成逻辑流程

1. 编写RlRoom逻辑

(1) 编写房间类型枚举 ERlRoomType 与房间类 RlRoom, 代码如下:

```
//ERlRoomType.cs
public enum ERlRoomType
{
    BirthRoom,                              //出生点房间
    BossRoom,                               //Boss 房间
    SupplyRoom,                             //补给房间
    EnemyRoom,                              //敌人房间
    Max                                     //默认值
}
//RlRoom.cs
public class RlRoom : MonoBehaviour
{
    public ERlRoomType type;                //房间类型
    public float probability;               //房间生成概率
    public SpawnPoint[] enemySpawnPoints;   //敌人生成点
    public Transform playerDummyPoint;      //玩家虚拟点

    public void Setup(){}                   //房间启动
    public void Release(){}                 //房间释放
}
```

(2) 对房间功能进行完善, 当击败了房间内的所有敌人后, 房间下一关的门将被打开, 这可以通过激活与隐藏 GameObject 来实现, 代码如下:

```
public class RlRoom : MonoBehaviour
{
    //忽略无关逻辑
    public GameObject clearStateDeactiveGo;
    public GameObject clearStateActiveGo;
    //检测房间清空协程
    IEnumerator CheckRoomIsClear()
    {
        //若当前房间类型为敌人或Boss房间, 则进入判断逻辑
        if (type == ERlRoomType.EnemyRoom || type == ERlRoomType.BossRoom)
        {
            while (true)                    //协程循环判断直至敌人全部死亡
            {
                var isClear = true;
                for (int i = 0; i < enemySpawnPoints.Length; ++i)
                {
                    var item = enemySpawnPoints[i];
                    if (item.SpawnedGO)     //若仍有敌人存在, 则检测失败
                    {
                        isClear = false;
                        break;
                    }
                }
                if (isClear) break;
                yield return null;
            }
        }
        //若敌人全部清空, 则房间内对应的GameObject组件被激活
        clearStateActiveGo.SetActive(true);
```

```
        clearStateDeactiveGo.SetActive(false);
    }
}
```

（3）完成剩余逻辑的编写：

```
public class RlRoom : MonoBehaviour
{
    //忽略无关逻辑
    public void Setup()
    {
        //生成敌人
        for (int i = 0; i < enemySpawnPoints.Length; ++i)
            enemySpawnPoints[i].TrySpawn();
        //重置玩家位置
        PlayerController.Instance
.TryGetComponent(out CharacterController cc);
        cc.enabled = false;
        var playerTrans = PlayerController.Instance.transform;
        playerTrans
.SetPositionAndRotation(playerDummyPoint.position
, playerDummyPoint.rotation);
        cc.enabled = true;
        StartCoroutine(CheckRoomIsClear());         //开启协程
    }
    public void Uninstall()                          //房间卸载
    {
        Destroy(gameObject);
    }
}
```

2. 编写RlDungeon逻辑

（1）编写 RlDungeon 类的逻辑，首先编写基础逻辑：

```
public class RlDungeon : MonoBehaviour
{
    //单例实例
    static RlDungeon sInstance;
    public static RlDungeon Instance => sInstance;
    //房间列表
    public RlRoom[] prefabRooms;
    //初始房间
    public RlRoom firstRoom;

    //进入下一个房间
    public void ToNextRoom(RlRoom currentRoom) { }
    //生成初始房间
    public void GenerateFirstRoom() { }
    void Awake()
    {
        sInstance = this;
        GenerateFirstRoom();
    }
}
```

（2）引入加权随机函数并完成相应房间逻辑的编写：

```
public class RlDungeon : MonoBehaviour
{
```

```csharp
//忽略无关逻辑
//进入下一个房间
public void ToNextRoom(RlRoom currentRoom)
{
    currentRoom.Release();                                  //卸载当前房间

    var nextRoomTemplate = WeightRandom(prefabRooms);//随机进入下一个房间
    var instancedGo = Instantiate(nextRoomTemplate.gameObject);
    instancedGo.TryGetComponent(out RlRoom room);
    currentRoom = room;
    currentRoom.Setup();                                    //启动新的房间
}
public void GenerateFirstRoom()
{
    var instancedRlRoomGo = Instantiate(firstRoom.gameObject);
    instancedRlRoomGo.TryGetComponent(out RlRoom room);
    room.Setup();                                           //生成初始房间
}
//根据加权随机逻辑随机出下一个房间
RlRoom WeightRandom(RlRoom[] rooms)
{
    const float kEps = 0.00001f;
    var sumWeight = 0f;
    for (int i = 0; i < rooms.Length; ++i)
        sumWeight += rooms[i].probability;
    var randomValue = Random.Range(0f, sumWeight);
    var atte = 0f;
    for (int i = 0; i < rooms.Length; ++i)
    {
        var min = atte;
        atte += rooms[i].probability;
        var max = atte;
        if (randomValue > min && randomValue < max + kEps)
            return rooms[i];
    }
    throw new System.Exception();
}
```

至此，地下城的逻辑编写完成。将该类置于 Demo 场景中，以保证当加载该场景时对单例进行赋值。

3. 剩余逻辑的编写

开始编写 RlDoor，该脚本将监听主角是否进入触发区域，若进入触发区则弹出奖励面板并进入下一个房间，该类需要挂载 Collider 组件。

```csharp
public class RlDoor : MonoBehaviour
{
    public RlRoom room;

    //当玩家进入触发区时执行相应的逻辑
    void OnTriggerEnter(Collider other)
    {
        if (!other.CompareTag("Player")) return;

        //UI 逻辑处理
        //房间跳转
```

```
        RlDungeon.Instance.ToNextRoom(room);
    }
}
```

对于物品奖励类 RlReward，该类的处理较为灵活，因此与 UI 逻辑一样不展开介绍了，读者可自行进行编写。

至此，房间生成逻辑编写完成。

11.2.3 整合主角逻辑

1. 主角预制体及参数配置

首先我们找到资源包下载的主角模型，将模型拖入空场景中并重命名模型根节点为 Player。添加组件 Animator，创建动画控制器文件并进行配置，添加组件 CharacterController 角色控制器，调节参数让外形匹配角色，设置完成后如图 11.5 所示。

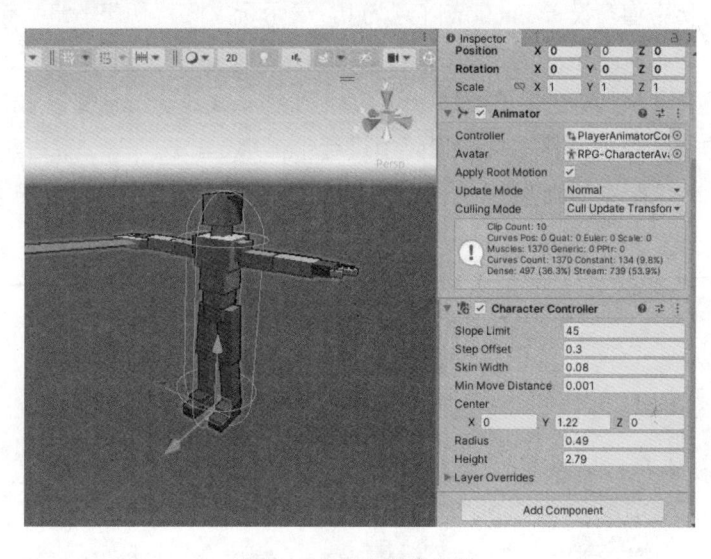

图 11.5　基础组件挂载

继续添加组件 BattleObject、PlayerController、AnimationEventReceiver 并配置相关引用与参数。

2. 主角逻辑扩展

回到文件夹 GameMechanism 中，在其中增加玩家控制器部分类 PlayerControllerGameMec 用于处理死亡逻辑。

```
//PlayerControllerGameMec.cs
public partial class PlayerController
{
    void GameMecInit()
    {
        battleObject.OnDied += OnDiedCallback;
    }
```

```
                void OnDiedCallback(BattleObject arg1, bool arg2)
                {
                    //通知角色死亡逻辑触发
                }
            }
```

3. 主角技能逻辑

主角技能逻辑主要分为技能类创建、预制体创建、HierarchyCache 插槽绑定、动画事件触发几部分。

（1）根据第 6 章技能系统的技能添加流程，首先定义技能常量：

```
public static class AbilityConstant
{
    //增加普通攻击技能常量
    public const int PLAYER_NORM_ATK = 1001;
}
```

（2）创建伤害对象预制体，挂载 BattleObject 组件设置 PhysicsCastPoints、Damage 以配置伤害区域与伤害值，设置 Faction 阵营为 0，表示玩家阵营伤害。最后记得为该预制体增加定时销毁或回收到对象池的逻辑。

（3）若为需要绑至剑刃的武器伤害，还应回到 PlayerController 配置 HierarchyCache 信息，以标记武器变换位置，并在技能代码中进行坐标绑定。

（4）为技能对象配置动画事件，并在 FBX 文件中进行动画事件触发的绑定，如图 11.6 所示。

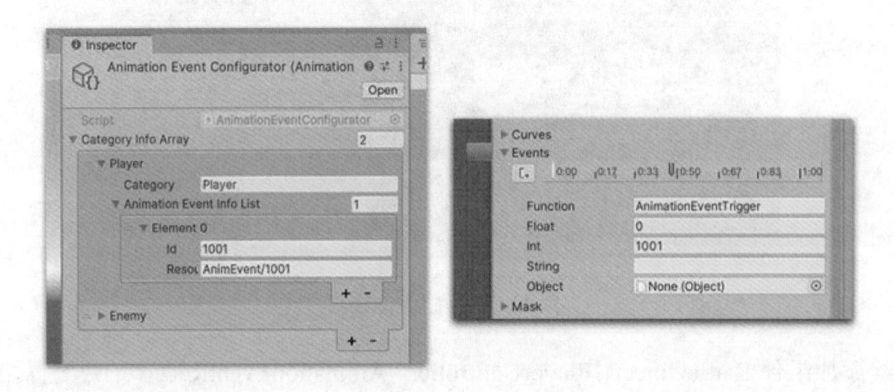

图 11.6　动画事件配置

11.2.4　处理敌人逻辑

我们使用 Visual Scripting 插件中的状态机功能编写敌人 AI 逻辑，首先对资源包下载的敌人模型进行同主角逻辑类似的配置，挂载 CharacterController、BattleObject、AnimationEventReceiver 等组件，接着挂载 Visual Scripting 的 StateMachine 组件，即可开始状态机内容的制作。

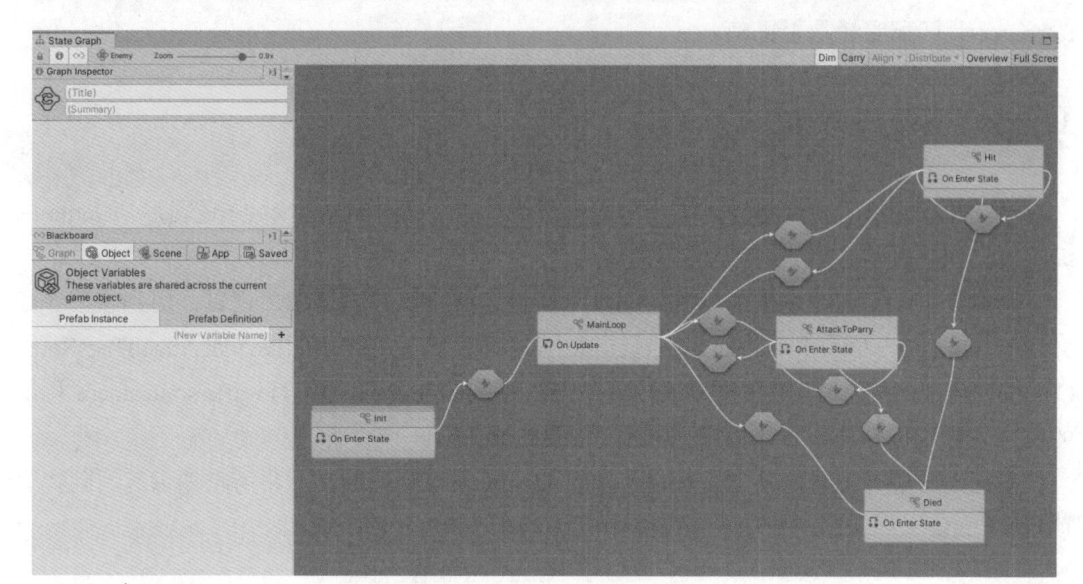

根据第 8 章对 AI 行为的讲解，敌人 AI 状态机的参考如图 11.7 所示。

图 11.7 AI 状态机部署参考

其中，Init 状态负责对受击、僵直等事件进行注册，MainLoop 状态对 AI 主动行为进行循环，其余状态均为被动触发状态。

我们还可以通过 ScriptGraph 将一些逻辑节点进行整合，以便编辑时逻辑更清晰。对于具体 AI 行为的编写，此处不过多展开，读者可参考状态机基础结构进行相应的编写与扩展。

11.3 构建游戏

在玩家与敌人 AI 脚本都编写完成后，还需要配置房间预制体与相关参数才可以运行游戏，下面进行相关脚本的编写。

11.3.1 配置房间预制体

首先创建房间预制体，房间预制体最终将链接至场景文件 Demo.unity 中挂载的 RlDungeon 脚本上。

不同的房间预制体需要注意如下：
- 出生点房间：需要配置相机 SpawnPoint 和玩家 SpawnPoint。
- 敌人或 BOSS 房间：需要配置 NavMesh 寻路网格、敌人 SpawnPoint、用于房间清空后的 GameObject 和玩家 DummyPoint 位置。
- 补给房间：需要配置玩家 DummyPoint 位置和补给品 SpawnPoint。

完成了房间预制体配置后，我们还需要检查所有的 SpawnPoint 生成方式是否都设置为 Resource 且匹配路径是否正确。

11.3.2　回顾与总结

至此，在完成了游戏基础逻辑、房间生成逻辑、主角逻辑、敌人 AI 逻辑后，Demo 的编写就已经完成了。

回顾一下，我们在场景中用到了第 6 章所讲述的角色控制器相关逻辑，用到了第 5 章介绍的 CharacterMotor 和 BattleObject 等。其中，对动画状态机脚本的操作如 AttachTagsSmb、ComboListenerSmb 又运用在技能连招处理上。相机部分我们使用 ThirdPersonCamera 标准的第三人称相机，动画事件使用 AnimationEventReceiver 接收等。

最后，希望开发者能从 Roguelike 游戏 Demo 中得到帮助，并将所学知识运用到实际项目中。